Epigenetik-Experimente

Der österreichische Biologe Paul Kammerer wurde durch seine aufsehenerregenden Experimente mit Geburtshelferkröten berühmt. In einer anderen Versuchsserie verwendete er zwei Arten von Salamandern, den schwarzen Alpensalamander und den gefleckten Feuersalamander. Die Ergebnisse seiner Arbeiten waren eine wissenschaftliche Sensation.

Der Naturwissenschaftler Dipl.-Math. Klaus-Dieter Sedlacek, Jahrgang 1948, studierte in Stuttgart neben Mathematik und Informatik auch Physik. Nach fünfundzwanzig Jahren Berufspraxis in der eigenen Firma widmet er sich nun seinen privaten Forschungsvorhaben und veröffentlicht die Ergebnisse in allgemein verständlicher Form. Darüber hinaus ist er der Herausgeber mehrerer Buchreihen unter anderem der Reihen 'Wissenschaftliche Bibliothek' und 'Wissen gemeinverständlich'.

Paul Kammerer

Epigenetik-
Experimente

Neuvererbung oder Beweise für die
Vererbung erworbener Eigenschaften?

mit 47 Abbildungen

Neu bearbeitet und herausgegeben von
Klaus-Dieter Sedlacek

Wissen gemeinverständlich Bd. 17

Bibliografische Information Der Deutschen Bibliothek:
Die Deutsche Bibliothek verzeichnet diese Publikation
in der Deutschen Nationalbibliografie; detaillierte
bibliografische Daten sind im Internet über
http://dnb.ddb.de
abrufbar.

Neubearbeitung

..

Coverdesign, Buchblock und überarbeiteter Inhalt:
Klaus-Dieter Sedlacek
Internet: http://klaus-sedlacek.de
© 2018
Herstellung und Verlag: BoD – Books on Demand, Norderstedt.
ISBN: 978-3-7528-8645-0

Inhaltsverzeichnis

Vorwort..7

Neuvererbung
oder Vererbung erworbener Eigenschaften.....................13
   Ererbte und erworbene Eigenschaften..............................13
   Sklaven der Vergangenheit
      oder Werkmeister der Zukunft?....................................16
   Die Bedeutung des Zuchtversuches....................................17
   Schmetterlingsversuche..18
   Wege der Veränderung und Vererbung..............................21
   Wahre Vererbung oder bloße Nachwirkung?......................23
   Käferversuche...24
   Nur Rückschlag, kein neuer Erwerb?..................................27
   Versuche mit der Geburtshelferkröte..................................28
   Was ist eine „erbliche Eigenschaft"?...................................34
   Der Kampf um die Vererbung erworbener
      Eigenschaften...35
   Direkte Anpassung oder Zuchtwahl?...................................39
   Das Problem unlösbar gemacht!...42
   Die Ohnmacht der Zuchtwahl...45
   Salamanderversuche: Fortpflanzung...................................51
   Salamanderversuche: Farbe...53
   Kreuzungs- und Pfropfungsversuche..................................62
   Mendelismus und Lamarckismus ausgesöhnt....................68
   Dauerwirkung oder Generationenzahl?...............................71
   Einwände und Gegeneinwände..74
   Nachprüfungen und Bestätigungen....................................79
   Der entscheidende Versuch mit Ciona................................81
   Körper und Keim...85
   Vererbung und Blutdrüsen..87
   Pfropfbastarde...98
   „Gastgeschenke" und „Fernzeugung"................................107
   Warum Verstümmelungen sich nicht vererben!.................110
   Vererbung von Verstümmelungsfolgen.............................115
   Vererbungsversuche an Pflanzen.....................................117
   Vererbungsversuche an Protisten.....................................118
   Die Entstehung höherer Lebewesen (Vielzeller)
      durch Vererbung erworbener Eigenschaften..............122

Erbliche Belastung und erbliche Entlastung..124
Höherentwicklung und Abwärtsentwicklung...128
Erwerbungen der Seele und ihre Vererbung..131
Vererbung von Talent und Genie..136
Vererbung von Krankheit und Immunität..137
Vererbung des Alkoholismus..138
Vererbung erworbener Eigenschaften beim Menschen...........................140
Die Vererbung der Sohlenschwiele...141

WAS SPRICHT ZUSAMMENFASSEND FÜR DIE VERERBUNG ERWORBENER EIGENSCHAFTEN?...144
A. Direkte oder experimentelle Beweise..144
B. Indirekte, nicht-experimentelle Beweise...149

WAS SPRICHT ZUSAMMENFASSEND GEGEN DIE VERERBUNG ERWORBENER EIGENSCHAFTEN?...153
A. Direkte oder experimentelle Gegenbeweise..154
B. Indirekte, nicht-experimentelle Gegenbeweise...................................160

DIE ENTSTEHUNG DER ARTEN DURCH ANPASSUNG.................................165

ANHANG...177
Epigenetik...177
Übergewicht – vom Vater auf den Sohn vererbt..186
Wie Pflanzen ihr Gedächtnis vererben...189

SCHRIFTEN FÜR WEITERES STUDIUM...191

SACHREGISTER..195

Vorwort

Die gegenwärtig verbreitetsten Lehr- und Handbücher der noch jungen, selbstständig gewordenen Vererbungswissenschaft *(Bateson, Baur, Häcker, Hart, Johannsen, Macfie, Strasser, Teichmann, Thomson, De Vries, Ziegler)* nehmen der „Vererbung erworbener Eigenschaften" gegenüber durchweg einen mehr oder minder ablehnenden Standpunkt ein. Ja, jene Schriftsteller, die noch vor wenig Jahren anerkannt hatten, dass gewisse Tatsachen zugunsten der Vererbung erworbener Eigenschaften sprechen *(R. Goldschmidt* in der 1. Auflage seiner „Einführung in die Vererbungswissenschaft", 1911), sind darin in neuen Auflagen viel zurückhaltender geworden: der 3. Auflage von *Goldschmidts* Werk wird es seitens *Fritz Lenz* als besonderer Vorzug angerechnet, dass die „berühmten" Salamander-Experimente *Kammerers* daraus mit ebenso viel Recht weggelassen wurden wie *Guthries* Eierstocks-Vertauschungen zwischen weißen und schwarzen Hennen.

Wieder andere Schriftsteller, die entschiedene Anhänger der Vererbung erworbener Eigenschaften sind, schieden trotzdem diese Vererbungsart — als seien sie dazu gezwungen, um voll genommen zu werden — gerade aus ihren Vererbungslehren aus und verwiesen sie in besondere Werke *(L. Plate* aus seiner „Vererbungslehre" in „Selektionsprinzip und Probleme der Artbildung"). Noch ein Autor, der stets als Anhänger galt, zollt in seinem jüngsten Werk den gegnerischen Lehrgebäuden des Selektionsmechanismus, Mendelismus, Mutationismus so begeisterte Zustimmung, dass man sich von Seite zu Seite fragt: **verficht oder bekämpft er nunmehr die Lehre von der Vererbung erworbener Eigenschaften?** *(O. Hertwig,* „Das Werden der Organismen").

Womöglich schroffer, als es im Schrifttum zum Ausdrucke gelangt, ist die Vererbung erworbener Eigenschaften auf den bisherigen Versammlungen der deutschen Gesellschaft für Vererbungswissenschaft (Wien 1922, München 1923) und entsprechenden Kongressen der „Genetiker" abgelehnt worden. In Wien z. B. wurden förmliche Resolutionen gefasst, des Inhaltes: **so viel sei nun einmal ganz gewiss, dass es die Vererbung erworbener Eigenschaften nicht gebe.** Eine außerordentliche Dürftigkeit der Problemlösungen, insbesondere ein völliges Versagen und Eingestehen des Bankrottes, was Erklärungsmöglichkeiten der menschlichen Vererbung anbelangt, waren die naturgemäßen Folgen.

Legt man sich die Frage vor, wie es zu solcher Einseitigkeit, zu solch starrem D o g m a t i s m u s kommen konnte, so findet man Antwort teils bei der inneren Entwicklung unserer Wissenschaft, teils aber auch bei der Entwicklung unserer äußeren, politischen Lage.

Innerhalb der Wissenschaft war es das Zusammentreffen — oder, wenn man das Bekanntwerden ihrer Schriften in Rechnung zieht: die rasche Aufeinanderfolge — *Weismanns* und *Mendels,* wodurch die Vererbung erworbener Eigenschaften in Misskredit gebracht wurde. Vielleicht war es besonders eindrucksvoll, dass die aus den Ergebnissen *Weismanns* und *Mendels* entwickelten Theorien s i c h i n B e z u g a u f d i e W i r k s a m k e i t d e r A u s l e s e s c h a r f w i d e r s p r a c h e n u n d t r o t z d e m i n d e r L e u g n u n g d e r V e r e r b u n g e r w o r b e n e r E i g e n s c h a f t e n ü b e r e i n k a m e n . Es kann übrigens nicht oft genug betont werden, dass nicht *Mendel* selbst dies aus seinen Erfahrungen folgerte: *Mendel* beschrieb die Resultate seiner Bastardierungsversuche und fast nichts weiter; erst seine Nachfolger und Nachentdecker zogen daraus die weitgehendsten Schlüsse. Nicht im gleichen Grade, aber doch im Wesen gilt dasselbe von *Weismann:* auch seine Jünger und Nachbeter waren päpstlicher als der Papst.

Weismann, Mendel und die von ihnen begründeten Schulen bedeuteten a n f a n g s e i n e n o t w e n d i g e u n d w o h l t ä t i g e R e a k t i o n a u f e i n e E p o c h e d e r K r i t i k l o s i g k e i t , in der man die Vererbung erworbener Eigenschaften als etwas Selbstverständliches hingenommen und Anekdoten — nach Art derjenigen vom Stier, dem eine Stalltür den Schwanz abgequetscht hatte und der von nun ab nur noch schwanzlose Kälber zeugte, oder von der Kuh, die sich ein Horn abgestoßen hatte und Kälber mit schlaff herabhängenden Hörnern gebar — für bare Münze genommen hatte. Nach und nach jedoch erstarrte die Reaktion selber zur „Reaktion", d. h. zum Rückstand und Rückschritt: jenen Modeschwankungen zufolge, von denen der Fortgang wissenschaftlicher Forschung eben sowenig frei ist wie irgendein anderer Zweig menschlicher Betriebsamkeit, gilt die Nichtvererbung erworbener Eigenschaften heute beinahe als ebenso selbstverständlich wie ehedem ihre sichere und ausnahmslose Vererbung.

Der Trägheit unseres Denkens sagt ja die Nichtvererbung der erworbenen Eigenschaften zweifellos viel besser zu als die hier vertretene entgegengesetzte Ansicht. In unseren Denkbedürfnissen sah *Einstein* den Hauptgrund der Ablehnung, als ich mich — Gast an seinem Tisch — mit ihm darüber unterhielt. Die Annahme der Vererbung erworbener Eigenschaften erfordert das schwierigere r e l a t i v e D e n k e n ; sie verlangt es, dass wir uns das Lebewesen und den Kreislauf seines Lebens — von der Zeugung zur Entwicklung und zurück zur Zeugung — in Relation zur Außenwelt denken. Wir neigen aber zu dem bequemeren a b s o l u t e n   D e n k e n : Das verleitet uns, den Lebenslauf beziehungslos zur übrigen Welt und dann umso leichter den Verlauf der Vererbung als etwas Unabänderliches, fremden Einflüssen Unzugängliches sehen zu wollen.

M i t   d e r   V e r e r b u n g   e r w o r b e n e r   E i g e n s c h a f t e n   s t e h t   o d e r   f ä l l t   d e s   f e r n e r e n   d e r   m e n s c h l i c h e   F o r t s c h r i t t : wenigstens soweit er sich nicht bloß mithilfe der äußeren Überlieferung, sondern innerlich und organisch vollzieht, also wahrer Fortschritt, „Höherentwicklung" (*Goldscheid*) ist. Alle fortschrittlichen Maßnahmen in Haus und Schule, privater und öffentlicher Wohlfahrtspflege, Erziehung, Verwaltung und Regierung empfangen tieferen Sinn eigentlich erst dann, wenn es eine Vererbung erworbener Eigenschaften gibt: denn nur dann dienen sie nicht bloß dem flüchtigen Dasein der Personen, sondern dem dauernden Leben der Generationen. Kein Wunder also, dass alles, was im privaten und öffentlichen Leben rückschrittlich („reaktionär") gesinnt ist, sich gewaltsam gegen die Zumutung wehrt, als seien persönlich erworbene Eigenschaften irgendwie und irgendwann vererblich.

Bewusst, halbbewusst und unbewusst haben sich die Gelehrtenrepubliken, wie sie unsere heute größtenteils reaktionären Hochschulen darstellen, jener Abwehr einer so umstürzlerischen Doktrin vielfach angeschlossen. Das dunkle oder wachbewusste Empfinden, es gehe beim Kampfe gegen die Vererbung erworbener Eigenschaften um mehr, als nur um die Entscheidung einer vererbungstheoretischen Frage: E s   g e h e   v i e l m e h r   u m   d i e   g e s a m t e   E n t w i c k l u n g s l e h r e — um die Lehre vom Artenwandel und der Entstehung höher gearteter Lebewesen aus tiefer stehenden, die ohne Vererbung erworbener Eigenschaften nicht geschehen kann —: dieses vollauf berechtigte Gefühl hat dem Streit in gelehrt reaktionären Lagern eine dort ganz ungewohnte Heftigkeit, Skrupellosigkeit und Parteilichkeit verliehen.

So ist denn eine „Reaktion wider die Reaktion" dringlich notwendig geworden. Ebenso notwendig, wie gegen die kritiklose Anerkennung der Vererbung aller erworbenen Eigenschaften in der Epoche vor *Weismann,* ist heute der Widerstand gegen die kritiklose Ablehnung der Vererbung erworbener Eigenschaften seit *Weismann.* Und wenn nicht alle Zeichen trügen, ist der Umschwung bereits auf dem Marsch Schon mehren sich die Stimmen, dass der beispiellose Aufschwung der mendelistischen

Bastardforschung auf einem toten Punkt angelangt sei; dass der Mendelismus und die Methoden der „exakten Erblichkeitslehre" *(W. Johannsen)*, sowie der Mutationstheorie *(De Vries* und Schule) versagen, wo es sich darum handelt, die unleugbaren Erscheinungen der Deszendenz, der Rassen-, Art- und Gruppenbildung zu erklären.

Schon mehren sich auch wieder die Untersuchungen, die die Vererbung erworbener Eigenschaften zum eigentlichen Gegenstand haben: zwar getrauen sie sich noch nicht recht, die dabei gemachten, bejahenden Erfahrungen mit diesem verwegenen Namen zu bezeichnen; sie hüllen sich in allerlei mehr oder weniger hochgelehrte, mehr oder minder unverständliche Deckworte, wie „kumulative Nachwirkung", „oszillierende Mutation", „transgressive Ökologismen", „phänotypische Übertragung von Modifikationen" usw. usw. Aber eines Tages werden diese Hüllen voraussichtlich fallen und wir werden geläutert zu den positiven Anschauungen *Lamarcks, Goethes* und *Darwins* zurückkehren.

Dem zu erwartenden Umschwung vorzuarbeiten, ihn vorbereiten zu helfen und damit einstweilen auch ein „Leichtes" — dieser Ausdruck wird hier verschieden ausgelegt werden! — Gegengewicht zu bieten zur eingangs gekennzeichneten, einseitig negativen Haltung der modernen Vererbungsliteratur: das ist für mich eine reizvolle und — wie ich glaube — verdienstvolle Aufgabe gewesen. Ich unterzog mich ihr um so lieber, als es vielfach meine eigenen, von der Gegnerschaft mit allen dialektischen Mitteln bestrittenen Forschungen sind, die ich dabei ins Treffen führe; und um so lieber, als ich selbst der Vererbung erworbener Eigenschaften gegenüber einen skeptischen Standpunkt eingenommen hatte, bevor sich in meinen Forschungen die sie bestätigenden Ergebnisse häuften.

Die Resultate anderer Forscher habe ich deswegen nicht außer Acht gelassen, auch nirgends den gegnerischen Standpunkt vernachlässigt, diesen vielmehr — wie man mir nach Lektüre zubilligen wird — als Advocatus Diaboli recht energisch vertreten. Auf Vollständigkeit erhebt meine verhältnismäßig knapp gehaltene Schrift keinerlei Anspruch; weder in Hinsicht auf fremde noch auf eigene Untersuchungen; weder im Hinblick auf positive noch auf negative Tatsachen und Auslegungen.

Diese Unvollständigkeit wird man mir wahrscheinlich ebenfalls als Unzulänglichkeit vorwerfen. Aber einerseits ist die heutige, ungeduldige und übersättigte Leserschaft (die fachliche und die nicht fachliche) der

Aufnahme und Durcharbeitung umfangreicher Werke nicht günstig gestimmt. Ein dickleibiges Vererbungsbuch, den vielen bereits bestehenden (wenn auch anders gesinnten) hinzugefügt, hätte wenig Aussicht gehabt, die im Sinne seines Zieles doch sehr erwünschte, weite Verbreitung zu finden.

Andererseits hoffe ich, dass es mir gelang, n i c h t s G r u n d s ä t z l i c h e s u n d G r u n d l e g e n d e s v e r m i s s e n zu lassen. Die Unvollständigkeit bezieht sich mehr darauf, dass es möglich gewesen wäre, fast jede wichtige Versuchsanordnung, jede wesentliche Vererbungserscheinung allenfalls noch durch zahlreiche andere Beispiele zu belegen. Es fehlt daher wohl das Erdrückende, aber auch das Ermüdende des Beweismaterials in meinem kleinen Buche; sein Zweck wird jedoch trotzdem erfüllt sein, wenn meine Bemühung Erfolg hatte, das Problem von all seinen aufschlussreichsten, p r i n z i p i e l l e n Seiten zu beleuchten.

Noch eine Eigenart meiner Schrift wird vermutlich Missbilligung herausfordern und bedarf daher eines Wortes vorbauender Rechtfertigung: ich wende mich mit meinen Ausführungen — wie ich es jetzt schon seit geraumer Frist zu tun pflege — auch an die L a i e n w e lt. Meine Darstellung ist gewiss nicht populär in der Weise, dass sie als „leichte" Unterhaltungslektüre genossen werden könnte; aber sie will jedem Gebildeten, ja jedem, der ein gesundes Denkvermögen sein eigen nennt, das Eindringen in den Gegenstand und die Gestaltung eines selbstständigen Urteils ermöglichen.

Gerade dies ist der Punkt — so wird man mir entgegenhalten —, wo ich notgedrungen scheitern, meine Erwartungen enttäuscht sehen muss Nur der F a c h m a n n sei zu einem wirklich tiefgründigen, dem Stande unseres Wissens angemessenen Urteile befähigt. In der Tat gehören gerade in unserer Frage außergewöhnliche und ausgebreitete Fachkenntnisse dazu, um in der Kritik und Antikritik nicht sehr arg fehlzugreifen.

Andererseits hat alles Wissen vor solchen Fehlgriffen nicht beschützt; hat alle Fachgelehrsamkeit unser Problem vor schwersten, fast unübersteigbar gewordenen Vorurteilen nicht behütet. Sogar also zugegeben, dass der gebildetste, der denkfähigste Laie ein zutreffendes, auch der wissenschaftlichen Diskussion standhaltendes Urteil nicht wird gewinnen können, so wäre es doch nicht das erste Mal, dass er als kräftiges F e r m e n t in den trägen Stoffumsatz des Geistes eingreift. Ein gewisser Druck der öffentlichen Meinung; ein gewisser Gegensatz zwischen ihr und den Lehrmeinungen der Professoren hat — ob mit verbrieftem Recht oder nicht — bisweilen schon recht heilsam auf die Erforschung der Wahrheit eingewirkt.

Einem ähnlichen katalytischen Prozess — wie er sich z. B. durch das Wirken *Carl Vogts, Büchners, Bölsches, Haeckels, Ostwalds* zwischen Volk und Wissenschaft vollzog — sehe ich auch heute wieder mit freudiger Erwartung entgegen! Möge er die berufenen Forscher bald dazu zwingen, die Prüfung der Vererbungstatsachen aufs neue und von Grund auf zu beginnen.

Wien, im Dezember 1924.

Paul Kammerer

Vorwort des Herausgebers

Als Kammerer sein Werk über die Vererbung erworbener Eigenschaften schrieb, gab es den Begriff „Epigenetik" noch nicht. Dennoch betrifft alles, was er schrieb, das was wir heute als Epigenetik bezeichnen. Die Experimente, die er durchführte, scheinen die „Vererbung" epigenetischer Prägung zu beweisen. Dadurch war er seiner Zeit weit voraus. Doch seine Forschungsarbeiten werden von der Epigenetik-Fachwelt bisher wenig beachtet. So ist es mir eine besondere Freude, eine Neubearbeitung seines Buchs nun der Öffentlichkeit vorzulegen und damit einerseits der Epigenetik-Forschung einen Dienst zu erweisen und andererseits dem interessierten Sachbuchleser, dank der populären Darstellung, eine interessante Lektüre zu bieten. Um den Bezug zur heutigen Epigenetik-Forschung herzustellen, habe ich einen Anhang über die „Epigenetik" und zwei neue Forschungsberichte hinzugefügt, die im Grunde zeigen, dass man in Fragen der „Vererbung" epigenetischer Prägung keineswegs weiter ist, als es Kammerer war. Einzig die Erklärung, was im mikrobiologischen Bereich passiert, ist neu hinzugekommen.

Stuttgart, im Sommer 2018

Klaus-Dieter Sedlacek

Neuvererbung
oder Vererbung erworbener Eigenschaften

Ererbte und erworbene Eigenschaften

Wir alle sind die Träger einer Summe von Eigenschaften, an denen wir uns als Personen, als Angehörige einer bestimmten Familie, einer bestimmten Rasse und als Menschen zu erkennen vermögen. Bei Weitem die meisten körperlichen und geistigen Eigenschaften haben wir bereits von unseren Eltern, Großeltern und noch älteren Vorfahren ü b e r - n o m m e n ; nur die wenigsten Eigenschaften haben wir erst im Laufe unseres individuellen Daseins a n g e n o m m e n .

Nicht jener Familien-, Rassen- und allgemein menschlichen Eigenschaften, die uns allesamt bereits a n g e b o r e n waren; sondern ausschließlich dieser, die durch eigene Lebensführung hinzugekommen waren, dürfen wir uns als im strengen Sinne „ p e r s ö n l i c h e r " Eigenschaften rühmen. Mögen jene anderen sich an uns in einer noch nie da gewesenen Auswahl verbunden haben: Sie sind doch Ahnenerbe und kein eigener Erwerb.

In den berühmten Versen

> *Vom Vater hab' ich die Statur, des*
> *Lebens ernstes Führen; vom*
> *Mütterchen die Frohnatur,*
> *Und Lust am Fabulieren ...*

führt *Goethe* seine glänzenden Anlagen auf die Erzeuger zurück; im wissenschaftlichen Sinne spricht er sich damit die Persönlichkeit ab. Erst wenn man würdigt, was h i n z u g e k o m m e n ist; dass er die ü b e r k o m m e n e n A n l a g e n zur höchsten Stufe der Vollendung steigerte, lässt man den; ureigensten Wesen *Goethes* Gerechtigkeit widerfahren.

Gesetzt, ich verdanke meinem Vater eine hohe, eigentümlich modellierte Stirne und eisernen Fleiß; meiner Mutter eine schmale, gerade Nase und musikalisches Talent; dem Großvater väterlicherseits große, leuchtende braune Augen und dunkelbraune Haare; der Großmutter die Neigung dieses Haupthaares, frühzeitig zu ergrauen. Es gesellen sich ferner den genannten und anderen Familienmerkmalen die Rassenmerkmale weißer Hautfarbe und lotrecht aufeinander passender Kiefer sowie die Menschenmerkmale des umfangreichen Hirnschädels, aufrechten

Ganges, der Fähigkeit zu gegliederter Sprache und Werkzeugbenutzung: so habe ich all das ohne mein Zutun g e e r b t ; an alledem habe ich kein Verdienst.

Wird aber mein Antlitz von der Sonne gebräunt; stählt häufige harte Arbeit gewisse Muskelgruppen; vernarbt eine Wunde und bleibt durch die Narbe dauernd sichtbar; habe ich mein ererbtes Sprachtalent durch Erlernen einer Anzahl bestimmter Sprachen und mein musikalisches Talent durch gewandtes Spiel auf einigen Instrumenten zur Ausbildung gebracht: so darf ich darin mit Recht meinen selbst erworbenen B e s i t z sehen.

Ich war dann gehorsam dem Gebot: „Was du ererbt von deinen Vätern hast, erwirb es, um es zu besitzen!" Gerade aber das Fortsetzen, wo der Vorfahr aufhören musste: die Unentbehrlichkeit des organisch Überlieferten, um Neues daraus zu gestalten; die Unmöglichkeit einer Schöpfung aus dem Nichts macht es zuweilen schwierig, zwischen e r e r b t e n und erworbenen Eigenschaften, vom alten Bau den neuen Anbau zu unterscheiden.

Zu beurteilen, dass z. B. unser Gebiss — Zahl, Anordnung und Form der Zähne — ererbt wurde, ist uns noch möglich, trotzdem wir es nicht fertig zur Welt bringen, sondern als verborgene A n l a g e , die sich erst später entfaltet. Wir wissen aber, dass die Zahnknospen in besonderen Höhlen *(Alveolen)* schon vorbereitet liegen: Obwohl der Säugling scheinbar zahnlos geboren wird, braucht er das „Zahnen" weder zu lernen noch zu üben; von selbst durchbricht das Milchgebiss den Kiefer. Wir sind kaum in der Lage, durch Veilchenwurzeln, Beißringe u. dgl. den Vorgang zu befördern, seine Beschwerden zu mildern.

Schon an der Muttersprache ist minder leicht zu erkennen, was e r - e r b t , und wie viel e r l e r n t ist. Würde das Kind sprechen lernen, ohne dass wir es lehren? Nur der Unkundige wird die Frage selbstverständlich verneinen; wird ferner darauf verweisen, dass ein Kind in fremder Umgebung sich die fremde Sprache anscheinend ebenso spielend aneignet, wie diejenige, in deren Umgang seine Vorfahren und Volksgenossen aufwuchsen. Ist daher das Sprechen ganz und gar eine erworbene Eigenschaft? Oder ist nicht doch ebenfalls eine ererbte Disposition, eine angeborene Anlage vorhanden, vergleichbar den Zahnknospen, nur im jetzigen Falle nicht ohne fremde Hilfe an die Oberfläche dringend?

Die Entscheidung ist kaum mit wünschenswerter Sicherheit zu treffen, weil es nicht angeht, Kinder versuchsweise ohne Sprechunterricht aufzuziehen. So werden wir beizeiten auf die Notwendigkeit des Tierversuches hingewiesen. Von Edelfinken, Distelfinken und Grasmücken, die als hilflose Nestlinge in die Gewalt des Menschen kamen und fern von ihresgleichen groß gezogen wurden, berichtet *Lloyd Morgan,* dass sie trotzdem das Lied ihrer Artgenossen singen, obgleich nicht so laut und schön.

Romanes erzählt aber auch, dass in zerstörten Indianerdörfern Südamerikas und Kaliforniens zuweilen ganz kleine Kinder zurückblieben, die dank der gesegneten Tropennatur von Früchten, Beeren und Wurzeln ihr Leben fristeten: bei ihnen soll sich aus dem kindlichen Lallen eine selbst erfundene Sprache entwickelt haben; ja aus der verhältnismäßigen Häufigkeit solcher Vorkommnisse will *Romanes* verständlich machen, weshalb bei den Indianerstämmen so zahlreiche grundverschiedene Sprachen unabhängig nebeneinander entstehen konnten.

Eine Tatsache wenigstens wird schon durch dieses Beispiel nahe gelegt: Jeder Mensch ist ein Produkt aus angeborenen und angenommenen Eigenschaften. Keine Individualität ist denkbar, die ihren Erbschatz nicht selbsttätig und durch die Lebenslage dazu gezwungen bereichert hat. Noch eine folgenschwere Frage erhebt sich auf solchem Grunde: Können vom Individuum erworbene Eigenschaften sogleich oder später in Generationsbesitz übergehen? Können höchstpersönliche Eigenschaften — unter dafür günstigen Umständen — in Familien- und Rasseneigenschaften verwandelt werden?

Dass letztere — die angeborenen Eigenschaften —, gleichwie sie von den Vorfahren ererbt wurden, auf die Nachfahren getreulich wieder weitervererbt werden, ist nie zweifelhaft gewesen. Ja wir kennen heute mit annähernder Genauigkeit die Gesetze, nach denen diese Vererbung geschieht, und den Mechanismus, der sie zuwege bringt. Die ererbten Eigenschaften gehorchen den von *Gregor Mendel* entdeckten und nach ihm benannten Vererbungsregeln, von denen im gegenwärtigen Buche nicht ausführlich, aber doch noch die Rede sein soll.

Die *Mendelschen* Regeln finden ihren sichtbaren Ausdruck in der kaleidoskopischen Harmonie, den Spaltungen und Wiedervereinigungen eines Stoffes, der im Keimbläschen enthalten ist und nach Zusatz künstlicher Farbstoffe unter dem Mikroskop deutlich hervortritt: das „*Chromatin*" der Zellkerne wird daher als. Vererbungssubstanz angesehen; die kristallartigen Stücke („Chromosomen"), in die sie bei jeder Teilung zerfällt, gelten als Träger, Gefäße oder zumindest Fahrzeuge (R. *Gold-*

schmidt) der erblichen Eigenschaften, beziehungsweise der Anlagen, die sich während der Entwicklung zu fertigen Eigenschaften ausgestalten. All das bis ins einzelne klar zu machen, fehlt hier Raum und Anlass; genaueres ist in jedem Lehrbuch der Biologie und in jeder allgemeinen Vererbungslehre zu finden.

Welches aber ist das Schicksal der persönlich erworbenen Eigenschaften? Sterben sie mit der Person oder erstrecken sie sich manchmal wenigstens — über persönliche Grenzen hinaus in das Leben nachkommender Generationen? Vieles hängt, wie wir gegen Schluss des vorliegenden Buches besser einsehen werden — von der richtigen Beantwortung ab.

Sklaven der Vergangenheit oder Werkmeister der Zukunft?

Wenn erworbene Eigenschaften — wie eine Mehrzahl heutiger Lebensforscher annimmt — sich nicht vererben, so gibt es keinen wahren, organischen Fortschritt: der Mensch lebt und leidet vergeblich; was immer er erobert, geht mit seinem Tod verloren; Kind und Kindeskind müssen immer wieder von vorne anfangen.

Gewiss, sie stützen sich auf das äußere Erbe, auf Vermögen, mündliche und schriftliche Überlieferung: aber all das ist kein sicherer Besitz. Kein Menschenhirn vermag alle Errungenschaften vorausgegangener Geschlechter immer wieder aufs neue zu umfassen; keines behält dann — und sei es auch nur im eigenen Spezialberuf — noch Kräfte übrig, um auf den mühselig neu errungenen Gütern der Vergangenheit weiterzubauen. Gewiss, wenn endgültige wissenschaftliche Erkenntnis dergestalt unsere Entwicklungshoffnungen zerstört, so müssten wir uns der Wahrheit bei all ihrer Trostlosigkeit beugen: gegen Tatsachen gibt es keine Auflehnung, sondern nur Ergebung. Ist aber die negative Erkenntnis wirklich schon endgültig? Gibt es nie und nimmer Vererbung des Neuen?

Wenn erworbene Eigenschaften sich gelegentlich vererben, so sind wir nicht ausschließlich Sklaven der Vergangenheit, die unentrinnbar an der Kette ihres Ahnenerbes schmachten; sondern wir sind auch Werkmeister der Zukunft, die sich von der schweren Bürde teilweise entlasten und glücklichere, gesündere, höher tragende Gaben dafür eintauschen können. Erziehung und Kultur, Gesundheitspflege und Wohlfahrt sind dann keine Bestrebungen, die bestenfalls nur der Person nützen, an der sie sich gerade betätigen; sondern jede Tat, ja jedes Wort und sogar jeder Gedanke hinterlässt möglicherweise generative Spuren. Freilich in doppelter Möglichkeit: gleichwie laut *Schillers* Wort „jede böse Tat fortzeugend Böses muss gebären", ebenso jede gute Tat Gutes; wobei „fortzeugend" und „gebären" nicht — wie es der Dichter meint — in ihrer übertragenen, sondern in ihrer buchstäblichen Bedeutung zu verstehen sind.

Wo immer die Alternative in entwicklungshemmendem Sinne erledigt wird, werden wir — wie allgemein üblich — von „e r b l i c h e r B e l a s t u n g" sprechen. Ist hingegen die Erledigung der Höherentwicklung förderlich, so werden wir ein gut gewähltes Wort von *Georg Hirth* adoptieren und sie „e r b l i c h e E n t l a s t u n g" nennen. Einerlei, ob eine schädliche Eigenschaft aus dem Erbvorrat getilgt oder eine günstige ihm einverleibt wurde, werden wir „Entlastung" darin sehen. Denn obgleich im zweiten Falle etwas hinzugekommen ist, die Summe erblicher Eigenschaften sich vermehrt und nicht vermindert hat, so bietet doch dies neue Gute eine Hilfe, das Gewicht schlimmer Vergangenheiten leichter zu ertragen und womöglich seiner ledig zu werden.

Gibt es also — je nach unserer Lebensführung — erbliche Belastung und erbliche Entlastung? Je nach Wahl und Einsicht generationenweisen Rückschritt oder Fortschritt? Die Frage birgt eine gar nicht abzuschätzende s o z i a l p o l i t i s c h e B e d e u t u n g; und wenn es meinen einführenden Worten gelang, das menschliche Interesse wachzurufen, das wir alle daran nehmen müssen, so werden mir meine Leser willig folgen, wenn ich jetzt in der unter- menschlichen Lebenswelt die Antwort suche.

Die Bedeutung des Zuchtversuches

Denn weder direkte Beobachtung der Familie, noch statistische Häufung und Vergleichung vieler Tausend einfacher Beobachtungen kann uns die Lösung bringen. Sie kann einzig durch p l a n m ä ß i g e Z u c h t e x p e r i m e n t e erfolgen, zu denen man Menschen selbstverständlich nicht benützen darf. Wir sind daher auf Tier- und Pflanzenzuchten angewiesen, die noch den Vorzug einfacherer, übersichtlicher Verhältnisse darbieten anstelle der ungemein verwickelten, verwirrenden Lebensäußerungen des Menschen und der menschlichen Gesellschaft.

Welchen Aufschluss gibt uns aber die Vererbung der Pflanzen und Tiere darüber, ob bei uns erbliche Entlastung möglich ist? Nun, was das betrifft, dürfen wir uns getrost auf die wunderbare **Einheit der lebenden Natur** verlassen. So oft noch irgendeine Gesetzmäßigkeit irgendwo im niederen Tier oder Pflanzenreich entdeckt wurde, erwies sie sich bindend auch für die „Krone der Schöpfung". Deshalb beruht der ansehnlichste Teil unseres medizinischen Wissens auf dem Tierversuch. Ferner hatte Augustinerprior *G. Mendel* die S. 15 erwähnten Vererbungsregeln im Klostergarten zu Brünn zuerst an Erbsen und Levkojen aufgefunden; dann wurden sie von anderen Forschern an Hühnern, Mäusen, Meerschweinchen u. dgl. bestätigt, endlich ebenso in menschlichen Stammbäumen (z. B. Habsburgerlippe, Rot-Grün-Blindheit u. a.) als gültig befunden.

Wenn mithin **Pflanzen und Tiere** ihre erworbenen Eigenschaften vererben, so dürfen wir das Problem **auch für den Menschen** im bejahenden Sinne als gelöst betrachten. Der gefällige Leser möge deshalb geduldig den nun kommenden, ihm vielleicht etwas fremden und trockenen Schilderungen folgen: selbst wenn sie von Lebewesen handeln, die uns scheinbar ganz ferne stehen und uns gar nichts angehen, so betreffen sie eigentlich doch fortwährend den Menschen; wenn nicht ihrem besonderen Inhalte nach, so doch im Prinzip dürfen die Ergebnisse ohne Weiteres sofort auf den menschlichen Lebenslauf und Zeugungskreislauf übertragen werden.

Schmetterlingsversuche

Die grundlegenden Versuche über Vererbung erworbener Eigenschaften wurden an Schmetterlingen durchgeführt. Werden Puppen vom „**kleinen Fuchs**" *(Vanessa urticae —*

Abb. 1 mittlere Reihe) im Eiskasten aufbewahrt, so liefern sie zum großen Teil Falter, die dunkler gefärbt sind (b, c) als normale (a). Die Verdunkelung äußert sich als Verdüsterung der Grundfarbe und als Vergrößerung schwarzer Flecke, die zu ausgedehnten Flächen miteinander verschmelzen. Beides tritt am Männchen (c) schärfer hervor als am Weibchen (b): es ist eine allgemeine Erfahrung, dass das männliche Geschlecht für Veränderungen empfänglicher, gegen Schädigungen empfindlicher ist, als das weibliche; jenes ist das progressive, dieses das konservative Element in der Stammesgeschichte. Viele aus verdunkelten Faltern gezogenen Nachkommen (d) sind fast so dunkel wie die Eltern (b, c), mithin dunkler als die unbeeinflussten Großeltern (a); und zwar selbst dann, wenn die Puppen nicht wiederum im Eiskasten, sondern bei normaler Zimmertemperatur gelegen hatten.

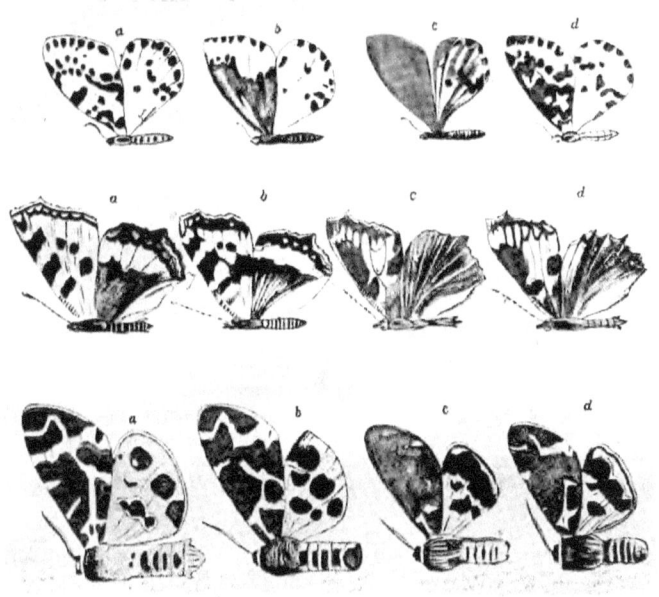

Abb. 1 Temperaturversuche an Schmetterlingen
Obere Reihe: Stachelbeerspanner (Abraxas grossulariala) nach Chr. Schröder; Mittlere Reihe: Kleiner Fuchs (Vanessa Urticae) nach Standfuß; Untere Reihe: Bärenspinner (Arctia caja) nach E. Fischer, a normale Falter; b Weibchen; c Männchen, durch Temperaturextreme geschwärzt; d Nachkommen künstlich geschwärzter Falter, bei mittlerer Temperatur gezogen.
(Aus H. Przibram, Experimentalzoologie, III. Band.)

So verläuft der klassische Versuch von *Standfuß* (1898). Ganz entsprechend verliefen auch die Versuche von *E. Fischer* (1901) am b r a u - n e n B ä r e n s p i n n e r *(Arctia caja* — Abb. 1, untere Reihe); mit dem methodischen Unterschiede, dass seine Puppen nicht während der ganzen Puppenruhe, sondern nur mit Unterbrechungen dem Frost ausgesetzt wurden; dafür jedoch einer durch Kältemischung erzeugten, tieferen Temperatur von — 8 Grad C. Die Verdüsterung (b, c) zeigt sich abermals in Gestalt einer Verbreiterung und Verschmelzung dunkler Zeichnungsstücke (besonders auf den Hinterflügeln); sowie in einer Einschränkung der netzförmigen weißen Zeichnung auf den Vorderflügeln. Beides beim Männchen (c) stärker als beim Weibchen (b); beides ebenso bei den in mittlerer Zimmerwärme aufgezogenen Nachkommen (d).

Der ebenfalls vollkommen analoge Versuch von *Chr. Schröder* (1903) am H a r l e k i n oder S t a c h e l b e e r s p a n n e r *(Abraxas*

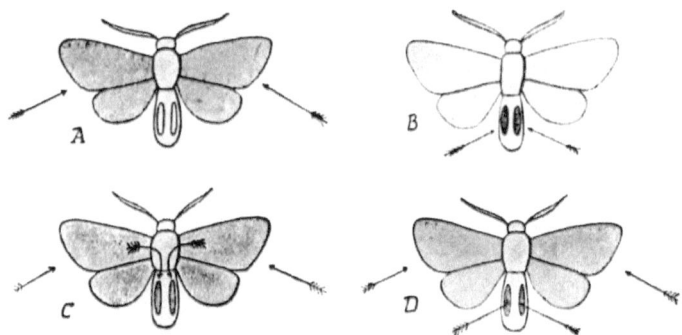

Abb. 2: Erwerbung von Veränderungen, vier Möglichkeiten
A Beeinflussung des Körpers ohne Veränderung der Keime (erworbene Eigenschaft wird nicht vererbt); B Beeinflussung der Keime ohne Veränderung des Körpers (die Veränderung würde als „Mutation" in folgender Generation plötzlich erscheinen); C Somatische Induktion, eigentliche Vererbung erworbener Eigenschaften (Übertragung der Veränderung aus dem Körper in den Keim); D Parallel-Induktion, Scheinvererbung, Nachwirkung (gleichzeitige direkte Beeinflussung von Körper und Keim). Nach H. E. Ziegler.

grossulariala Abb. 1 obere Reihe) erzielt die Verdüsterung der Grundfarbe, Ausbreitung schwarzer und Schwund gelber Zeichnungselemente nicht durch Frost, sondern durch Hitze. Die Erfahrung, dass gegensätzliche Extreme in unserem Falle sehr hohe und sehr niedrige Temperatur — gleiche Veränderungen auslösen, hat sich auch sonst vielfach bestätigt. *Schröder* exponierte die Harlekin-Puppen dreimal täglich während je 11/2 Stunden einer Temperatur von 38 Grad C., wiederum mit weitergehendem Effekt beim Männchen (c); und bei den Nachkommen (d) wiederum, trotzdem die Temperaturerhöhung in dieser Generation ganz unterblieben war.

Unverbildeter Laienverstand ist geneigt, zu glauben, dass die Vererbung erworbener Eigenschaften — der künstlich aufgezwungenen Schwarzfärbung bei Schmetterlingen — hiermit exakt bewiesen war. Alsbald jedoch erhoben sich g e g n e r i s c h e S t i m m e n, welche die spätere Vererbungsforschung zu manchem Umweg gezwungen, ihr aber auch manche Vertiefung und Klärung abgerungen haben. Stets ist das Für und Wider einer Streitfrage besonders lebhaft, wenn die Moral aus der Naturgeschichte menschliche Bedeutung hat; nie ist der Geist der Verneinung stärker, als wenn er zugleich Geist des Rückschrittes ist und sich — bewusst oder unbewusst — dem menschlichen Fortschritt entgegenstemmt.

Wege der Veränderung und Vererbung

Wenn wir in beschriebener Art Wärme oder Kälte auf ein Lebewesen (in unserem Falle auf einen Schmetterling) wirken lassen, so kann dies auf die paarweise im Hinterleibe gelegenen Keimorgane in v i e r e r l e i K o m b i n a t i o n e n weiterwirken (Abb. 2):

1. Der äußere Einfluss (in unserem Falle die Temperatur) verändert nur e i n e n b e g r e n z t e n K ö r p e r t e i l (verdunkelt in unserem Falle die Flügelfärbung), lässt aber den übrigen Körper und die K e i m e u n v e r ä n d e r t (Abb. 2, A). Diese Kombination ist bei Weitem die häufigste; sie traf auch bei einem beträchtlichen Teile der Schmetterlingszuchten ein und gibt uns zugleich den Aufschluss, dass gewiss nicht alle, sondern vielleicht nur die wenigsten erworbenen Eigenschaften sich vererben oder — vorsichtiger ausgedrückt — schon in der nächstfolgenden Generation erbliche Spuren wahrnehmen lassen. Dass jede erworbene Eigenschaft sogleich erblich wird, hat auch der begeistertste Anhänger dieser Lehre nie behauptet.

2. Die umgekehrte Kombination (Abb. 2, B) wurde bisher am seltensten beobachtet: der äußere Einfluss verändert nur die K e i m e , lässt aber den ganzen übrigen Körper unverändert. In *Towers* Zuchten am Kartoffelblattkäfer *(Leptinotarsa* — Abb. 4) werden wir bald ein scheinbar hierher gehöriges Beispiel kennen lernen. Im Anschluss an die bisher besprochenen Schmetterlingszuchten aber sei bemerkt, dass es gewiss gut gewesen wäre, auch die in erster Generation anscheinend unverändert gebliebenen Exemplare zur Fortpflanzung zu bringen: es ist gar nicht ausgeschlossen, dass sie veränderte Nachkommen gezeugt hätten, trotzdem sie äußerlich dem Temperatureinfluss Widerstand geleistet hatten. Durch diese leider unterbliebene Kontrollzucht wäre dem noch zu erörternden Einwand, es handle sich nicht um Vererbung erworbener Eigenschaften, sondern nur um Auswahl von vornherein geeigneter Exemplare, wirksam begegnet worden.

3. Der äußere Einfluss verändert die Flügelfärbung, also zunächst einen örtlich scharf b e g r e n z t e n K ö r p e r b e z i r k : hier setzt sich die physikalische Energie (Wärme o. dgl.) in physiologische um; das heißt, die Flügelveränderung wird im Körper zu den K e i m e n w e i t e r g e l e i t e t , sei es durch Reizleitung des Nervensystems, sei es im Wege des Stoffwechsels und Säftekreislaufes (Abb. 2, C). Seitdem die Frage der Vererbung erworbener Eigenschaften in der Lebensforschung auftauchte, stellte man sich den Übergang des Neuerwerbs vom Körper *(„Soma")* auf den Stoff, aus welchem die Nachkommenschaft erwächst

("Keimplasma") in dieser Weise vor: die Körperschichten vermitteln zwischen Außenwelt und Innenwelt, zwischen Lebensraum und Keimorgan; und zwar nicht einfach, weil jene Schichten für den physikalischen Reiz durchlässig sind; sondern sie spielen ihre Mittlerrolle durch eigene Lebensverrichtungen. Bereits *Ch. Darwin* hat diesen Übertragungsvorgang grundsätzlich in seiner „Theorie der *Pangenesis*" angenommen; *Detto* hat dafür die Bezeichnung „Somatische Induktion" eingeführt.

1. Endlich ist noch folgende Kombination denkbar, die die Fälle 1 und 2 in sich vereinigt (Abb. 2, D): Derselbe äußere Einfluss, der in einer für uns unmittelbar sichtbaren Weise z. B. nur die Flügel verändert, wirkt in Wahrheit gleichsinnig auf den ganzen Körper mit Einschluss der Keimorgane. Und dieselbe Veränderung, die dort (am Körperteil) ihre fertige Ausprägung erfährt, wird hier (im Keim) als verborgene Anlage vorbereitet, zur Auferstehung in nächster Generation. Detto nannte den Vorgang „Parallelinduktion": was sich außen am Körper entwickelt, wird parallel im Keimplasma angelegt.

Bei unserem bisherigen Objekt — dem Schmetterling — ist leicht einzusehen, dass der Temperatureinfluss alle Körperschichten durchdringen und sich als solcher auch im Keimstoff geltend machen kann. Ist doch der Schmetterling ein „kaltblütiges", genauer, ein „wechselwarmes" Tier, dessen Körpertemperatur sich nach der Umgebungstemperatur richtet: ist's draußen frostig, so ist er in der Tat sehr kaltblütig; ist's außen warm, so ist er aber bald auch recht heißblütig. Für sämtliche anderen Einflüsse der Umwelt (Licht, Feuchtigkeit, Nahrung, ja Zug, Druck, Stoß und Schnitt) suchte *H. Przibram* nachzuweisen, dass sie den Keim auf direktem, physikalischem Wege erreichen können, und zwar auch bei warmblütigen Tieren (Säugern, Vögeln), sogar mit Einschluss der Wärmeschwankungen, weil auch die Warmblüter (zumal im Jugendzustand) kein ganz gleichmäßig warmes, von der Außentemperatur unabhängiges Blut besitzen.

Der Einwand, es handle sich nicht um „somatische Induktion", sondern um „Parallelinduktion", das heißt um direkte Beeinflussung der Keime, ist zum Haupteinwand gegen die Vererbung erworbener Eigenschaften geworden. Der Unkundige wird allerdings fragen: Wird durch direkte Einwirkung auf die Keime nicht ebenfalls Vererbung vollzogen? Bezeichnet die Unterscheidung in somatische und Parallelinduktion nicht bloß zwei verschiedene Mechanismen oder Wege, auf denen neue Eigenschaften den Keimen einverleibt werden? Ist nicht aber das tatsächliche Endergebnis dasselbe, und zwar positiv im Sinne der Vererbung erworbener Eigenschaften?

Wahre Vererbung oder bloße Nachwirkung?

Uneingeschränkt kann diese Frage nicht bejaht werden. Gewiss ist die Möglichkeit gegeben, dass ein äußerer Einfluss, der ohne Vermittlung des Körpers den Keim erreicht, dort dauernde Änderungen („Mutationen") zuwege bringt. Wahrscheinlicher jedoch hinterlässt der äußere Reiz, der den Keim direkt beeinflusst, auch dort nur vorübergehende Änderungen („Modifikationen"), die spätestens in der Enkelgeneration verschwinden, wenn der modifizierende Reiz die Großeltern traf, sodann aber unter Rückkehr normaler Lebensbedingungen aufhörte. Wir verstehen diese Erwartung aufgrund folgender Überlegung:

Betrachten wir einmal die Keimchen nicht mehr als integrierendes Gewebe des elterlichen Körpers, sondern als jüngste Stadien der kommenden Generation. Das Ei sei also jetzt nicht als Zelle des Mutterleibes, sondern bereits als allerkleinstes Kind angesehen. Legt nun ein direkt von außen kommender Einfluss in diesem Keim oder Kind potenziell dieselbe Eigenschaft an, die der erwachsene Elternorganismus aktuell zur Schau trägt, so ist die Eigenschaft nicht bloß bei den Eltern, sondern abermals beim Kind ein Neuerwerb. Wir dürfen streng genommen gar nicht von „Vererbung" sprechen: Vererbung geschieht ja aufgrund eines organischen Zusammenhanges zwischen Eltern und Kind. In unserem Falle fehlt — die neue Eigenschaft betreffend — ein derartiger Zusammenhang: Keim und Körper haben diesbezüglich nichts miteinander zu schaffen; Keim und Körper erwerben die neue Eigenschaft ganz unabhängig voneinander. Wir dürften daher höchstens von „Scheinvererbung" oder besser von „Nachwirkung" sprechen.

Das ist mehr als bloße Spitzfindigkeit und logische Unterscheidung. Angenommen (Abb. 3), die Eltern erleben eine Klimaschwankung, deren Folgen (z. B. Farbmodifikationen) anlagenmäßig auch von den Keimen unmittelbar miterlebt werden. Aber bereits, während diese veränderten Keime zu Kindern ausgetragen werden, wird das Klima wieder wie es früher war. Die abgelaufene Klimaschwankung wirkt zwar an den Kindern nach, die daher noch die von den Eltern erworbene Modifikation aufweisen; aber die in den Kindern geborgenen Enkelkeime werden davon nicht mehr erreicht, da das Klima wieder normal geworden ist. Die Enkel werden sich deshalb zu normalen Individuen entwickeln: Die

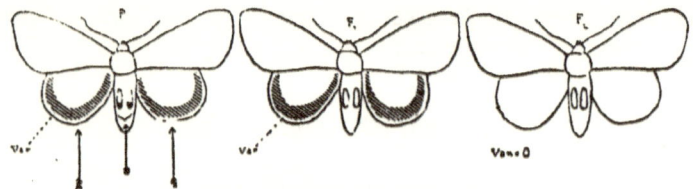

Abb. 3: Verlust einer erworbenen Veränderung (Var.)
bei den Enkeln (F2), falls der veränderte Einfluss (Pfeile!) nur die Großeltern (P) und direkt von außen die Keime für die Kindergeneration (F1) getroffen hat: „Nachwirkung" oder „Scheinvererbung". (Original).

erworbene Eigenschaft ist bereits wieder in Verlust geraten.

Käferversuche

Sehen wir uns jetzt ein Beispiel an, wo die angenommene „direkte Beeinflussung der Keimzellen" als nachgewiesen galt. Nach *Towers* eigener Meinung war dies in seinen Zuchten des Colorado-Kartoffelkäfers *(Leptinotarsa decem- lineata* — Abb. 4) der Fall. *Tower* bediente sich der verschiedensten Faktoren, um das Aussehen der Kartoffelblattkäfer zu verändern; am wirksamsten erwiesen sich Hitze und Trockenheit. *Tower* ließ diese Faktoren nur auf bestimmte, scharf begrenzte Entwicklungsstufen einwirken, nach deren Absolvierung die Zucht wieder in normale Temperatur- und Feuchtigkeitsbedingungen zurückgebracht wurde.

Ließ *Tower* die Hitze und Trockenheit ausschließlich auf bereits abgelegte Eier (Abb. 4 a) oder Larven (b) wirken, so veränderten sich zwar die Larven (c): sie tragen dann nur eine statt zweier Längsreihen dunkler Punkte; aber die aus solchen Larven entstehenden Käfer (e) sehen normal aus und desgleichen ihre Nachkommen.

Ließ *Tower* die Hitze und Trockenheit ausschließlich auf die Puppen (Abb. 4 f) wirken, so entschlüpfen ihnen zwar veränderte Käfer (g): eine verzwergte und verblichene Form *(Var. pallida);* aber die Nachkommen (h) dieser bleichen Zwerge haben wieder das normale Aussehen der Großeltern.

Ließ *Tower* die trockene Hitze erst auf die vollendeten Käfer selbst (Abb. 4 i) wirken, so verändern sie sich nicht mehr (k), erzeugen aber ihrerseits veränderte Nachkommen (1, m). Und zwar ist deren Veränderung (Verzwergung und Ausbleichung) genau dieselbe, die man bei

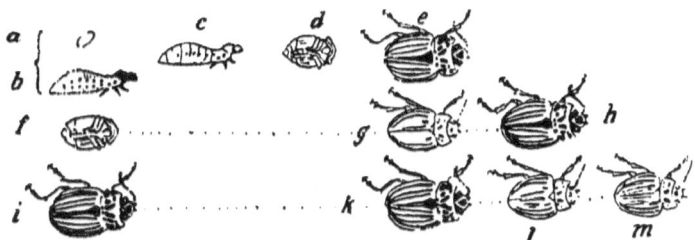

Abb. 4: Colorado-Kartoffelkäfer (Leptinotarsa decemlineata)
a Ei, b normale Larve, c veränderte Larve, d Puppe, e normal daraus hervorgegangener Käfer. — f beeinflusste Puppe, g verändert daraus hervorgegangener Käfer (var. pallida), h dessen unveränderter Nachkomme. — i beeinflusster Käfer, trotzdem äußerlich unverändert geblieben k; dessen veränderte Kinder 1 und Enkel m.
(Nach Tower aus H. Przibram, Experimentalzoologie).

Beeinflussung der Puppe an dem daraus umgewandelten Käfer sofort gewinnen konnte.

Diese eigentümlichen Vererbungsverhältnisse erklären sich aus den R e i f u n g s v e r h ä l t n i s s e n d e r K e i m p r o d u k t e : Eier und Samen der Käfer beginnen nämlich erst reif zu werden, wenn die Käfer selbst bereits vollständig ausgebildet, ausgewachsen und ausgefärbt sind. Vor dieser Zeit erweist sich zwar der unfertige Körper als empfänglich für Veränderungen; nicht aber die unreifen Keime (Fall A unserer Schmetterlingsschemen Abb. 2). Und n a c h dieser Zeit lassen sich zwar die herangereiften Keimzellen beeinflussen, aber nicht mehr der zu Ende entwickelte, unplastisch gewordene Körper (Fall B unserer Schmetterlingsschemen Abb. 2).

Es scheint daher, als hätten wir bei den Käfern eine unserer Problemlösung besonders günstige, durchgreifende Trennung der „ s e n s i b l e n P e r i o d e n " vor uns, denen einerseits der Körper, andererseits der Keim unterworfen ist: entweder dieser oder jener lässt sich modeln, aber niemals beide in derselben Periode ihrer Entwicklung. Lassen sich nun die Keime umbilden, während der Körper nicht mehr bildsam ist, so kann er zwischen Umwelt und Keimen nicht vermittelt haben. Eine Veränderung, die er selbst gar nicht erwarb, kann er unmöglich auf die Keime übertragen haben. Die Keime mussten daher die Veränderung unabhängig vom Körper erworben haben; die Einflüsse der Umwelt mussten bis zu den Keimen Vordringen können, ohne auf die Vermittlerrolle des Körpers angewiesen zu sein.

Ist hiermit die d i r e k t e B e e i n f l u s s u n g d e r K e i m z e l l e n b e w i e s e n ? K e i n e s w e g s z w i n g e n d , denn die Körperteile, von denen die hier infrage kommenden Farbveränderungen abgelesen

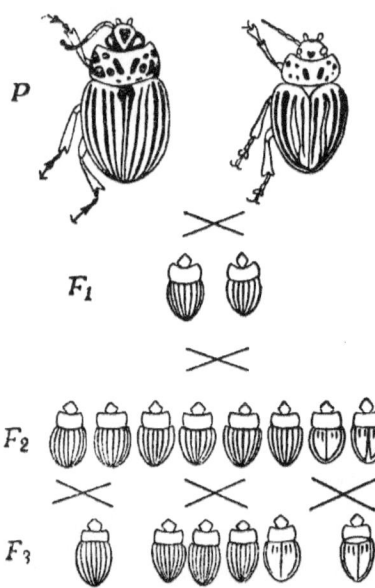

Abb. 5: Colorado-Kartoffelkäfer(Leptinotarsa decemlineata) Kreuzung der Naturform (links) mit der experimentellen Hitze-Dürre-Form (rechts).P Eltern;F1 Kinder (alle der Naturform äußerlich gleich:Mendelsche „Dominanzregel", alternative Vererbung); F2 Enkel (3/4 der Naturform, 1/1 der Experimentalform gleich: Mendelsche „Spaltungsregel");F3 Urenkel (abermalige Aufspaltung usw.). Nach Tower aus H. Przibram, Experimentalzoologie, 3. Band.

werden (Kopf, Halsschild, Flügeldecken), sind erstarrte, nicht mehr selbst lebende Absonderungen der darunter liegenden Haut *(Hypodermis)* und darin unseren Haaren und Nägeln zu vergleichen. Aufgrund dieser Hartteile zu behaupten, der Körper sei unveränderlich, ist nach *Semon* gleichbedeutend mit der Aussage, ein Mensch könne weiterhin weder Lust noch Schmerz empfinden, wenn er eine starre Maske vor dem Antlitz trägt, die sein Mienenspiel verbirgt. Die lebendige, weiche Haut, auf der sich die hornigen (genauer: chitinigen) Bedeckungen des Käferleibes abgelagert haben, mag sehr wohl weiterhin — also auch am fertig entwickelten Körper — für äußere Einflüsse empfänglich bleiben: Sie ähnelt einer fotografischen Platte (Negativ), die licht- und farbenempfindlich bleibt, während die davon abgezogenen, fixierten Kopien (P o s i t i v e) es nicht mehr sind. Während also die außen sichtbaren, toten Hartteile keiner Beeinflussung mehr zugänglich sind, können sich solche dicht darunter dennoch abspielen; und sie wären es dann, welche die entsprechenden Reize (als „somatische Induktion") an die Keime weiterleiten.

Dass jedenfalls die experimentell erzeugte Zwerg- und Bleichungsform des Kartoffelkäfers wirklich vererbt wird und nicht etwa nur auf die jeweils nächste Generation nachwirkt, geht aus *Towers* Weiterzucht mit aller Deutlichkeit hervor: nachdem Hitze und Trockenheit auf fertige Käfer — scheinbar vergebens — eingewirkt haben, sind nicht bloß die Kinder (Abb. 4 1) dieser äußerlich unveränderten Käfer im Sinne des Experiments verändert, sondern auch die Enkel (m) usw.: ein e c h t e r Vererbungseffekt, der sich mit der Annahme einer direkten Beeinflussung der Keimzellen und bloßen Nachwirkung schwer verträgt. Auch folgt die Experimentalform, wenn sie mit der Naturform gekreuzt wird (Abb. 5), den *Mendelschen* Regeln, was — u. a. laut *Johannsen* — ebenfalls als Beweis der echten Erblichkeit gilt.

Die Streitfrage, ob direkte oder indirekte (vom Körper vermittelte) Beeinflussung der Keimzellen stattfindet, lässt sich also durch *Towers* Käferzuchten k e i n e s f a l l s   e i n d e u t i g zugunsten der direkten Beeinflussung entscheiden. Wir überlassen es später zu besprechenden Zuchtexperimenten, hierin Klarheit zu schaffen, und wenden uns vorerst zur Aufzählung anderer Einwände, die gegen die Vererbung erworbener Eigenschaften erhoben werden.

Nur Rückschlag, kein neuer Erwerb?

Eine ganze Reihe bereits durchgeführter Versuche, die für Vererbung erworbener Eigenschaften zu sprechen schienen, wird in ihrer positiven Beweiskraft dadurch herabgesetzt, dass *Weismann* und *H. E. Ziegler* behaupten: es sei gar keine neue Eigenschaft hervorgerufen, sondern nur eine uralte, generationenlang verborgen gebliebene Eigenschaft wiedererweckt worden. Mit einem Wort, es handle sich nicht um frischen Erwerb, sondern um R ü c k s c h l a g *(Atavismus).*

Unter der Spitzmarke „Zurück zum Dschungel" hat *Arthur Keith* einem Mitarbeiter des „Daily Expreß" (London, 2. Mai 1923) sogar die Auskunft erteilt, alle „ e r w o r b e n e n " Eigenschaften seien in Wahrheit v e r l o r e n e Eigenschaften: wir seien nicht imstande, an unseren Zuchtobjekten neue Anpassungen zu schaffen, sondern stets nur, den Fortfall vorhandener Anpassungen zu bewirken. Auf den Menschen angewendet, würde das den Rückfall in den Urzustand bedeuten, die Rückbildung des Kulturmenschen in den Wilden: also das Gegenteil dessen, was Vererbung erworbener Eigenschaften leisten, und was man — in dereinstiger eugenischer Auswertung — von ihr wünschen müsste

Ein kennzeichnendes Beispiel, wo und wie der Atavismus-Einwand gehandhabt wird, bilden meine Zuchten mit der westeuropäischen Geburtshelferkröte *(Alytes obstetricans).* Zu ihrem Verständnis sind einige Worte über das gewöhnliche F o r t p f l a n z u n g s g e s c h ä f t   d e r F r ö s c h e   u n d   K r ö t e n (Abb. 6) vorauszuschicken. Sie legen ihre kleinen, nach Hunderten zählenden, von durchsichtiger Gallertschicht umgebenen Eier ins Wasser ab, wo die Gallertschicht mächtig aufquillt (Abb. 6, Detail-Fig. 1). Die frisch geschlüpften Jungen (Kaulquappen)

27

haben in der Regel noch keine besonderen Atmungswerkzeuge; bald bekommen sie äußere Kiemen (Detail-Fig. 3), die wieder zurückgebildet werden und inneren Kiemen Platz machen (Detail-Fig. 4). Noch wochenlang bleibt die Kaulquappe fußlos: Sie erhält zuerst ihre rückwärtigen, dann ihre vorderen Gliedmaßen, der Schwanz verschrumpft und der kleine fertige Froschlurch hüpft ans Land.

Versuche mit der Geburtshelferkröte

Hiervon macht die **eiertragende** oder **Geburtshelferkröte** eine Ausnahme: sie legt nur 18—38 verhältnismäßig große, weil dotterreiche Eier, welche schnurförmig zusammenhängen, auf dem Lande ab, wo die Gallerthülle nicht quellen kann. Das väterliche Tier zwängt seine Hinterbeine durch die zum Knäuel verwirrte Schnur und trägt sie, wie eine eng sitzende Fessel um die Oberschenkel gewickelt, so lange mit sich herum (Abb. 7), bis die Quappen schlüpfen. Das geschieht auf dem noch fußlosen Stadium, aber bereits mit inneren Kiemen: das Stadium ohne und dasjenige mit äußeren Kiemen sind also innerhalb der Eihülle durchlaufen worden. Die weitere Entwicklung verläuft regelmäßig: zweibeinige, vierbeinige Quappe, Schrumpfen des Schwanzes und Aufenthaltswechsel der fertigen kleinen Kröte vom Wasser zum Land.

Unter den Abänderungen, die ich diesem Fortpflanzungs- und Entwicklungsgang aufgezwungen habe, will ich nur zwei darstellen, die durch ihre entgegengesetzte Richtung geeignet sind, auf das Atavismus-Problem Licht zu werfen. Die erste Variationsrichtung führt **noch weiter vom Wasser weg**: die Entwicklungstendenz der Geburtshelferkröte, in ihrer Fortpflanzung vom Wasser unabhängig zu werden, wird auf die Spitze getrieben. Beschleunigt man die Eientwicklung durch Wärme und hemmt gleichzeitig die zum Auskriechen führenden Bewegungen durch relative Trockenheit und Dunkelheit, so erhält man Rieseneier, die von den Quappen erst, wenn sie mit Hinterbeinen versehen sind, gesprengt werden. Diese Eier und Quappen liefern zwerghafte Kröten, welche ihrerseits sehr große, von Generation zu Generation dotterreicher werdende und proportional an Zahl abnehmende Eier legen. Bei Fortwalten der warmen, wenig feuchten und wenig hellen Umgebung entlassen sie abermals Quappen mit vollständig ausgebildeten Hinterbeinen; bei Rückversetzung in gewöhnliche Bedingungen jedoch Larven mit knospenförmigen Hinterbeinen.

Die zweite Variationsrichtung führt im Gegenteil zum **Wasser zurück**; der von der Geburtshelferkröte bereits erreichte Grad der

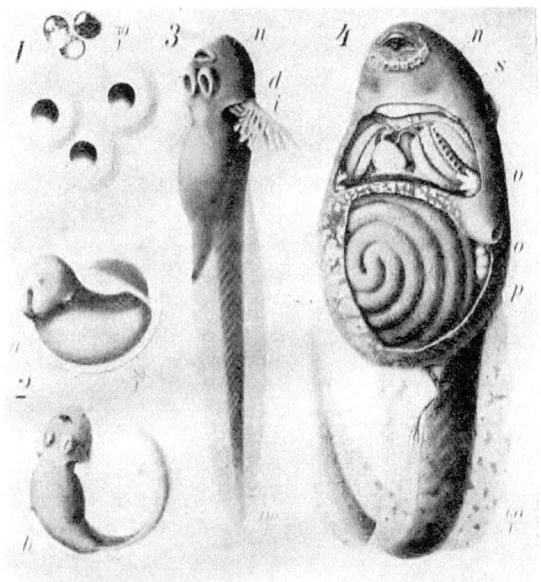

Abb. 6: Entwicklung des Frosches (Rana)
1 frisch gelegte Eier, darunter dieselben mit gequollenen Gallerthüllen. — 2 Keimling vor dem Sprengen der Eihülle in zwei Stadien a und b. — 3 Larve (Kaulquappe) mit äußeren Kiemen, fußlos. — 4 Larve mit Hinterbeinen; die Vorderbeine sind bei v in der Kiemenhöhle beiderseits ebenfalls schon entwickelt, nur noch nicht nach außen durchgebrochen; n Nasenloch, o Kiemenloch (operculum), p Lunge.(Nach Paul Pfurtscheller's Wandtafel.)

Unabhängigkeit vom Wasser wird darin wieder aufgehoben. Hält man die zeugungsfähigen Geburtshelferkröten bei 25—30 Grad C., so verzichten sie auf jede Brutpflege. Die ihnen ungewohnte Hitze dörrt sie aus und veranlasst sie, im Wasserbecken Anfeuchtung zu suchen: hier finden sich jetzt die Geschlechter zusammen; eben hier finden daher Begattungen und Eiablagen statt. In dem Augenblicke aber, als die Gallerthülle der Eier mit Wasser in Berührung tritt, quillt sie auf, verliert dadurch ihre Klebrigkeit und selbstredend ihre Eigenschaft, sich später beim Eintrocknen (welches eben hier nicht stattfindet) um die Schenkel des Männchens fest zusammenzuziehen; macht es also dem Männchen unmöglich, die Eierschnur auf seinen Hintergliedmaßen zu befestigen. Die Eierschnur bleibt daher im Wasser liegen, wo sich trotzdem in manchen Schnüren etliche Eier zu entwickeln vermögen. Aus ihnen schlüpfen die Quappen auf zeitigerem Stadium aus, nämlich solange sie noch die äußeren Kiemen haben, von denen die Geburtshelferkröte nur ein

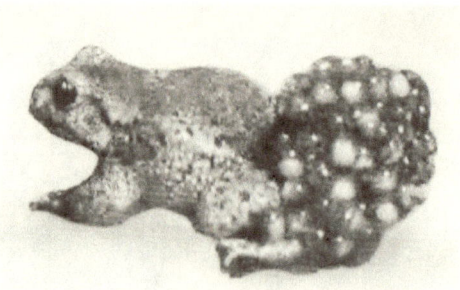

Abb. 7: Geburtshelferkröte (Alytes obstetricans)
Männchen mit Eierballen auf den Hinterbeinen. (Photographie des
lebenden Tieres von Oberlehrer Walter Köhler.)

einziges Paar besitzt. Die aus solchen Quappen hervorgegangenen Kröten zeichnen sich durch bedeutende Körpergröße aus.

Wassereier späterer Generationen werden zusehends dotterärmer, daher kleiner; bekommen aber immer dickere Gallerthüllen. Aus Wassereiern entwickelte Larven späterer Generationen zeigen Zunahme dunklen Farbstoffes, Abnahme des Dottersackes bis zu dessen

Abb. 8: Geburtshelferkröte (Alytes obstetricans), zwei Männchen
links normales Kontrolltier; rechts Exemplar aus der 5. Nachkommengeneration der Wasserzucht; die
schwarze Verfärbung besonders der linken Hand zeigt die Ausdehnung der Brunstschwiele an. Auf der
rechten Hand ist jetzt nur unterhalb des Daumens eine kleine Schwiele vorhanden: die Haut dieser Hand
war abgezogen worden, um der mikroskopischen Untersuchung zu dienen, und ist nachgewachsen, die
Schwiele aber nicht mehr so groß geworden. Originalaufnahme beider Exemplare auf derselben Platte
von B. Stewart, Cambridge.

gänzlicher Rückbildung sowie Veränderungen an den Kiemen: sie verkürzen, vereinfachen, vergröbern sich; und während sonst nur der Erste von den Kiemenbogen des Skelettes eine Kieme trägt, sind in der Ururenkelgeneration an allen drei freien Kiemenbogen Kiemen gewachsen.

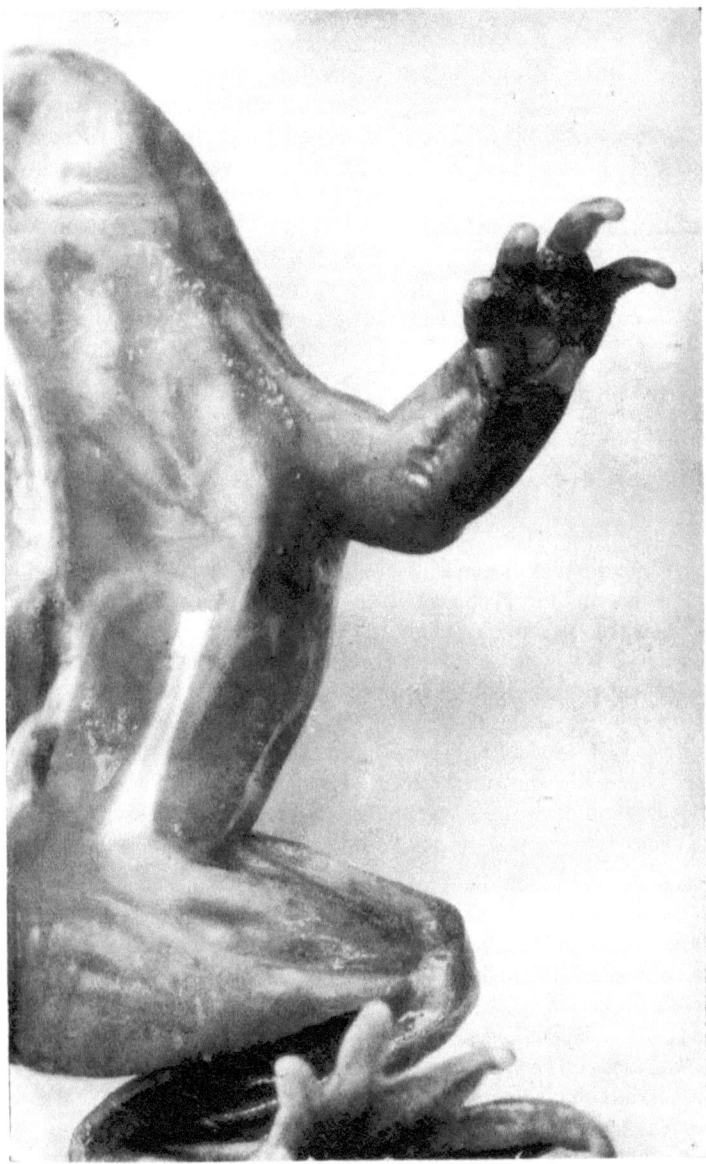

Abb. 9: Geburtshelferkröte (Alytes obstetricans)
schwielentragendes Männchen der Wasserzucht, dasselbe Exemplar wie in Abb. 8rechts bei stärkerer Vergrößerung. Am Außenrand der Hand sind gerade noch die dornigen Spitzen der Begattungssschwiele zu sehen.(Originalaufnahme von Bruno Reiffenstein, Wien.)

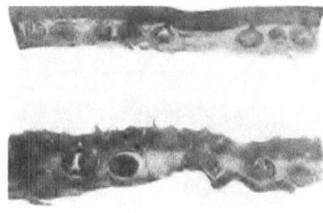

Abb. 10: Geburtshelferkröte (Alytes obstetricans)
Mikrotomschnitte, unten durch die Brunst-Schwiele eines Männchens der 5. Nachkommengeneration, Wasserzucht. Dieselbe Hautpartie eines brünstigen Männchens der normalen Landzucht (oben) zeigt auch bei stärkster Vergrößerung nicht die hornigen Spitzen, die sich dort auf der Oberhaut erheben.Originalaufnahme nach dem mikroskopischen Präparat von B. Stewart, Cambridge.

Möglicherweise in Anpassung an das schwierigere Festhalten des Weibchens im Wasser bekommen die Männchen dieser und andeutungsweise schon einer früheren Generation raue, schwarz verfärbte Brunstschwielen (Abb. 8, 9) an ihren Fingern und Unterarmen, sowie verstärkte Armmuskeln, welche den Vordergliedmaßen eine mehr einwärts gedrehte Haltung verleihen, — äußere Geschlechtsmerkmale, die für alle im Wasser sich begattenden Frösche und Kröten zutreffen, nicht aber normalerweise für die sonst auf dem Lande sich begattende Geburtshelferkröte.

Durchaus begreiflicherweise war es die letztbeschriebene Versuchsreihe, gegen die sich der Einwand richtete: Wenn die brutpflegenden Geburtshelferkröten, die sich während ihrer Paarung und Embryonalentwicklung vom Wasseraufenthalt unabhängig machten, neuerdings dahin zurückkehren, so sei dies eben eine R ü c k k e h r zu alten und kein Fortschreiten zu neuen Fortpflanzungsgewohnheiten. Insbesondere erhoben *Weismann* (Vorträge über Deszendenztheorie 3. Auflage II. Band, S. 74) und *Schaxel* (Archiv für soziale Hygiene VIII, 1913 S. 137) den in Rede stehenden Einwand: Beide Autoren ließen aber die zuerst beschriebene Versuchsreihe vollständig außer Acht; und doch ist es sonnenklar, dass hier kein Rückschlag vorliegen kann.

Gerade wenn man die a t a v i s t i s c h e B e s c h a f f e n h e i t d e r z w e i t e n V e r s u c h s r e i h e (Wasserzucht, Aufgeben der Brutpflege) behauptet und zugibt, wogegen nichts einzuwenden ist; gerade dann kann man nicht darum herum, in der e r s t e n (Rieseneier; Verlängerung der Nachreife auf dem Lande) einen wirklichen N e u e r w e r b zu sehen. Dort verläuft die ganze, embryonale und nachembryonale (larvale) Entwicklung im Wasser, jene bereits einschließlich der Befruchtung; hier verläuft eine längere Entwicklungsstrecke als normal außer Wasser. Die Wasserphase beginnt zwar wie im Normalzustände mit dem Moment, da die Quappe das Ei verlässt; sie tut es aber erst auf einem weit fortgeschritteneren Stadium, von dem ab sie überdies nicht mehr so lange braucht, um sich in die abermals landlebende Kröte zu verwandeln.

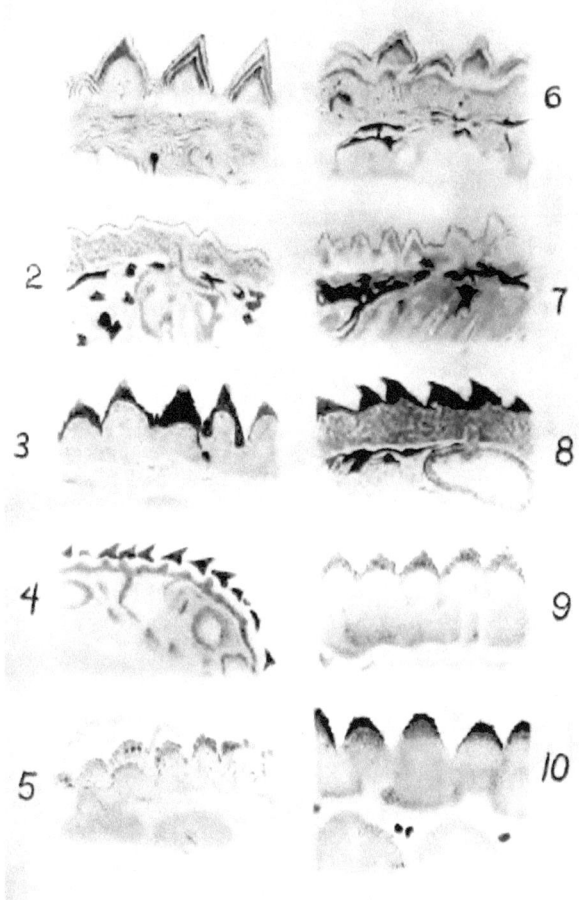

Abb. 11: Brunstschwielen europäischer Frösche und Kröten im Mikrotomschnitt
1 Grasfrosch (Rana temporaria = fusca). 6 Moorfrosch (R. arvalis = oxyrrhina).2 Springfrosch (R. agilis = dalmatina). 7 Teichfrosch (R. esculenta).3 Scheibenzüngler (Discoglossus pictus). 8 Feuerunke (Bombinator igneus).4 Schlammtaucher (Pelodytes punctatus). 9 Erdkröte (Bufo vulgaris).5 Kreuzkröte (Bufo calamita). 10 Wechselkröte (Bufo viridis = variabilis).Nach Lataste.

Ist das eine ein Rückschritt, so kann das andere nur ein Fortschritt sein.

Was ist eine „erbliche Eigenschaft"?

Gegen diese logisch einwandfreie Erwiderung hätte nun freilich *Baur* (Archiv für soziale Hygiene VIII., 1913, S. 122) abermals einen Gegeneinwand bereit. Nach ihm erschöpft sich das Wesen einer erblichen „E i g e n s c h a f t" noch nicht in der Erscheinung, die wir zufällig gerade vor uns sehen; vererbt wird nicht die besondere Erscheinung, sondern die Fähigkeit, bald in dieser, bald in jener Erscheinungsweise auf die äußeren Einflüsse zu reagieren. Auf unser Beispiel angewendet, bestünde denn die Erbeigenschaft der Geburtshelferkröte nicht im Vorhandensein oder Fehlen der Brutpflege, in längerer oder kürzerer Embryonalentwicklung usw., sondern in der Fähigkeit, je nach Trockenheit oder Feuchtigkeit, Trocken- oder Wasseraufenthalt sich bald mit, bald ohne Brutpflege zu entwickeln und bald längere, bald kürzere Strecken dieser Entwicklung ins Ei zu verlegen.

Baur hat mit seiner Erklärung des Begriffes „erbliche Eigenschaft" im allgemeinen unzweifelhaft das Richtige getroffen; aber die Ausdehnung der Definition auf Fälle, wo von der Norm nach beiden Seiten so weit abgewichen wird wie bei der Geburtshelferkröte, ist entschieden übertrieben. *Baur* selbst stellte sich die „R e a k t i o n s n o r m", d. i. die Fähigkeit einer organischen Eigenschaft, je nach den Forderungen der Lebenslage um einen Mittelwert zu pendeln, als eine ganz bestimmte, u n d b e g r e n z t e vor. Er gelangte zu seiner Anschauung durch Aussaatversuche mit Bohnen, die — je nachdem sie unter günstigen oder ungünstigen Ernährungsbedingungen reifen — gewissen Größenschwankungen (etwa von 7—15 mm Samenlänge) unterliegen. Gleichgültig nun, ob man eine große oder kleine Bohne zur Nachzucht herausgreift, besteht die neue Ernte abermals aus Bohnen von 7—15 mm Länge.

Was nun von verhältnismäßig geringfügigen Größen- und Gewichtsschwankungen der Bohnen gilt, darf keinesfalls auf auseinanderstrebende Entwicklungen verallgemeinert werden, die das g a n z e A r t b i l d v e r ä n d e r n, Entwicklungen, die sich nicht auf die eine Eigenschaft beschränken, von der die Zucht ihren Ausgang nahm, sondern im weiteren Zuchtverlauf sich f a s t sämtlicher Eigenschaften aller Stadien bemächtigen. *Baur* sollte sich übrigens nur einmal die Mühe nehmen, eine seiner großen Bohnen bei andauernd günstigen Ernährungsbedingungen (oder eine seiner kleinen Bohnen bei konstant ungünstigen) durch eine Anzahl von Generationen weiterzuzüchten; und er würde vermutlich —

wenn er die Zucht schließlich wieder unter den alten Bedingungen beendigt — in beiden Fällen ganz andere Variationsbreiten ernten als die ursprüngliche von 7—15 mm. Im ersten Falle würden wohl die kleinsten, im zweiten Falle die größten Sorten in Wegfall gekommen und dafür wahrscheinlich weitergehende Extreme — im ersten Falle größere, im zweiten Falle kleinere — aufgetreten sein.

Der Kampf um die Vererbung erworbener Eigenschaften

Einstweilen allerdings gewährte der Umstand, dass die vom Experiment anfänglich gesetzte Verschiedenheit bei der Geburtshelferkröte nach und nach das ganze W e s e n der Art ergreift, den Einwänden *Baurs* neue Nahrung. Wie schon bei den Schmetterlingsversuchen betont, prüft man die Vererbung einer erworbenen Eigenschaft, indem man in den späteren Generationen den äußeren Einfluss fortlässt, der sie hervorrief. Diese R ü c k v e r s e t z u n g i n d i e n o r m a l e n L e b e n s b e d i n g u n g e n d e r A r t s e i b e i m e i n e n V e r s u c h e n u n m ö g l i c h, sagte *Baur* (Einführung in die experimentelle Vererbungslehre, 2. Auflage, 1914, S. 57). Denn wenn z. B. die Kaulquappen vorzeitig aus dem Ei ins Wasser gleiten, so sei dadurch allein schon eine abweichende B e d i n g u n g gesetzt, welche die ganze Kette weiterer Abweichungen in jeder Generation aufs neue und gleiche zur Folge haben müsse, ohne jede Notwendigkeit einer Vererbung.

Schon bevor dieser Einwand niedergeschrieben wurde, war er durch zwei K o n t r o l l v e r s u c h e, die ich ausgeführt und beschrieben hatte, widerlegt: 1. Eier normaler Geburtshelferkröten, die dem brutpflegenden Männchen abgenommen wurden, ließen — im Wasser gezeitigt und vorzeitig der Eihülle ledig geworden — Tiere mit normalem Brutpflege-Instinkt aus sich hervorgehen. 2. Umgekehrt ließen Eier abgeänderter Geburtshelferkröten, b e i denen das Unterlassen der Brutpflege Gewohnheit geworden war, Tiere ohne Brutpflege-Instinkt hervorgehen, selbst dann, wenn man sie ihre Entwicklung auf dem Lande durchlaufen ließ. Trotzdem *Richard Semon* bereits 1912 (Das Problem der Vererbung erworbener Eigenschaften, S. 156) nachdrücklichst auf jene Kontrollzuchten hingewiesen hatte, ging derselbe Einwand unverändert noch in eine neue Auflage von *Baurs* Vererbungslehre über und ist erst in den neuesten Auflagen verschwunden, wo *Baur* sich damit bescheidet, allen meinen Zuchtversuchen über Vererbung erworbener Eigenschaften mit einer summarischen Einleitungsbemerkung Generalabfuhr zu erteilen.

Das Unsinnige des zuletzt besprochenen Einwandes geht aber — auch abgesehen von den ihn gegenständlich widerlegenden Kontrollzuchten — noch aus folgendem hervor. Wenn es sich im Verlaufe einer Trieb- und Entwicklungsänderung ergeben hat, dass Eier ins Wasser statt auf dem Trockenen abgelegt werden, und dass die Kaulquappen aus jenen Eiern unentwickelter auskriechen: So gehören diese und andere Erscheinungen nicht mehr zu den experimentellen Bedingungen, sondern bereits zu den von ihnen hervorgerufenen Variationen. Nun sind viele Eigenschaften des Organismus eng miteinander verknüpft: ändert sich nur eine davon, sind die übrigen in Mitleidenschaft gezogen und müssen sich zwangsläufig ebenfalls ändern. Wenn nur die erste, Anstoß gebende Eigenschaft nachweislich vererbt wird, so müssen wir auch die Gesamtheit der Konsequenzen zum erblichen Artbild zählen.

Jene tonangebende Variation ist im Falle der Geburtshelferkröte das — nach Aufhören des ursprünglichen Zwanges — freiwillig gewordene Unterlassen der Brutpflege und Aufsuchen des Wassers zum Zwecke der Fortpflanzung. Der Nachweis ihrer Erblichkeit ist hier durch die Kontrollversuche unwiderleglich erbracht; auch wiederum dadurch, dass sie in der Kreuzung mit normalen Tieren „mendelt". Durch seine abweichende Auffassung wird *Baur* seiner eigenen Kritik des Eigenschaftsbegriffes in bedenklicher Weise untreu und macht sich einer bösen Verwechslung zwischen Aktion und Reaktion, zwischen bewirkendem äußerem Einfluss und bewirkter Veränderung schuldig. Angenommen etwa, die grüne Rückenfarbe des Laubfrosches stehe mit seiner Kletterfertigkeit, beziehungsweise mit der Entwicklung von Haftscheiben an seinen Fingern und Zehen — wie es durchaus möglich ist — in irgendeiner Korrelation, so könnte *Baur* auch wieder behaupten: weil die Haftscheiben schon an der zweibeinigen (noch nicht grünen) Kaulquappe zur Ausbildung gelangen, ist das spätere Ergrünen des Laubfrosches keine erbliche Eigenschaft! So selbstverständlich absurd eine derartige Behauptung ist: Durch die Einwände der Gegner werden all unsere gesicherten Einblicke in das Wesen der Vererbung in oft nicht minder elementarer Weise auf den Kopf gestellt.

Unter der Fülle von Variationen, die sich namentlich an meiner Wasserzucht der Geburtshelferkröte allmählich eingefunden und die soeben behandelte Begriffsverwirrung bei *Baur* verschuldet hatten, fand keine größere Beachtung als die Begattungsschwiele des brünstigen Männchens (Abb. 8, 9). Obwohl zugestandenermaßen nur ein Rückschlag und keine Neuerwerbung, bietet sie dennoch einen besonderen Beitrag zum Variations- und Vererbungsproblem: und zwar dadurch, dass sie bei der Geburtshelferkröte i n der N a t u r n o c h n i e m a l s g e s e h e n wurde. Bei einer verwandten, in Spanien vorkommenden Art *(Alytes cisterrmsii)* sah Gadow auf der Daumenspitze eine Verhornung geringen Umfanges, die aber nach M. Perkins zufolge Musterung vieler Exemplare nicht als Brunstschwiele gedeutet werden kann, sondern als eine Hilfe beim Graben; denn *Alytes cisternasii* scharrt tiefe Löcher und lebt vorzugsweise unterirdisch.

Wir sind leider nur selten in der Lage, im Laboratorium Eigenschaften hervorzurufen oder bestehende Eigenschaften so zu verändern, dass ein Gleiches unter gleichen Bedingungen nicht auch im Freien vonstattenginge: Die m e i s t e n E x p e r i m e n t e hat die N a t u r d e m F o r s c h e r v o r w e g g e n o m m e n. Die zuerst besprochenen Frost- und Hitzeschwärzungen der Schmetterlinge sind den Sammlern in kalten und warmen Jahren, kalten und warmen Gegenden bereits bekannt gewesen; die Bleichungsform des Kartoffelblattkäfers, welche *Tower* durch künstliche Hitze und Trockenheit erzeugte, fand er auch in Wüstengegenden. Ebenso haben die Farbwechselversuche an Salamandern, von denen noch die Rede sein soll, mich bestenfalls um ein Weniges die Grenzen dessen überschreiten lassen, was natürliche Erdboden ebenfalls zustande bringen; und dieses Wenige ist durchaus fließend, ist nur die etwas weiter gehende Veränderung eines auch sonst vorhandenen Merkmales, aber keine scharf begrenzte, aus der Natur bei der gleichen Art überhaupt nicht gekannte Eigenschaft.

Eine solche ist aber tatsächlich die atavistische Brunstschwiele bei der Geburtshelferkröte *(Alytes obstetricans);* und deshalb hat es auch nicht an Versuchen gefehlt, i h r e E x i s t e n z e i n f a c h a b z u l e u g n e n. Hier hat sich namentlich *W. Bateson* (Problems of Genetics 1913 S. 202; „Nature" 1919 S. 344; „Nature" 1923 S. 391 u. 738) rühmlich hervorgetan: die Schwiele sollte um keinen Preis eine Schwiele, sondern nur ein schwarzer Pigmentfleck sein; ein andermal ein verdicktes Stück Haut ohne die charakteristischen dornigen Erhebungen (siehe sie in Abb. 9); überdies nur die zufällige Missbildung eines einzigen Stückes; ferner aber ein bloßer Schatten auf der Fotografie; auf einer anderen Fotografie jedoch eine unerlaubte Retusche Als solche hatte *Bateson* ein Schmutzklümpchen verkannt, das auf dem kleinen Finger haften geblieben war und das ich nicht wegretuschiert hatte, gerade um ein Naturdokument zu liefern. Da sich die Schwiele höchstens ausnahmsweise bis auf den kleinen (äußersten) Finger erstreckt, wird jener Fremdkörper mir, dem Zoologen, vom Botaniker *Bateson* als schülerhafte Unkenntnis ausgelegt: ich hätte die Retusche, die eine Schwiele Vortäuschen sollte, bei dem falschen Finger angebracht!! Als ich 1919 Mikrotomschnitte durch die Schwielen tragende Haut (Abb. 10) veröffentlichte, sollten sie von einer anderen Froschart hergenommen sein; und als sich herausstellte, dass sich meine Schnitte von entsprechenden Präparaten, die aus Schwielenhaut sämtlicher übrigen europäischen Froschlurche (Abb. 11) angefertigt waren, sehr deutlich unterschieden, da sollten jene von der Geburtshelferkröte stammenden Schnittpräparate wiederum kein echtes Brunstschwielengewebe zur Anschauung bringen.

Um diese ebenso törichten, in sich einander widersprechenden, wie ehrenrührigen Angriffe aus der Welt zu schaffen, nahm ich zu Pfingsten 1923 — von der „Natural history Society" in Cambridge freundlichst dazu eingeladen — ein B e l e g e x e m p l a r des mit Brunstschwiele versehenen Geburtshelferkrötenmännchens, sowie Mikrotomschnitte nach England, wo mir die Echtheit der Objekte und Richtigkeit meiner Angaben von vielen Kennern (z. B. *Mac Bride, Gadow, E. G. Boulenger)* bezeugt wurde. Bemerkenswert war der anschließende Nachweis von *M. Perkins* („Nature" 1923 p. 238), dass die Begattungsschwiele der Geburtshelferkröte zwar von den analogen Gebilden anderer Froschlurche charakteristisch verschieden ist, aber — wie unter anderem aus einer prachtvollen bildlichen Zusammenstellung von *Lataste* (Abb. 11) hervorgeht — dennoch in ihrer Verbreitung am Körper wie in ihrer geweblichen Beschaffenheit den Begattungsschwielen derjenigen Arten am n ä c h s t e n kommt, die im naturgeschichtlichen System als n ä c h s t e S t a m m v e r w a n d t e der Geburtshelferkröte gelten: den Arten der „Scheibenzüngler" *(Discoglossidae),* zu welcher Familie auch die Geburtshelferkröte gehört.

Wenn ich also zwar das Vorhandensein der in Rede stehenden Schwiele nicht wegeskamotieren lassen konnte: Auf ihre Bedeutung als Beweis für die Vererbung erworbener Eigenschaften lege ich keinen ausschlaggebenden Wert. Denn einmal ist, wie erwähnt, der A t a v i s - m u s - E i n w a n d berechtigterweise auf sie anwendbar; dann aber auch der Ein w a n d d i r e k t e r B e e i n f l u s s u n g der Keime. Denn da die schließlich zur Schwielenbildung führende Veränderung ursprünglich durch einen Wärmereiz ausgelöst war, so konnte dieser bei dem „kaltblütigen" Froschlurch ohne Weiteres den ganzen Körper, also auch den Keimstoff durchdringen. Es ist ja allerdings h ö c h s t u n w a h r - s c h e i n l i c h , dass ein einfacher Temperatur-Reiz, der nur durch Vermittlung komplizierter Instinkt- und anderer Veränderungen schließlich zu dem Besitze einer Brunstschwiele geführt hatte, im Keim ohne diese ganze 'Variationskette den gleichen Effekt unmittelbar erzielt haben sollte. Aber sei es darum: Wir verfügen über so reiches Beweismaterial, dass wir uns bei einem Fall, an dem nur der Schatten eines Einwandes haftet, nicht aufzuhalten brauchen.

Direkte Anpassung oder Zuchtwahl?

Als sei es mit dem ganzen Wust an Haupt- und Nebeneinwänden, die bisher berücksichtigt wurden, noch immer nicht getan, kündigt sich die Schwäche des gegnerischen Standpunktes in einem weiteren Kardinaleinwand an: Wie gerade das letztbeschriebene Beispiel, die Brunstschwiele, mit ziemlicher Wahrscheinlichkeit vor Augen führt, sind viele unserer „erworbenen" Eigenschaften sogleich sehr zweckmäßig; sie sind „Anpassungen". Dann sollen sie nun nicht „d i r e k t e A n p a s s u n g e n" an die Umgebung sein; nicht in unmittelbarer Berührung mit den umgebenden Einflüssen erworben, sondern indirekt durch Z u c h t w a h l.

Damit wären sie aber dem Bereiche und Begriffe der „erworbenen Eigenschaften" entrückt: diese kommen ja durch die Lebensbedingungen, also durch ä u ß e r e K r ä f t e zustande; die Zuchtwahl aber erwirkt (falls sie überhaupt wirkt) Anpassungen nur durch die i n n e r e n K r ä f t e des Lebewesens. Zur Aufzeigung dessen, wie das zugeht, gleichzeitig zur Erklärung, wie Atavismus- und Zuchtwahleinwand gelegentlich einträchtig Zusammenarbeiten, eignen sich ganz vortrefflich die Abb. 1 dargestellten Schmetterlingsversuche von *Standfuß, Fischer* und *Chr. Schröder,* die ebenfalls bereits jenen Einwänden als Zielscheibe dienten.

Darnach sollen die frostgeschwärzten Falter ihre Farbveränderung nicht erst im E i s s c h r a n k der heutigen Experimentatoren erworben haben; sondern die zur E i s z e i t lebenden Vorfahren jener Falter seien jedenfalls auch schon dunkelfarbig gewesen. Das klingt wie eine vage, unkontrollierbare Vermutung; sie wird aber gestützt durch die von *W. Schuckmann* festgestellte Tatsache, dass die normalen, nicht durch Kälte beeinflussten Schmetterlinge vor dem Sprengen der Puppenhaut dunkelfarbiger sind als nachher. Nun wiederholt die Entwicklung des Individuums die Hauptstationen seiner Stammesentwicklung: Das dunkle Stadium vor dem Freiwerden des Schmetterlings würde daher einem Zustand entsprechen, in welchem er dereinst schon frei herumflog; und da das dunkle Stadium gegenwärtig dem fertig entwickelten, freien Zustand knapp vorausgeht, so kann jenes „Einst" — erdgeschichtlich gesprochen

— nicht allzu weit zurückreichen. Es liegt mehr als nahe, die letztverflossene Glazialepoche dafür in Anspruch zu nehmen: Denn was der Kältereiz heute leistet; sollte er es nicht schon damals geleistet haben?

Hier tauchen zwei Gegenfragen auf: 1. Verschiebt diese Begründung, auch wenn sie richtig ist, die Erwerbung der erblichen Schwarzfärbung nicht einfach nur in eine frühere geologische Periode? E i n m a l m u s s d i e S c h w ä r z u n g e r w o r b e n w o r d e n s e i n: wenn nicht im Eiskasten, den eine zeitgenössische Technik konstruierte, so doch zu einer Zeit, da weite Bodenflächen mit Gletschereis bedeckt waren und das jährliche Temperaturmittel sich um etliche Grade unter dem heutigen hielt. Damals wie jetzt war es aber eine erworbene Eigenschaft, die sich vererben musste

2. Ist die durch künstliche K ä l t e m i s c h u n g in der Gegenwart erzeugte Schwarzfärbung ein Rückschlag auf Eiszeitverhältnisse: dann kann doch wohl die Schwarzfärbung, die ganz übereinstimmend durch H i t z e erzeugt wird, n i c h t e b e n f a l l s e i n R ü c k s c h l a g sein?

Erledigen wir die zweite Frage zuerst: Was schaffen die extremen Temperaturen eigentlich? Sie h e m m e n d i e E n t w i c k l u n g des Schmetterlings; sie konservieren ein Stadium, das sonst nur Durchgangsstadium zu sein pflegt und dem fertigen Zustande vorausgeht. Die Entwicklungshemmung kann aber oft nicht mehr eingeholt werden: der Schmetterling entpuppt sich im dunkelfarbigen, also relativ unfertigen Zustand: er ist eigentlich nicht „geschwärzt", sondern bloß „nicht aufgehellt"; denn der dunkle Zustand ist der primäre, der hellfarbige ist der sekundäre. Dann ist es aber einerlei, durch welchen Einfluss der Primärzustand, der in einer ehemaligen erdgeschichtlichen Periode Endzustand war, festgehalten wird, um auch heute noch einmal Endzustand zu bleiben. Kohlensäure *(M. v. Linden)* und andere giftige Dämpfe leisten dasselbe, insofern sie dem noch ausständigen Entwicklungsschritt in der entscheidenden Zeit lähmend entgegentreten.

Daher sind Schmetterlinge, die im Bereiche qualmender Schornsteine ihre Puppenruhe verbringen, wie angerußt; das hat mit Kohlenruß nichts zu tun, sondern weist immer wieder nur auf das Flüggewerden in einem Vorstadium hin, das gewöhnlich noch überwunden wird.

Warum also sollte H i t z e nicht den gleichen Effekt haben: sie wirkt j a n i c h t a l s s o l c h e, sondern nur, indem sie den Falter auf einer sonst noch nicht zur Freiheit bestimmten Stufe z u r ü c k h ä l t; sie braucht die Schwärzung nicht erst hervorzurufen, denn diese ist ja schon mit der normalen Entwicklung in der Puppe gegeben und schon seit der

Direkte Anpassung oder Zuchtwahl?

Eiszeit vorbereitet. Frost, Hitze, Kohlensäure usw. erschöpfen heutigentags ihre Rolle in der Konservierung jener Eiszeitfärbung.

Und nun zur ersten Frage: wurde demnach zur Eiszeit die erbliche Eigenschaft der Schwarzfärbung erworben? Keinesfalls durch direkte Berührung mit der Kälte, meint *Weismann:* sondern dunkle Farben mussten den Faltern der Eiszeit Nutzen bringen, weil sie mehr Wärmestrahlen in sich aufnehmen. Unter einer Anzahl sonst gleichartiger Schmetterlinge sind stets „zufällig" etliche dunkler und etliche heller: die dunkleren sind bei kalter Witterung im Vorteil gegenüber den helleren, welche häufig erfrieren und nur die jeweils dunkelsten zur Fortpflanzung übrig lassen. Letztere vererben ihre angeborene Dunkelfärbung auf die Nachkommen, unter denen abermals die dunkelsten ausgesiebt werden, und so fort. Auf solche Weise werde allmählich der höchste Grad von Dunkelfärbung gezüchtet, der der betreffenden Schmetterlingsart erreichbar ist, und mittelbar auch der höchste Grad der Dauerfähigkeit, der ihr durch die Wärme absorbierende Kraft ihres düsteren Kleides verliehen werden kann.

Aber nicht bloß beim Ursprung der diluvial-glazialen Schwärzung setzt die Zuchtwahl-Erklärung ein; sondern sie heftet sich auch an die Art, wie die Schwärzungsversuche von *Standfuß, Fischer* und *Chr. Schröder* ausgeführt wurden. Schon S. 21f. deutete ich an, dass die aus dem Eisschrank hervorgehenden Falter nur „zum großen Teil" dunkler gefärbt sind als normale. Ein nicht unbeträchtlicher Rest jedoch hat es fertiggebracht, trotz hemmenden Einflusses der Kälte auch noch das letzte Stadium der Aufhellung zu erreichen. Zur Nachzucht wurden aber selbstverständlich nicht diejenigen Exemplare herangezogen, die keinerlei Veränderung erworben hatten; sondern jene anderen, bei denen die Bemühung des Experimentators erfolgreich gewesen war. Kein Wunder also — so heißt es —, dass sie ebenfalls schwärzliche Nachkommen zeitigten, wenn doch unter den durch das Experiment gegangenen Individuen eine Auslese getroffen worden war! Und wohlgemerkt: nicht ein erst durch das Temperaturexperiment entstandenes Merkmal war ausgewählt worden, sondern eines, das schon zur Eiszeit durch Auslese entstanden war. Dem modernen Experiment blieb nur Vorbehalten, durch seine unabsichtliche künstliche Zuchtwahl fortzuführen, was die natürliche Zuchtwahl begonnen hatte.

So lautet *Weismanns* Zuchtwahl-Einwand, der mich S. 21f. vorgreifend wünschen ließ, es wären auch die normal farbigen Schmetterlinge des Temperaturversuches zur Weiterzucht verwendet worden. Freilich wohl hätten sie — ohne selbst verdunkelt zu sein — dennoch dunklere Nachkommen geliefert: so wäre zwar der **Zuchtwahl-Einwand hinfällig** geworden; aber mit derselben scheinbaren Richtigkeit, die angesichts der *Towerschen* Zuchten des Kartoffelkäfers unsere nähere Beleuchtung S. 25f. nicht vertragen konnte, wäre dann prompt wieder der **Einwand direkter Beeinflussung der Keime in Geltung** getreten. Veränderte Nachkommen ohne eigene Veränderung?: das ist doch nur möglich, wenn die Keime durch den Körper hindurch getroffen worden sind, ohne seiner Vermittlung bedurft zu haben.

Das Problem unlösbar gemacht!

Wie man sieht, war das Problem auf dem besten Wege, erdrosselt zu werden. Es gab nachgerade **gar keine Möglichkeit mehr, Vererbung erworbener Eigenschaften nachzuweisen**: Man kann ja strenge genommen nie genau wissen, wie irgendein Vieh vor Jahrtausenden ausgesehen hat; jede anscheinend „neue" Eigenschaft kann also bereits in ihm gesteckt haben.

Jede kann überdies durch Zuchtwahl entstanden sein: durch natürliche Zuchtwahl, bevor sie das Experiment zur Auferstehung berief. Das gilt, wenn die Eigenschaft **ihrem Besitzer dienlich** ist; scheint sie es nicht zu sein, so lässt sich ja immerhin vorbringen, nur wir sehen ihren Nutzen nicht ein, sie wird schon irgendeinen uns verborgenen Zweck erfüllen.

Die Eigenschaft kann auch — dann unabhängig von jedem Zweck — erst während des Experimentes durch künstliche Zuchtwahl entstanden sein, die wir unablässig üben, indem wir **unwissentlich die für unser Versuchsziel geeignetsten Exemplare benützen**. Es ist zwar höchst merkwürdig, dass bei einander ergänzenden Versuchsreihen, die vom gleichen Material ihren Ausgang nehmen, aber entgegengesetzte Ziele verfolgen (z. B.: Geburtshelferkröte in der Richtung erhöhter und verminderter Abhängigkeit vom Wasser), stets die für beide Ziele tauglichsten Individuen dort, wo man sie gerade braucht, ausgewählt werden. Aber um so kleinliche Schwierigkeiten kümmern sich die Gegner der Vererbung erworbener Eigenschaften nicht: dafür haben sie ja ihr Arsenal anderweitiger Einwände bereit *(Baurs* Eigenschaftsbegriff, gleichbedeutend mit *A. Langs* „transgressiven Ökologismen"; Atavismus; bloße Nachwirkung).

DAS PROBLEM UNLÖSBAR GEMACHT!

Endlich kann jede, sogar neue Eigenschaft als „Mutation" durch direkte Beeinflussung der Keimzellen entstanden sein: das gilt nicht bloß von der Temperatur und in Hinsicht auf wechselwarme Tiere; auch warmblütige Tiere (Säugetiere, Vögel) besitzen — namentlich als Säuglinge und Nestlinge, aber sogar im erwachsenen Zustande — durchaus kein so gleichmäßig warmes Blut, als man bisher voraussetzte. Aus den thermometrischen Messungen von *Sumner* an Mäusen und *Przibram* an Ratten geht hervor, dass einem äußeren Temperaturunterschied von etwa 17 Grad immerhin ein innerer Temperaturunterschied von 1 Grad C. entspricht; Spielraum genug, um selbst hier eine direkte Veränderung der Keime bei Temperatur-Vererbungsversuchen nicht ganz unmöglich erscheinen zu lassen.

Und neben der Temperatur können Feuchtigkeit, Licht, Dichte der Umgebung, elektrische, chemische, ja sogar mechanische Einflüsse den Keimstoff auf physikalischem Wege erreichen, ohne erst eines physiologischen Weges, einer Reizleitung zu bedürfen. Ohne seinerseits ein Gegner der Vererbung erworbener Eigenschaften zu sein, zeigte doch *H. Przibram* (vgl. schon S. 18f.), wie weit man in jener Annahme gehen dürfe: Selbst nach Verstümmelungen könnten die für den Wiederaufbau des verlorenen Organs notwendigen Stoffe dem Keim entzogen werden, wodurch ein genau gleicher Defekt allenfalls auch in der Nachkommenschaft verursacht würde. Und wenn Mottenraupen infolge einer ihnen aufgezwungenen Triebänderung den Rand statt der Spitze von ihnen bewohnter und befressener Weidenblätter einrollen — ein Versuch *Schröders,* mit dem wir uns noch beschäftigen werden —, so mögen chemische Verschiedenheiten des Blattgewebes in Spitze und Rand auf dem Nahrungswege direkt zu den Keimen gelangen und zur Ursache werden, weshalb die Triebänderung (!) in nächster Generation aufersteht.

Das Unwissenschaftliche dieses Kampfes gegen die Vererbung erworbener Eigenschaften beruht daher in dreierlei:

1. Mit Vorstehendem ist eigentlich bereits gezeigt, wie alle Einwände in einer Form erhoben werden, die die Frage unbeantwortbar machen. Sie schieben das Problem aus dem Bereiche seiner Lösbarkeit, drängen es zugleich natürlich aus dem Gebiete der Wissenschaft hinaus. Das ist keineswegs übertrieben: Denn wenn man heute mit einem Vererbungsforscher („Genetiker") über Vererbung erworbener Eigenschaften spricht, zuckt er mitleidig die Achseln. Ein solches Problem existiert für ihn nicht. Er würde sich nicht mehr ernst nehmen, und er würde von sei-

nen Fachgenossen nicht mehr für voll genommen, würde er seine Kräfte an diese abgetane Frage verschwenden. Es wäre ja auch in der Tat schade, sich damit aufzuhalten, wenn j e d e r Lösungsversuch von vornherein denselben konstruierten Einwänden zum Opfer fällt: die Keime können i m m e r auf direktem Wege erreicht werden; k e i n e neue Eigenschaft braucht neu, sondern jede kann ein Rückschlag sein; j e d e kann überdies durch Zuchtwahl entstanden und gesteigert sein, im Gewahrsam des experimentierenden Menschen sogar unabhängig von ihrem Dauerwert. Auch ich stand vor diesem unübersteigbaren Wall und ließ resigniert davon ab, weitere Generationen zu züchten, deren wissenschaftliches Ergebnis in jedem Falle wertlos gemacht worden wäre: ich gestaltete die verkümmerten Augen des blinden, bleichen, unterirdisch lebenden Grottenolmes (Abb. 39, S. 125) wiederum entwicklungs- und sehfähig. Welchen Sinn hätte es gehabt, dieses gewiss schöne Resultat bei den Nachkommen zu verfolgen? A l l e Einwände hätten darauf gepasst: fast widerstandslos dringt das Licht in den durchscheinenden Körper des Olmes bis zu den Keimorganen; der Olm stammt von sehenden, oberirdischen Ahnen und hat in seinem neu erstandenen Auge nichts erworben, sondern nur wiedergewonnen, was jene schon zuvor besaßen und in ihrem Keimstoff getreulich aufbewahrten; endlich ist es zweckmäßig, bei Licht sehen zu können, funktionstüchtige Augen haben Selektionswert, nicht die Helligkeit selbst, sondern Züchtung hat ihnen das Sehvermögen zurückgegeben . . . So begnügte ich mich mit der einzigen, ersten Generation.

2. Ist so der Forscher einerseits von Hause aus verhindert, zu beweisen, dass erworbene Eigenschaften sich vererben; so wird ihm andererseits trotzdem stets die g a n z e L a s t d e s B e w e i s e s a u f g e b ü r d e t. Jedem Versuch eines Beweises wird entgegengehalten, es könne sich auch anders, nämlich so und so verhalten. Für das, was nur eine abweichende Deutung ist, wird aber jetzt nicht etwa der schuldige Beweis beigebracht; sondern der Gegenbeweis wird neuerdings dem schon früher beweisführenden Forscher überlassen, dieser dadurch zu weiten, oft unnötigen Umwegen gezwungen. Selbst etwas zu beweisen, hat der Leugner der Vererbung erworbener Eigenschaften auch gar nicht nötig; denn seine Auslegung — mag sie noch so kühn und haltlos sein — findet sofort mehr Glauben und Beachtung, als der auf Tatsachen gegründete Beweis, der zugunsten jener Vererbung ausfiel. Behauptungen im Negativen sind ja stets viel leichter und billiger zu stützen als Beweise im Positiven; besonders aber in Zeiten, wo das Negative Mode ist. Das trifft gegenwärtig bei der Vererbung erworbener Eigenschaften zu;

doch sind bereits unverkennbare Anzeichen eines Umschwunges vorhanden.

3. Mit der Unwissenschaftlichkeit, stets nur vom Gegner den Beweis zu fordern, hängt innig das folgende, im Gebiet der Vererbung erworbener Eigenschaften beliebte Vorgehen zusammen: U n s i c h t b a r e V o r g ä n g e , d i e s i c h z u m e i s t i n d e n C h r o m o s o m e n (vgl. S. 15) der Z e l l k e r n e a b s p i e l e n s o l l e n , w e r d e n v o r g e s c h o b e n , u m d i e B e w e i s k r a f t v o n V o r g ä n g e n z u e r s c h ü t t e r n , d i e v o r a l l e r A u g e n a b l a u f e n . Beispielsweise nimmt *Weismann* für sein geheimnisvolles „Keimplasma" in den Zellkernen einen unwahrscheinlich komplizierten Bau an, der jederzeit jenseits der Grenzen des Wahrnehmbaren bleibt und mit dem verglichen die Atom-, die Elektronentheorie das reine Kinderspiel ist. Erschütterungen dieses komplizierten Gefüges, die aber nur in inneren Umlagerungen ihre Ursache finden und von äußeren Erschütterungen ganz unabhängig sein sollen, müssen zur alleinigen Quelle aller organischen Veränderung und allen organischen Fortschrittes werden. Dieser unkontrollierbaren inneren Welt zuliebe müssen alle Anzeichen, dass die äußere Welt dort dauernd eingreift und wirksam bleibt, weggedeutet werden. Auf Grund desselben, von ihm ausgeklügelten inneren Kosmos, der den Gipfel der Unvorstellbarkeit erklommen hat, behauptet *Weismann* mit Hilfe des „logischen Gegenbeweises", die Vererbung erworbener Eigenschaften sei „unvorstellbar"!

Die Ohnmacht der Zuchtwahl

Wie wäre es, wenn wir den Spieß ein wenig umkehrten? In der großen Halle des British Museum zu London, unfern dem Eingangstor, steht eine gewaltige Vitrine: Sie enthält ausgestopfte Hähne mit Schwanzfedern, die eine Länge von mehreren Metern erreichen. Es handelt sich um die japanische Rasse der P h ö n i x - , T o s a - oder Y o k o h a m a h ü h n e r (Abb. 12), die in den Lehrbüchern *(Romanes, Weismann, Hesse-Doflein)* als Paradebeispiel schöpferischer Zuchtwahlwirkung vorgeführt wird. Auch in jener Schauvitrine des britischen Museums prangt immer noch die Inschrift: „Long tailed breed. A remarkable variation from the ordinary condition, produced by artificial Selection . . ." (Langschwänzige Zucht. Eine bemerkenswerte Abweichung vom gewöhnlichen Zustand, hervorgerufen durch künstliche Auslese.) Dabei war es ein Londoner Forscher, *J. F. Cunningham,* der das Märchen von der züchterischen Entstehung des Riesenschweifes schon 1903 zerstörte.

Man hatte sich nämlich nicht von der Vorstellung trennen können, dass die Japaner die Schwanzfederlänge ins Monumentale steigern, indem sie unter den Hähnchen jeder neuen Generation immer nur die verhältnismäßig langschwänzigsten zur Weiterzucht verwenden. Dieses Verfahren ist jedoch einfach erdichtet. Sondern wie *Cunningham* und später (1906) auch *Davenport* berichten, werden die Schwanzfedern eines Hahnes, der langfedrig gemacht werden soll, massiert oder auf eine Spule gerollt; in beiden Fällen entsteht eine Spannung, die sich bis in den Federbalg (die Hauttasche, worin die Feder feststeckt und von wo sie nachwächst) fortsetzt. Die mechanische Spannung wirkt dort als Wachstumsreiz; die Feder wird länger, als sie es ohne Spannung geworden wäre; wenn sie aber ihr Wachstum beendigt hat, wird sie ausgerupft, und ihre Nachfolgerin aus demselben, jetzt erst recht gereizten Federbalg wird noch länger.

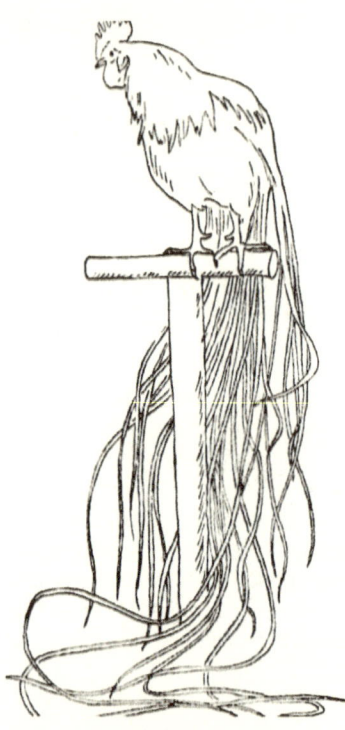

Abb. 12: Phönix- oder Yokohama-Hahn mit 2 — 3 m langen Sichelfedern galt fälschlich als Hochprodukt der Zuchtwahl, wird aber durch mechanische Wachstumsreize erzeugt.

Außer diesen in der Literatur niedergelegten Berichten steht mir noch eine private Information zur Verfügung. Dem gewesenen Inspektor der Schönbrunner Menagerie *Kraus* verdanke ich folgenden, die Phönixhühner betreffenden Aufschluss: *Kraus,* der den Erzherzog *Franz Ferdinand Este* auf einer Weltreise begleitete, konnte sich in Japan durch den Augenschein überzeugen, wie die langschwänzigsten Hähne „gemacht" werden. Man setzt den jungen Hahn einzeln in einen mehrere Meter hohen, dabei ganz engen Bambusrohrkäfig (ein solcher wurde von der Reise mitgebracht) und beschwert die Schwanzsichelfedern des Hahnes mit kleinen Gewichten. Die Gewichte üben einen Zug auf Fahne und Spule der Feder aus, der sich wiederum als Wachstumsreiz in den Federbalg überträgt. Man sieht, das Verfahren weicht von demjenigen, das *Cunningham* und *Davenport* beschrieben, ab, beruht aber auf demselben Prinzip. Die belastete Feder wird abnorm lang; damit der Hahn sie nicht abstößt, muss der Käfig so eng sein, dass ihm jedes Hin- und Herspringen unmöglich wird. Die ansehnliche Käfighöhe dient dazu, den Hahn immer wieder um eine Sprosse höher zu setzen, so oft die lotrecht herabhängenden Federn wiederum nahezu den Boden berühren.

Phönixhähne, die einer solchen Sonderbehandlung nicht unterworfen werden, bekommen zwar ebenfalls längere Sichelfedern als gewöhnliche Haushähne; aber von den 2—3 m langen Federn, die das Hauptkennzeichen des edlen Phönixhahnes ausmachen, ist bei ihnen keine Rede. Verwenden nun die Japaner diese Hühnerrasse, weil ihre Hähne von vornherein etwas längere Schwänze aufweisen und so ein besseres Hochprodukt des mechanischen Extraverfahrens versprechen? Oder hat sich die oft geübte, künstliche Federverlängerung schon derart in die Rasse eingegraben, dass eine gewisse Federverlängerung heute bereits ohne mechanische Nachhilfe zustande kommt? Ich vermute das Letztere; aber man weiß nichts Bestimmtes darüber. Wäre es nicht viel klüger und wissenschaftlich wertvoller gewesen, an gewöhnlichen Haushühnern den zur verlässlichen Kenntnis führenden Versuch zu machen, statt ungeachtet aller anderen Aufklärung hartnäckig immer wieder das Zuchtwahlmärchen aufzuwärmen?

Dasselbe Märchen umgab bis vor Kurzem auch andere Edelerzeugnisse der altberühmten, ostasiatischen Tier- und Pflanzenzucht mit seinem mystischen Dunkel. Von den japanischen Zwergbäumchen ist heute schon ziemlich allgemein bekannt, dass sie nicht durch ein eigentliches Züchtungsverfahren Zustandekommen, d. h. durch ein solches, das sich auf mehrere Generationen erstreckt, sondern jedes junge Bäumchen wird durch Misshandlung, Hunger, enge Kulturgefäße, Verstümmelungen und Verdrehungen zum pittoresken „Zwerg" umgestaltet oder richtiger ungestaltet.

Nicht viel besser ergeht es den monströsen Rassen des Goldfisches, die aus Japan und China in unsere Aquarien kamen und sich heute hier vollkommen erbgetreu weitervermehren: der Schleierschwanz und Kometenschweif mit seinem überzähligen, kraftlos herabwallenden Flossengehänge; der Teleskopfisch und Himmelsgucker mit ungeheuerlich vorquellenden, verdrehten, blinden oder halb blinden Augen; der Eierfisch mit seinem ballonförmig aufgetriebenen Bauch; das Löwenhaupt mit gekröseartigen Auswüchsen auf dem Kopfe. Auch hier hatte man geglaubt, dass seltsame Liebhaberei und überfeinerter Luxus planmäßig gezüchtet habe, was nach Beobachtungen von *v. Kreyenberg* an Ort und Stelle, nach Experimenten von *Tornier* und Untersuchungen von *Milewski* gänzlich unbeabsichtigtes Degenerationsprodukt ist. Die chinesischen und japanischen Händler halten ihre Goldfische in beispiellos vernachlässigten, verschmutzten, übereinander und daher dunkel stehenden, der frischen Luft unzugänglichen Tonvasen. In diesen elenden Gefängnissen treten inmitten normal proportionierter Fische recht häufig „von selbst" allerlei Missbildungen auf. Ja ihre Entstehung soll — laut R. T. Hance — zuweilen durch absichtliches Schütteln der Eier begünstigt werden. Als man die „schönsten" unter ihnen isolierte, stellte sich ihre vollkommene Erblichkeit heraus.

Höchst wahrscheinlich sind auch die japanischen „Tanzmäuse" (Abb. 33, S. 113), wie schon durch den krankhaften Charakter ihres Hauptkennzeichens (einer wahnsinnigen Drehbewegung) nahegelegt wird, ursprünglich nicht mit Absicht erzeugt worden; sondern sie sind wohl gleichfalls das Erzeugnis irgendeiner groben Vernachlässigung oder Vergewaltigung. Ich sah einen ähnlichen Zwang, sich im Kreise zu bewegen, bei einer einheimischen Waldmaus *(Mus sylvaticus)* auftreten, nachdem sie zwei Tage versehentlich nicht mit Nahrung versorgt worden war. Die Tanzbewegung blieb dann erhalten, auch nachdem die Waldmaus längst wieder reichlich mit Futter bedacht war; von ihrer Erblichkeit konnte ich mich in diesem Falle freilich nicht überzeugen. Soweit es aber gestattet ist, aus einem Einzelfalle Schlüsse zu ziehen, erscheint mir die Entstehung einer Zwangsbewegung bei einer wilden Mäuseart denn doch recht bemerkenswert und anregend für planmäßige Versuche. Ich erfuhr genau dasselbe auch bei einer Hausmaus; bei ihr konnte jedoch der Verdacht auf eine Kreuzung mit der Tanzmaus ausgesprochen werden, was bei der wilden Maus ganz ausgeschlossen war: die Bewegungsvariation konnte daher noch nicht in ihr gesteckt haben und nicht durch die Hungerepisode nur „ausgelöst" worden sein.

Griffith und *Detlefsen* ließen Käfige, kleiner als ein Fuß im Durchmesser, in horizontaler Richtung rotieren, 60 bis 90 mal in der Minute und ununterbrochen bei Tag und bei Nacht. Ratten, die mehrere Monate in Rotationskäfigen gehalten worden waren, liefen nachher auch außerhalb derselben so, als ob sie noch immer gegen die Kreisbewegung anzukämpfen hätten, also jetzt erst recht in Kreisen; und Spuren davon waren selbst bis in die zweite Nachkommengeneration hinein zu verfolgen. Hier haben wir ein Gegenstück zu den japanischen Tanzmäusen: wir sind Zeugen der Entstehung amerikanischer Tanzratten geworden. Freilich soll sie darauf beruhen, dass gerade in dieser Zucht eine Infektion des Ohrlabyrinthes Platz griff und zu Bewegungsstörungen Anlass gab, die sich durch weitere Ansteckung, nicht durch Vererbung der Nachkommenschaft mitteilt *(Detlefsen).*

Die Glanz- und Schulbeispiele produktiver Zuchtwahl, an denen sich erweisen lässt, dass die viel berufene Zuchtwahl dabei gar nicht mitgewirkt hat, werden ergänzt durch Ausleseversuche, die mit der Erkenntnis endigen, dass die Zuchtwahl allein überhaupt nie produktiv sein kann. Weit davon entfernt, „allmächtig" zu sein, wie *Weismanns* Jünger wollen, ist sie sogar ohnmächtig, soweit schöpferische Leistungen infrage kommen: denn weder ist es der Zuchtwahl gegeben, neue Eigenschaften hervorzurufen, noch auch, bestehende Eigenschaften über das Höchstmaß dessen, was die Anlagen der betreffenden Rasse erlauben, zu steigern. Nicht das Auftauchen unbekannter Eigenschaften als Folge äußerer Bewirkung, sondern dasselbe als scheinbare Folge von Ausleseprozessen — aus entsprechenden, im Keim bereits vorgesehenen, bisher verborgen gebliebenen Anlagen — ist unwahrscheinlich und unvorstellbar.

Da die Zuchtwahl nicht eigentlich zu unserem Thema gehört, wollen wir den Beweis für diese Behauptungen in vorliegendes Buch nicht mehr mit aufnehmen. Der Beweis, dass die natürliche wie künstliche Zuchtwahl nur eine negative (aussiebende) und konservative (erhaltende, verbreitende) Rolle spielt, ist aber mit aller nur wünschenswerten Exaktheit erbracht, zuerst durch grundlegende Bohnenzüchtungen von *W. Johannsen,* die sich wohl auch als das Bleibende aus seiner Lehre von den „reinen Linien" (Biotypen) bewähren werden.

Der gegen die Vererbung erworbener Eigenschaften gerichtete Einwand, es handle sich nur um Zuchtwahl, fällt hierdurch vollständig in sich zusammen. Er kann fortan als ausgeschaltet gelten: Denn wo etwas entsteht, ja nur, wo etwas sich wirklich verändert, kann es nicht die Zuchtwahl geschaffen haben; sie schafft eben überhaupt nichts. Selbst wenn die Vermutung der Gegner zuträfe, dass der Experimentator sehr leicht unabsichtlich eine seinem Variationsziel günstige Auslese betreibt, so könnte das die Beweiskraft eines Versuches, der die Vererbung erworbener Eigenschaften bejaht, von nun an nicht mehr herabsetzen.

Die Zuchtwahl könnte die (unter allen Umständen einem äußeren Einfluss zu verdankenden) neuen Entwicklungen besten Falles beschleunigt und dadurch befördert haben. Es sei etwa ein äußerer

Einfluss am Werke, der die Flügel eines Schmetterlings schwärzt oder die Federn einer Hühnerrasse verlängert: treibt man damit Zuchtwahl, während das Veränderungsverfahren fortgesetzt wird; wählt man von sichtbar werdenden Verdunkelungen die dunkelsten, von Verlängerungen die längsten aus, so stellt sich jetzt der Erfolg ein. Es ist aber nur scheinbar ein positiver Erfolg der Zuchtwahl: Sie unterstützt nur eine ohnehin vorhandene, von äußeren Kräften in Szene gesetzte, auch ohne Zuchtwahl langsamer durchgesetzte Veränderung.

Ähnlich wird es sich überall verhalten, auch wo man die näheren Umstände infolge der bisherigen Blindheit gegen Milieu Wirkungen noch nicht kennt: wovon der Züchter sich einbildet, dass eine kluge Auswahl der jeweils extremen Zuchtausfälle es leiste, das leistet in Wahrheit ein U m g e b u n g s f a k t o r (Verhältnisse des Stalles, des Futters u. dgl.), der u n e r k a n n t i n d e n Z u c h t e n f o r t w i r k t, eine Generation nach der anderen und dank der Auswahl allerdings jedes mal die dafür empfänglichsten Individuen im gleichen Sinne steigernd beeinflusst

Wird z. B. eine besonders milchergiebige Rinderrasse gezogen, so verdankt man das Gelingen kaum der bloßen Wahl vielversprechender Kühe und Stiere, die von solchen Kühen abstammen; sondern man dankt es dem Umstand, dass die Milchergiebigkeit der Zuchtkühe oder ihrer Vorfahren durch ausgiebiges M e l k e n erprobt und ausgenützt wurde. Woher sollte man sonst auch wissen, dass M i l c h e r g i e b i g k e i t vorhanden ist? Die Zuchtwahl braucht dann nur zu verhindern, dass der erworbene Reichtum durch falsche Mischung — etwa mit einem Stier aus unergiebiger Rasse — wiederum ausgeglichen und aufgehoben werde.

Oder wird eine besonders schnelle Rasse von Rennpferden gezogen, so ist es doch gar nicht zu vermeiden, dass der Zuchterfolg Schritt für Schritt, Generation für Generation durch Kontrolle der L a u f g e s c h w i n d i g k e i t, also durch fortgesetzte Übung geprüft werde. Es ist R e d f i e l d s Verdienst, die Leistungen des T r a b r e n n p f e r d e s statistisch untersucht zu haben: Die Eigenschaft, beim schnellsten Lauf nicht in Galopp überzugehen, wird den Pferden ursprünglich durch mühselige Dressur beigebracht. Die Nachkommen dieser „gelernten Traber" sind aber heute so weit, dass es umgekehrt kaum gelingt, sie in Galopp zu setzen, weil sie die größten Geschwindigkeiten im Trab bewältigen.

Ebenso verhält es sich, wenn eine besonders fruchtbare Hühnerrasse gezogen wird: das fortwährende Eierlegen wird hier in s i c h s e l b s t immer wieder zur Ursache der weiteren Überproduktion von Eiern. Wie war es nur denkbar, diese unmöglich auszuschaltenden Faktoren bei der Rassenbildung so vollkommen zu vernachlässigen und abzuleugnen?

Salamanderversuche: Fortpflanzung

Wir gehen nunmehr — nach ausführlicher Besprechung der Kritik und Antikritik — an die Beschreibung einer Reihe weiterer Zuchtversuche, deren Aufgabe es war, das Vorkommen der Vererbung erworbener Eigenschaften zu prüfen. Während jedoch die zuerst besprochenen Schmetterlingsversuche den aufgezählten Einwänden noch wehrlos ausgeliefert waren, rechneten die jetzt zu beschreibenden Versuche schon damit und waren darauf angelegt, die bis dahin erhobenen Einwände — so gut es eben geht — zu vermeiden.

In meiner eigenen Versuchsarbeit hat sich — neben der Geburtshelferkröte — namentlich noch der in feuchten Wäldern Europas lebende, bei Regenwetter zum Vorschein kommende Feuersalamander *(Salamandra maculosa* — Abb. 13—21) zu meinem Liebling aufgeschwungen.

Ich greife auf einen meiner ältesten Versuche (zuerst mitgeteilt 1907) zurück, weil er naturgemäß in der Durcharbeitung der fortgeschrittenste und in Nachprüfungen (A. Knoblauch) bestätigt ist.

Der Feuersalamander gebiert ungefähr 50 Junge, die monatelang noch nicht so aussehen wie die Mutter, sondern als „Larven" im Wasser leben, Kiemenbüschel zur Atmung und einen Flossenschwanz zum Schwimmen tragen. Entzieht man dem Weibchen das Wasserbecken und damit die Gelegenheit, seine Jungen ins feuchte Element zu gebären, so hat das zwar auf den nächsten Schwangerschaftsablauf kaum Einfluss: zappelnde Larven werden im Trockenen geboren, die dort elend zugrunde gehen, falls man sie nicht rechtzeitig bemerkt und ins Wasser überträgt. Vertrocknen wäre auch noch das Geschick der nächsten, in halbjährigen Intervallen vollzogenen Würfe — aber sie liefern doch schon größere Larven, die einen Teil der für freies Wasserleben bestimmten Entwicklung im Mutterleibe verbrachten. Gewöhnlich von der vierten Geburt und dem Abschlüsse des zweiten Versuchsjahres angefangen sind die auf dem Lande geborenen Jungen dort keiner Gefahr mehr ausgesetzt; sie sind fertige Salamanderchen, atmen durch Lungen, haben dank stämmiger Beinchen und runder, flossenloser Schwänzchen die Fähigkeit sicherer Bewegung auf festem Boden.

Der errungene Vorteil, in der Gesamtentwicklung nur noch von der Mutter und nicht mehr vom Wasser abhängig zu sein, muss freilich bezahlt werden: Anstelle der circa 50 Geschwister, die sonst ein Muttermolch auszutragen vermochte, kommen jetzt jedes mal nur 6, 4 oder gar nur 2 zur Welt — für mehr bietet die Gebärmutter nicht Raum. Die restlichen Eier sind auf zeitigem Stadium zerflossen und haben einen Dotterbrei gebildet, der den zur Weiterentwicklung bestimmten Embryonen als Nahrung dient. Ist so innerhalb des engen Behältnisses notdürftig für Raum und Futter gesorgt, so bleibt noch die Atmung zu versehen: da heißt es mit knappsten Luftvorräten das Auslangen finden; und da ihre Vermehrung durch Ventilation undurchführbar ist, müssen sie durch das Atmungswerkzeug möglichst ausgenützt werden. Dieses — die Kieme — vergrößert seine respirierende Oberfläche, verlängert sich, verzweigt sich, bereichert seinen Besitzstand an Blutgefäßen und bekleidet sich mit zartester Haut, um nur ja dem Luftdurchtritt kein Hindernis zu bieten.

Eine letzte Änderung zeigen die neugeborenen Salamander: abgesehen von unternormaler Körpergröße tragen sie auffällig wenig gelbe Flecken, sind fast einfarbig schwarz. Fräulein *Pogonowska* (Lemberg) hat nachgewiesen, dass dieser Effekt auch eintritt, wenn man die Salamanderlarven im Wasser bei ein wenig Kochsalzzusatz aufzieht: der Versuch erklärt zugleich das Schwarzbleiben der Embryonen im Fruchthalter, weil die tierischen Gewebe ebenfalls salzhaltig sind und insbesondere die flüssigkeitserfüllten Hohlräume, zu denen der trächtige Uterus gehört, eigentlich schwache Salzlösungen enthalten.

Der unscheinbare Handgriff des Experimentators: dem gebärtüchtigen Salamanderweibchen das zum Absatz der Jungen bestimmte Gefäß wegzunehmen, — hat mithin nicht ein einzelnes, sondern eine Reihe abweichender Merkmale gezeitigt. Und da sie während des individuellen Lebens der Salamander als Folge äußerer Ereignisse auftraten, da sie persönliche Erlebnisse jener Generation darstellen, darf man das S p ä t g e b ä r e n , die verringerte Nachkommenzahl und -größe, die stärkere Ausbildung der Kiemen, schwächere des Zeichnungsmusters als „erworbene" Eigenschaften benennen.

Bei genügend häufiger Wiederholung gleichartiger Erlebnisse wird nicht bloß das Spätgebären der Mutter zur festen Gewohnheit, sodass sie schließlich sogar bei Anwesenheit von genügendem Wasser die wenigen Jungen bis zum Entwicklungsende bei sich behält; sondern diese Jungen sind selbst wieder spätgebärend, wodurch die ganze Kette damit verbundener Entwicklungsänderungen (Größe, Kiemen, Färbung) unentrinnbar weiterläuft: die individuell „erworbenen" Eigenschaften scheinen sich auf die folgende Generation „vererbt" zu haben, sie sind generell geworden. — Das ganze Experiment ist uns von der Natur bereits vorgemacht und hat zur Entstehung einer Salamanderart geführt, die das Hochgebirge bewohnt, wo zum Absetzen der Larvenbrut geeignete Gewässer fehlen: der ganz schwarze A l p e n s a l a m a n d e r *Salamandra atra* ist anscheinend eine erblich fixierte Kümmerform unseres gefleckten Salamanders, bringt je zwei fertige Junge zur Welt, die ihre Larvenentwicklung im mütterlichen Uterus durchlaufen, mittels Aufzehren der Geschwistereier und Ausbilden ungeheurer Kiemenstämme bis zum Ende durchhalten.

Salamanderversuche: Farbe

Der Feuersalamander ist tiefschwarz gefärbt und auf diesem Grunde mehr oder weniger reich gelb gezeichnet. In den Laubwäldern der Umgebung von Wien, wo ich mein Versuchsmaterial größtenteils eigenhändig sammelte, besteht die gelbe Zeichnung in unregelmäßig verteilten Flecken.

Von solchen Tieren *(forma typica)* nahm mein Versuch seinen Ausgang: Sie werden auf f a r b i g e n B ö d e n gehalten; in den Hauptversuchen auf Böden jener Farben, die die Versuchstiere selbst besitzen, also auf G e l b u n d a u f S c h w a r z. Ob wir, um sie herzustellen, farbige Erden verwenden (gelbe Lehmerde, schwarze Gartenerde); oder ob wir farbige Papiere unter ein leer bleibendes Glasgefäß breiten, worin wir die Salamander verpflegen; ob wir endlich — wie es C. *Herbst* und E. G. *Boulenger* bei Wiederholung meiner Versuche taten — die Kulturgefäße selbst gelb, bzw. schwarz lackieren, macht zwar einige Unterschiede in Einzelheiten, auf die ich hier nicht eingehen möchte, kommt aber grundsätzlich auf dasselbe heraus.

Hält man nun gefleckte Feuersalamander auf einem schwarzen Boden (Abb. 13, 15, 17), so reduziert s i c h d i e g e l b e Z e i c h n u n g zugunsten der schwarzen Grundfarbe. Nach Jahren erscheinen also solche Tiere vorwiegend schwarz. Abermals auf schwarzem Boden verpflegte Junge (Abb. 13, 15 rechts unten) tragen hauptsächlich auf der Mittellinie des Rückens eine Längsreihe kleiner, rundlicher Flecken; bei Jungen, die im Gegensatz zu den Eltern auf gelbem Boden großgezogen

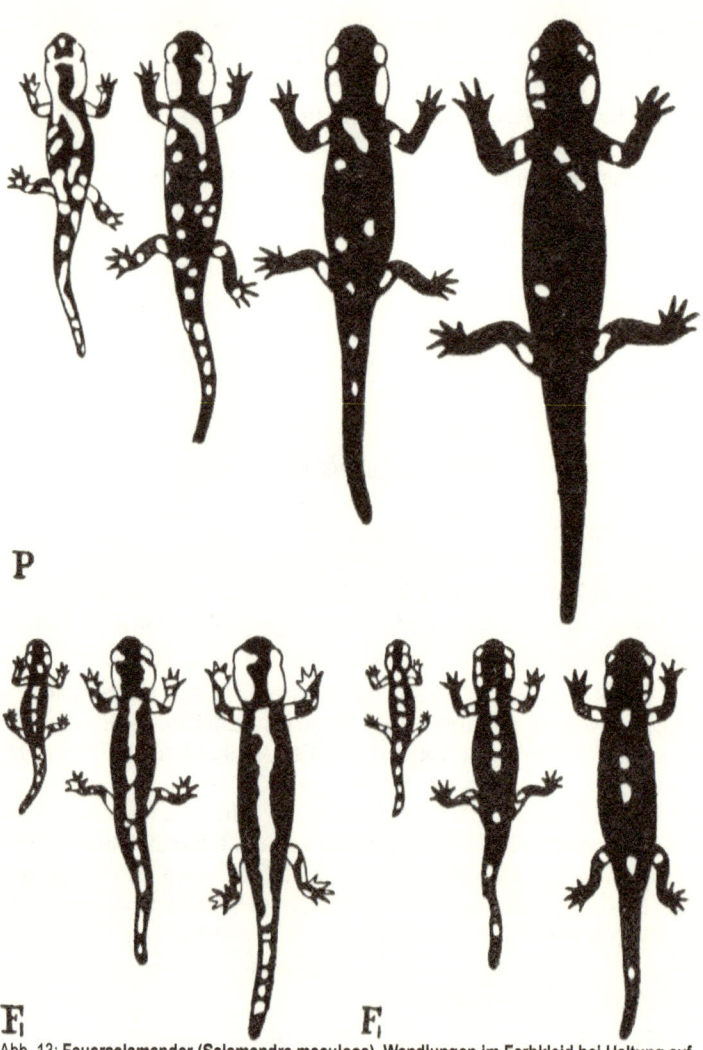

Abb. 13: **Feuersalamander (Salamandra maculosa), Wandlungen im Farbkleid bei Haltung auf schwarzem Untergrund (halbschematisch)**
P-Reihe: Entwicklungsgang des mütterlichen Tieres, in 2jährigen Pausen fest-gehalten, also zuletzt 6 Jahre auf schwarzem Boden. F1-Reihe: Entwicklungsgang je eines töchterlichen Tieres, auf gelbem (links) bezw. schwarzem Boden (rechts), in einjährigen Pausen festgehalten. (Nach einer Wandtafel von Kämmerer zur Demonstration vor dem Grazer Geologenkongress 1910.)

SALAMANDERVERSUCHE: FARBE

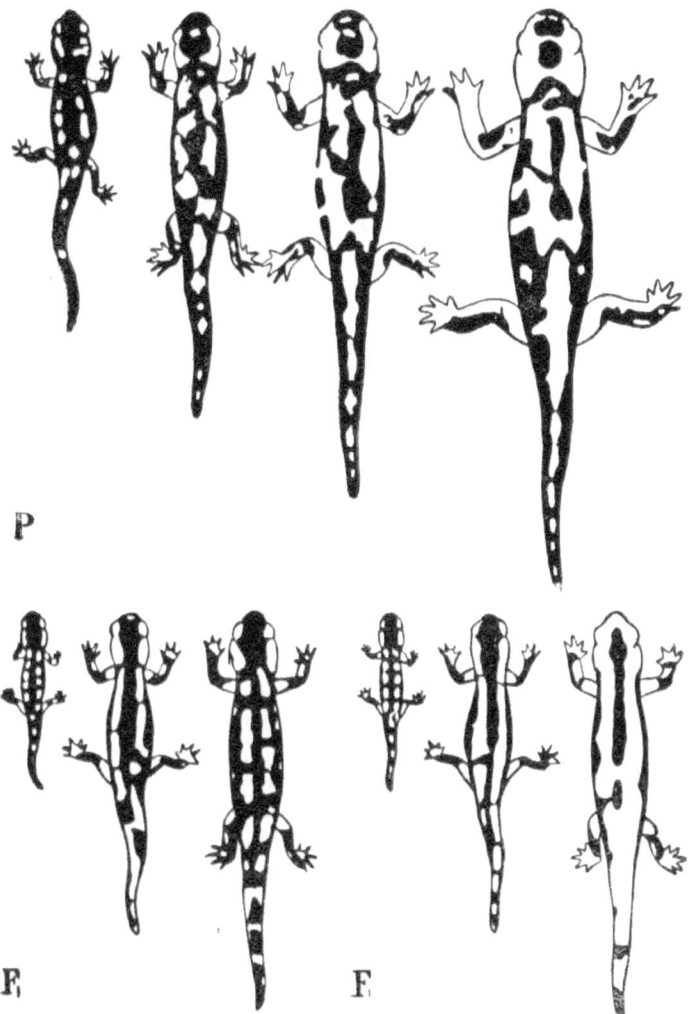

Abb. 14: **Feuersalamander (Salamandra maculosa), Wandlungen im Farbkleid bei Haltung auf gelbem Untergrund (halbschematisch)**
P-Reihe: Entwicklungsgang des mütterlichen Tieres, in 2jährigen Pausen festgehalten, also zuletzt 6 Jahre auf gelbem Boden. F1-Reihe: Entwicklungsgang je eines töchterlichen Tieres, auf schwarzem (links),bezw. gelbem Boden (rechts), in einjährigen Pausen festgehalten.(Nach einer Wandtafel von Kammerer zur Demonstration vor dem Grazer Geologenkongress 1910.)

werden, verschmelzen jene Flecken zu einer Binde (Abb. 13, 15 links unten).

Hält man dagegen gefleckte Feuersalamander auf einem gelben Boden (Abb. 14, 16, 18), so b e r e i c h e r t s i c h d i e g e l b e Z e i c h n u n g auf Kosten der schwarzen Grundfarbe. Nach Jahren erscheinen solche Tiere überwiegend gelb. Zieht man die Hälfte der Nachkommen abermals auf gelbem Boden (Abb. 14, 16 rechts unten), so wächst noch die Menge des Gelb und erscheint in breiten, regelmäßig verteilten Längsbinden an den Körperflanken; die andere Hälfte der Nachkommen wird auf schwarzem Boden aufgezogen und bekommt weniger Gelb, immerhin aber viel im Verhältnis zur konträr wirkenden Umgebungsfarbe und ebenfalls in regelmäßiger Anordnung, diesmal in Fleckenreihen längs der Körperseiten (Abb. 14, 16 links unten).

Was mir selbst völlig unerwartet kam, war die in der zweiten Generation erfolgte U m g r u p p i e r u n g d e s Z e i c h n u n g s s t i l e s a u s u n - s y m m e t r i s c h e r in s y m m e t r i - s c h e F l e c k u n g o d e r i n S t r e i f u n g. Dabei ergänzen einander die beiderlei Versuchsreihen so prachtvoll, dass man sich über die Genauigkeit, mit der die lebende Substanz reagiert, nicht genug wundern kann. Sehen wir von gewissen Flecken ab, die bei jedem Salamander paarig vorhanden sind — nämlich auf den Augenlidern, Ohrdrüsen und auf den Ansätzen der Gliedmaßen —, so sieht das Negativ der einen Versuchsreihe (Abb. 15) beinahe wie ein Positiv der anderen (Abb.

Abb. 15 Feuersalamander (Salamandra maculosa), Haltung auf schwarzer Erde
Oben Elterngeneration, unten Kindergeneration. Oben links unbeeinflusstes, halbwüchsiges Tier, mit dem der Versuch begonnen wird; oben rechts Endzustand der Umfärbung in erster Generation. — Unten links Exemplar der zweiten Generation, auf gelber Erde großgezogen; unten rechts Exemplar der zweiten Generation, gleich den Eltern auf schwarzer Erde großgezogen. (Originalaufnahme auf derselben Platte von B. Stewart, Cambridge.)

Abb. 16 Feuersalamander (Salamandra maculosa), Haltung auf gelber Erde
Oben Eltern-, unten Kindergeneration, ganz unten Enkel.
Oben links noch nicht beeinflusstes, junges Tier, mit dem das Experiment begonnen wird; oben rechts Endzustand der Umfärbung in dieser Generation. — Unten links Exemplar 2. Generation, im Gegensätze zu den Eltern auf schwarzer Erde großgezogen; unten rechts gleich den Eltern auf gelber Erde großgezogen. Ganz unten Mitte frisch verwandeltes, noch nicht auf farbigen Boden gesetztes Tier 3. Generation, aus der zwei Generationen hindurch auf Gelb gepflegten Zucht stammend. (Originalaufnahme auf derselben Platte von B. Stewart, Cambridge.)

16) aus; oder würde man bei den Nachkommen der einen Versuchsreihe alle gelben Stellen schwarz anmalen und umgekehrt, so käme beiläufig das Aussehen der anderen Versuchsreihe heraus. Beiden ist gemeinsam, dass die vorherrschende Farbe — das eine mal Schwarz, das andere mal Gelb — auf den Körperseiten verbreitet, die zurückweichende Farbe auf die Körpermitte verdrängt ist. Die dabei entstehenden Exemplare mit gelbem Mittelstreif sind in der Natur außerordentlich selten, während ich sie im Laboratorium mit größter Sicherheit und in beliebigen Mengen züchten konnte. Exemplare mit zwei gelben Seitenstreifen sind in der Umgebung von Wien überhaupt noch nicht gefunden worden, während sie in anderen Gegenden, z. B. in Norddeutschland — vielfach, wo gelber oder durch Eisenoxyd leicht rötlich gefärbter Lehmboden zutage tritt —, eine besondere Rasse *(Var. taeniata)* bilden.

In der Umgebung von Heidelberg (wahrscheinlich auch anderswo) verrät interessanterweise die doppelstreifige Rasse noch heute ihre Abstammung von der unregelmäßig gefleckten: das geht aus den Aufzuchten von C. *Herbst* mit Heidelberger Material hervor, der dadurch unfreiwillig mein Umzüchtungsergebnis bestätigt. Denn die frisch aus der Larve verwandelten Landsalamander sehen dort noch ganz unsymmetrisch gefleckt aus und gruppieren ihre Zeichnung erst während des Heranwachsens in die zweiseitig symmetrische Ordnung um.

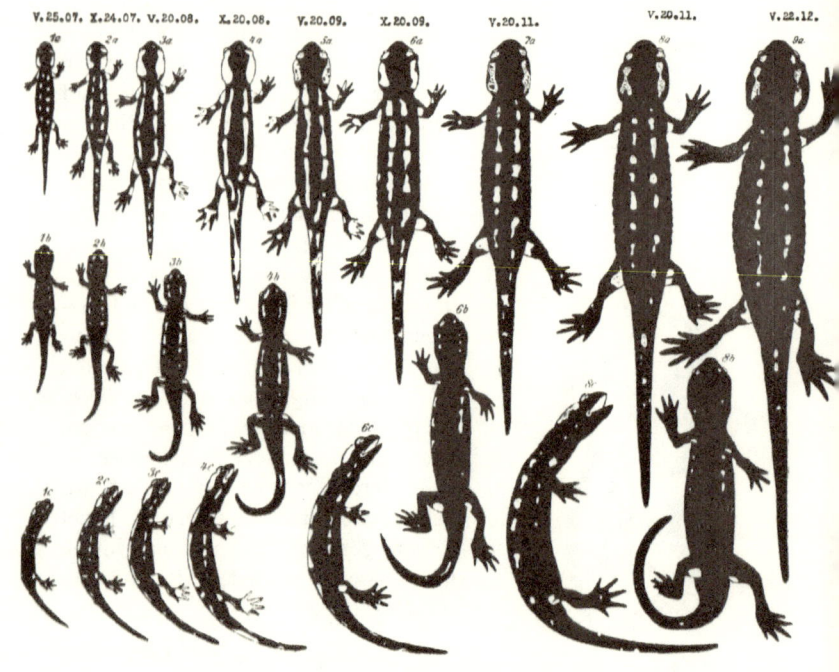

Abb. 18: Feuersalamander (Salamandra maculosa)
Wandlungen des Farbkleides bei ein- und demselben Exemplar: a auf der Oberseite, b auf der Unterseite, c auf der rechten Flanke
Haltung auf schwarzer Gartenerde.
Abstammung von unregelmäßig gefleckten Eltern, die auf gelber Lehmerde reichlich gelb geworden waren. Daher auch hier noch Zunahme der gelben Zeichnung bis 20. X. 1908. (Nach Kammerer, Archiv für Entwicklungsmechanik, 36. Band 1913)

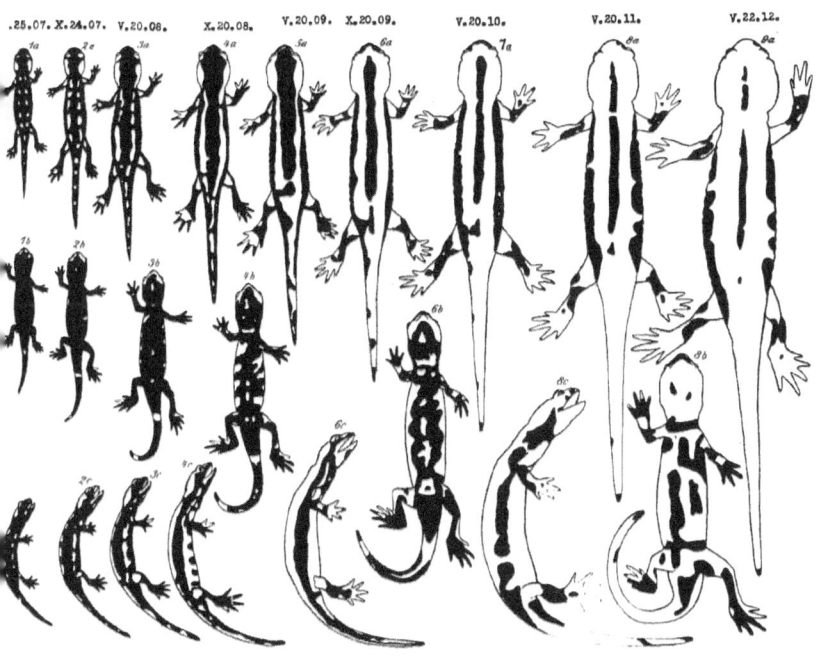

Abb. 19 Feuersalamander (Salamandra maculosa)
Wandlungen des Farbkleides bei ein- und demselben Exemplar: a auf der Oberseite, b auf der Unterseite, c auf der rechten Flanke.
Haltung auf gelber Lehmerde:
Die Daten bezeichnen den Tag, an welchem die Zeichnung in das Umrißschema eingetragen wurde. '20. V. 1911 also bedeutet z. B., dass an diesem Tage das Stadium 8 a, b, c erreicht wurde Abstammung von unregelmäßig gefleckten Eltern, die bereits; auf gelber Lehmerde reichlich gelb geworden waren.

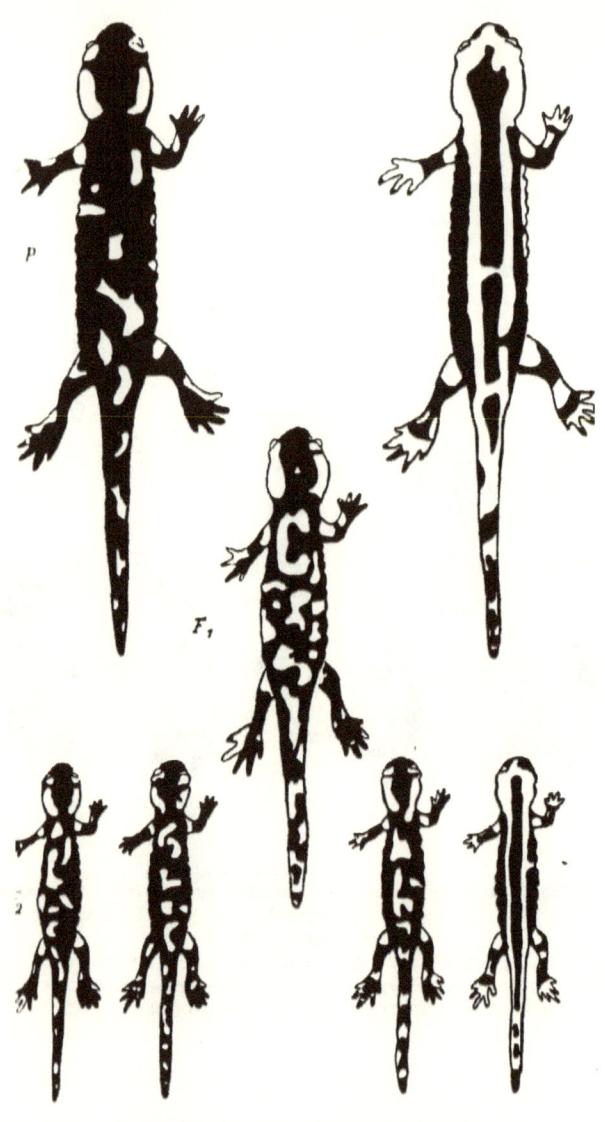

Abb. 20: Feuersalamander (Salamandra maculosa)
Kreuzung der unsymmetrisch gefleckten Rasse (forma typica) mit der symmetrisch
gestreiften Rasse (var. taeniata) aus der Natur. Welche als Vater, welche
als Mutter verwendet wird, ist gleichgültig.
P Eltern-, F_1 Kinder-, F_2 Enkelgeneration.
(Schema unter Zugrundelegung wirklicher Exemplare.)

SALAMANDERVERSUCHE: FARBE

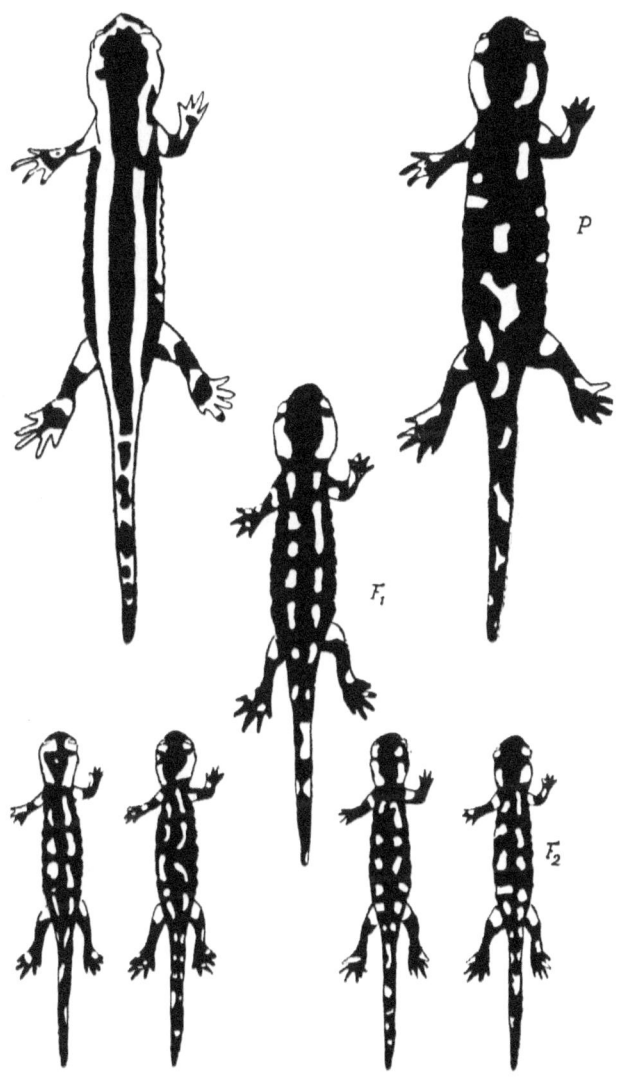

Abb. 17: Feuersalamander (Salamandra maculosa)
Kreuzung der unsymmetrisch gefleckten Rasse (forma typica) mit der symmetrisch gestreiften Experimentalform.P Eltern-, F1 Kinder-, F2 Enkelgeneration.(Schema unter Zugrundelegung wirklicher Exemplare.)

In noch anderen Gegenden jedoch, z. B. im Harz, zeigen die Jungen schon unmittelbar nach ihrer Verwandlung, also sogleich nach dem Anlegen ihrer Landtracht den gebänderten Zeichnungsstil, manchmal so, dass er noch kleiner Korrekturen bedarf, um in seiner reinen Regelmäßigkeit hervorzutreten.

Die Entwicklung der gefleckten in die gestreifte Form ist umkehrbar: Es gelingt auch, gestreifte Salamander in unregelmäßig gefleckte zurückzuverwandeln. Das hat E. O. *Boulenger* an seinen Versuchstieren bestätigt, die er zum Teil schon im Larvenzustand auf den farbigen Böden hielt: dadurch bekam er Resultate, die noch schöner und deutlicher sind als meine eigenen.

Kreuzungs- und Pfropfungsversuche

Am Ende des Umwandlungsversuches habe ich also zwei Sorten doppelstreifiger Salamander zur Verfügung: erstens solche, die fertig aus der Natur (durch mich von einem Händler im Harz) bezogen wurden; zweitens solche, die im Laboratorium aus unsymmetrisch gefleckten Eltern umgezüchtet wurden: demnach eine uralte Naturrasse und eine neue Laboratoriumsrasse, die ihr äußerlich gleicht. Ich verwendete beide zu Kreuzungs- und Transplantationsversuchen.

Kreuzt man Fleckensalamander mit Streifensalamandern aus der Natur (Abb. 19), so gehorcht diese Zucht den *Mendelschen* Vererbungsregeln, nämlich erstens der Dominanzregel: Alle Angehörigen der ersten Mischlingsgeneration (alle Kinder aus der Mischung) sind unregelmäßig gefleckt; Fleckung ist dominant über Streifung. Zweitens der Spaltungsregel: 75% der zweiten Mischlingsgeneration (der Enkel) sind nochmals unregelmäßig gefleckt, aber die restlichen 25% entmischen die rein gestreifte, groß- elterliche Ausgangsrasse.

Hier eine Zwischenbetrachtung: liefert nicht die Entmischung der großelterlichen Ausgangsrassen, wie sie die Bastardierung nach *Mendels* Methode zutage fördert, allein schon den Beweis, dass echte Vererbung erworbener Eigenschaften („Somatische Induktion" — vgl. S. 21f.) undenkbar ist? Kreuzen wir etwa ein schwarzes Tier mit einem weißen (Abb. 21), und alle Kinder sind schwarz; sie bringen aber, unter sich gepaart, bei je 4 Enkeln nur 3 schwarze und einen weißen hervor. So müssen also in den äußerlich ganz schwarzen Kindern neben Keimen mit der Anlage für Schwarz auch solche mit der Anlage

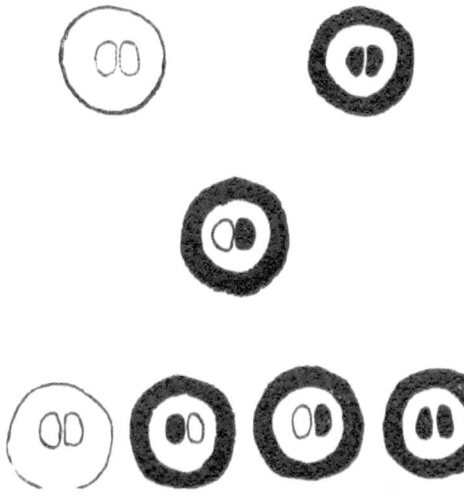

Abb. 21 Einfaches Schema der Mendelschen Vererbungsregeln
(Dominanz- und Spaltungsregel)
Die großen Kreise bedeuten Individuen, die kleinen Ovale darin bedeuten deren Keime. Unbeeinflusst bleiben der „weißen" Keime in schwarzen Individuen.
Oben: Elterngeneration. Mitte: Kindergeneration. Unten: Enkelgeneration.

für Weiß (die von dem einen Großelternexemplar herrührten) gesteckt haben; ja noch mehr, diese weiß veranlagten Keime müssen im schwarzen Körper vollkommen reinrassig und unbeeinflusst geblieben sein: der Körper färbt — sit venia verbo — keineswegs ab auf abweichend veranlagte Keime. Die vom *Weismannismus* geforderte Unabhängigkeit zwischen Körper und Keim wird daher anscheinend vom *Mendelismus* glänzend bestätigt.

Indessen der Zuchtverlauf gestaltet sich ganz anders, wenn wir — wieder bei unseren Salamander-Kreuzungen angelangt — statt des Streifensalamanders aus der Natur einen solchen, der im Versuchsterrarium entstand, zur Bastardierung mit dem Fleckensalamander verwenden (Abb. 20). Die Bastarde (Kinder) sind zwar dann gleichfalls gefleckt; aber nicht unsymmetrisch, wie im ersten Kreuzungsversuch, sondern reihenfleckig (fleckstreifig); sie stehen also in der Mitte zwischen geflecktem und gestreiftem Elterntier. Paart man sie untereinander behufs Gewinnung der zweiten Mischlingsgeneration, so sind die Enkel samt und sonders mit denselben in einzelne Flecke zerbrochenen Streifen versehen; die *Mendelsche*. Abspaltung kontinuierlich gestreifter und unregelmäßig gefleckter Exemplare unterbleibt.

Die Kreuzung lehrt uns also einen Unterschied zwischen altem und neuem Merkmal kennen; selbst wenn sie einander äußerlich zufällig gleichen, sind altes und neues Merkmal durch ihr Bastardierungsverhalten unterscheidbar: zweifellos sind beide erblich; aber nur das alte Rassenmerkmal folgt beim Salamander der *Mendelschen*

Regel, beim neuen Merkmal findet der von dieser Vererbungsregel geforderte Rückschlag auf die das Merkmal tragende groß- elterliche (gestreifte) Rasse nicht mehr statt. Die theoretische Bedeutung dieser Tatsache wird uns nach Kenntnisnahme der Transplantationsversuche noch besser einleuchten; sicherlich gewinnt sie an Interesse, wenn wir bedenken, dass die überwältigende Mehrheit mendelistischer Erfahrungen nur an uralten Rassenmerkmalen gemacht wurden.

Immerhin sind auch etliche Beispiele ermittelt worden, wo die „erworbene Eigenschaft" sich sogleich den *Mendel*schen Regeln fügt: hierher gehören die Experimentalformen der von *Tower* gezüchteten Kartoffelblattkäfer (S. 26, Abb. 5), deren Kreuzungsverhalten sich in nichts von demjenigen der übereinstimmenden natürlichen Standortsformen unterscheidet; ferner gehört hierher die Kreuzung der normalen Geburtshelferkröte (S. 30) mit jener, die ihre Eier ins Wasser legt und keine Brutpflege mehr ausübt; allerdings ergibt sich hier die Komplikation, dass die dominante (bei allen Kindern und drei Vierteln der Enkel herrschende) Eigenschaft sich an den Vater bindet und daher ein Dominanzwechsel von der Norm zum abgeänderten Zustand stattfindet, je nachdem ob wir ein normales Tier oder ein abgeändertes als Vater verwenden; sonst pflegt es nämlich ganz gleichgültig zu sein, welche Rasse bei den Kreuzungen die Rolle des Vaters und welche die der Mutter spielt.

Endlich gehört hierher ein sehr bemerkenswerter Versuch von *Hoge;* er fand, dass Obstfliegen *(Drosophila)* bei Kältezuchten zur Ausbildung überzähliger Beine neigten. Wahrscheinlich bewirkt die niedrige Temperatur, dass gewisse Zellengruppen nicht beisammen bleiben können, sondern sich trennen und dadurch separate Ausgangsflächen für Gliederwachstum schaffen. Diese Disposition zu Mehrfachbildungen wird nicht nur vererbt, sondern vererbt sich — bei Kreuzung des Kältestammes mit einem gewöhnlichen — sogar nach der *Mendel*schen Regel.

Im früher (S. 28ff.) besprochenen Fall der Geburtshelferkröte erklärt sich das *Mendel*sche Kreuzungsverhalten sehr einleuchtend daraus, dass keine im strengen Sinne „neue" Eigenschaft vorliegt, sondern nur die Wiedererweckung einer alten Eigenschaft, die also vermutlich auch in der ganzen Zwischenperiode, während welcher sie am Körper nicht mehr entfaltet wurde, dennoch durch eine besondere Anlage im Keim vertreten blieb. In den übrigen aufgezählten Fällen *Mendel*schen Verhaltens liegt der Verdacht auf Rückschlag weniger offen zutage und dürfte namentlich im Drosophila-Fall ganz unbegründet sein. Wir werden deshalb mit der Möglichkeit zu rechnen haben, dass gelegentlich auch wirklich neue Eigenschaften sich sofort der *Mendelschen* Regel eingliedern; beim Salamander jedoch trifft es bestimmt nicht zu; und speziell auf den Salamanderfall werden wir daher vorsichtigerweise zunächst die Unterscheidbarkeit von Alt und Neu durch die Kreuzung zu beschränken haben. Diese immerhin recht brauchbare Unterscheidbarkeit wird nun noch ergänzt durch das Transplantationsverhalten des Salamander-Eierstockes.

Transplantiert man Eierstöcke *(Ovarien)* gefleckter Weibchen in solche, die von Natur aus gestreift sind (Abb. 22), so richtet sich das Aussehen der Jungen stets nach der Herkunft der Ovarien: Sie sind stets unregelmäßig gefleckt.

Transplantiert man dagegen Ovarien gefleckter Weibchen in gestreifte, die erst im Laboratorium gestreift wurden und deren Eltern noch gefleckt waren (Abb. 23), so sind die Jungen eines gefleckten Vaters reihenfleckig, die Jungen eines gestreiften Vaters ununterbrochen gestreift.

Das Ovarium des gefleckten Weibchens bringt demnach im Körper einer „natur-gestreiften" Tragamme nur seine eigenen Erbanlagen zur Geltung. Maßgebend für den Zeichnungsstil der Nachkommen ist hier ausschließlich die Abstammung der Ovarien; der Zeichnungsstil des Körpers hingegen, worin sie sich entwickeln, ist hierfür völlig gleichgültig. Dieses Ergebnis stimmt mit allen Transplantationsversuchen, bei denen aus überpflanzten Keimdrüsen Nachkommenschaft gewonnen wurde, unter der Voraussetzung, dass dabei zuverlässig sauber operiert wurde, aufs Beste überein; jüngst mit Ergebnissen des von *B. Wiesner* ausgeführten Eierstocktausches zwischen weißen und schwarzen Ratten (vgl. S. 101). Es ist jedoch zu bedenken, dass bei all diesen Ovarien-Vertauschungen immer nur auf alt eingewurzelte Rassenmerkmale, nie auf erworbene Merkmale am Körper der Tragamme einerseits, an den von ihr ausgetragenen Jungens andererseits geachtet wurde.

Im letzteren Falle ist nämlich das Ergebnis ein grundverschiedenes: Im Körper einer „kunst-gestreiften" Salamander-Tragamme verhält sich das Ovarium des gefleckten Weibchens genau so, als ob es im Körper des gestreiften Weibchens gewachsen, und als ob Eier dieses gestreiften Weibchens zu den Befruchtungen verwendet worden wären.

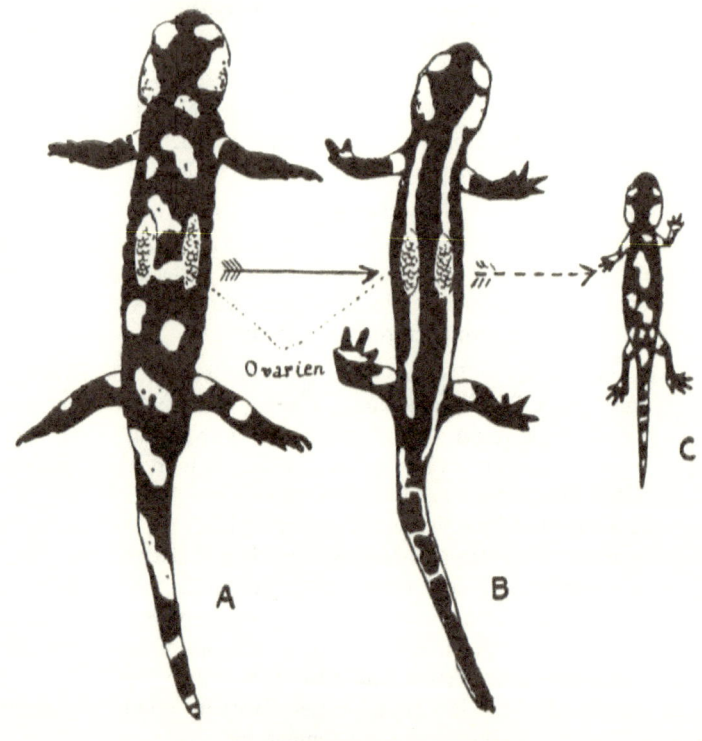

Abb. 22: Feuersalamander (Salamandra maculosa)
Verpflanzung der Eierstöcke eines unsymmetrisch gefleckten Weibchens (forma typica, A) in ein symmetrisch gestreiftes Weibchen, Naturrasse (var taeniata, B). Nachkommenschaft (C) entspricht der wirklichen Mutter, ist stets unregelmäßig gefleckt.(Schema, Original.)

KREUZUNGS- UND PFROPFUNGSVERSUCHE

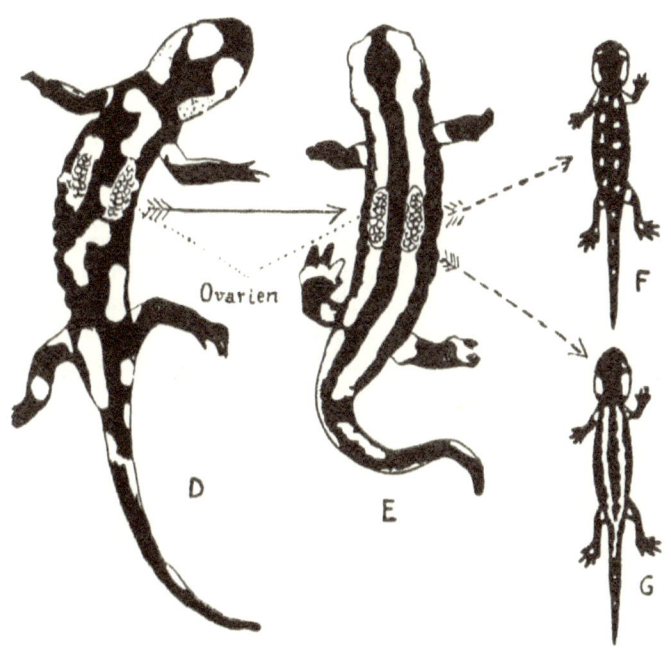

Abb. 23: Feuersalamander (Salamandra maculosa)
Verpflanzung der Eierstöcke eines unsymmetrisch gefleckten Weibchens (formatypica, D) in ein symmetrisch gestreiftes Weibchen der Experimentalform (E).Nachkommenschaft entspricht der Tragamme, ist fleckreihig (F), wenn Vater gefleckt, ist rein gestreift (G), wenn Vater gestreift war. (Schema, Original.)

Es darf angesichts dieses Ergebnisses nicht geargwöhnt werden, dass unsauber operiert wurde, d. h. dass Reste der ursprünglichen Eierstöcke in der Tragamme zurückblieben, und dass die Nachkommenschaft sich von diesen Resten aus entwickelte. So mag es in den von *Guthrie* ausgeführten Eierstockvertauschungen zwischen weißen und schwarzen Hühnern der Fall gewesen sein; Versuche, die von *Davenport* nachgeprüft und nur als R e g e n e r a t i o n d e r e i g e n e n O v a r i e n bestätigt werden konnten. Dank seinem Reichtum an Stützgewebe lässt sich das Ovarium des Salamanders in einem einzigen, wohlabgegrenzten Stück von seiner Unterlage entfernen; es ist ausgeschlossen, d a s s e t w a s u n b e m e r k t z u r ü c k b l e i b t und später eine böse Verfälschung des Resultates verschuldet.

Unternehmen wir es jetzt, die Kreuzungen und Eierstockvertauschungen beim Salamander einer gemeinsamen Deutung zuzuführen. *Cunningham* („Nature" 1923, S. 702 des 111. Bandes) sah einen Widerspruch, ein Hindernis für einheitliche Auslegung darin, dass in den Kreuzungen die gebänderte Naturrasse, in den Eierstockvertauschungen hingegen die gebänderte Kunstrasse stärkere erbliche Durchschlagskraft zu besitzen scheine. Mac Bride („Nature" 111. Bd., Juni 1923. S. 841) trat dieser Auffassung *Cunninghams* mit Recht entgegen; in Kreuzungswie Transplantationsversuchen ist es die neu e n t s t a n d e n e S t r e i f e n r a s s e, welche die m ä c h t i g e r e e r b l i c h e P o t e n z entfaltet. Man darf sich nur nicht von dem Vorurteil, als bedeute der *Mendelsche* Vererbungsgang die höchste Stufe der Erblichkeit, gefangen nehmen lassen. Unabhängig von diesem Schema ist klar ersichtlich, dass bei Beteiligung der neuen Streifenrasse die ganze Nachkommenschaft — schon die Kinder und ebenso sämtliche Enkel — etwas von der Streifung abbekommen, wogegen bei Beteiligung der alten Streifenrasse bestimmte Prozentsätze der Nachkommenschaft — alle Kinder und drei Viertel der Enkel vom Merkmale der Streifung äußerlich ganz unberührt bleiben. Damit kommt denn aufs Beste überein, dass eben dieses Merkmal, wenn es auf dem Körper eines alt-gestreiften Weibchens entwickelt ist, auf Eier eines gefleckten Weibchens überhaupt nicht „abfärbt", wogegen letzteres ausgiebig eintrifft, wenn ein neu-gestreiftes Weibchen als Tragamme gedient hat.

Mendelismus und Lamarckismus ausgesöhnt

Diese ganz regelmäßige Verschiedenheit, wie altes und neues, ererbtes und erworbenes Merkmal (Streifung beim Feuersalamander) auf

Transplantation und Kreuzung reagieren, suchte ich mir durch eine — wie ich gerne zugeben will — vorläufige, oberflächliche und grobe Analogie verständlich zu machen. Ein neues Kleidungs- oder Schmuckstück — man denke insbesondere an ein neues Paar Stiefel, einen neuen Ring u. dgl. — übt einen D r u c k r e i z aus, der immer weniger, zuletzt gar nicht mehr fühlbar ist, je länger wir es tragen: wir haben uns „daran gewöhnt".

Ähnlich diesem mechanischen Druckreiz verhält sich nun offenbar der m o r p h o g e n e oder P o s i t i o n s r e i z, d. h. ein Reiz, der durch das bloße Vorhandensein eines Körperteiles verursacht wird; auch er ist der Abstumpfung fähig und zugänglich. Sind an einem Körperteil Veränderungen, Neuerungen vonstattengegangen, so wirkt der Positionsreiz stärker und wahrscheinlich auch qualitativ anders: unter günstigen Umständen der Dauer und Stärke strahlt er bis in den Keimstoff aus; dort wird daher die aktuelle Veränderung als Anlage für abermalige Entfaltung potentiell festgelegt.

Roux hat die im einzelnen dabei anzunehmenden Vorgänge erschöpfend beschrieben; *Weismann* hat sie als „unvorstellbar" bezeichnet. Sie sind aber sicherlich vorstellbarer als sein E i n s c h a c h t e l u n g s b a u des Keimplasmas, der voraussetzt, dass — um es ganz populär zu sagen — die Menschengeschlechter aller Zeiten in Mutter *Evas* Eierstock bereits eingewickelt gewesen seien. Man kann sich nämlich die Weiterleitung und Einverleibung einer erworbenen Eigenschaft bzw. des von ihr ausstrahlenden Reizes sehr gut nach Art der telefonischen F o r t p f l a n z u n g v o n G e r ä u s c h e n u n d K l ä n g e n vorstellen. Die geringe Dicke und die Homogenität des Drahtes ist kein Hindernis, dass sogar die kompliziertesten Schallgebilde, etwa ein polyphones Orchester- und Chorwerk, von ihm weitergeleitet, einem menschlichen Ohre einverleibt und in einem menschlichen Gehirn für spätere Reproduktionen aufbewahrt werden.

Wir sagten also, das neu erworbene Merkmal übt einen Positionsreiz aus, der als „Reiz der Neuheit" große ausstrahlende Kraft besitzt und günstigenfalls bis in die Keime gelangt. Je älter jedoch das ehemals „neue" Merkmal wird, je längere Zeit es sich im Besitze seines nunmehrigen Trägers befindet, desto mehr verbraucht sich sein Positionsreiz: er erreicht jetzt nicht mehr den Keimstoff; diese keimstoffliche Übertragung gehört bereits der Vergangenheit an. Sie ist in der Gegenwart aber auch nicht mehr nötig, weil die zugehörige Anlage jetzt ohne dem schon von damals her in den Keimzellen steckt. Daher besteht nur zwischen wirklich neu erworbenen Eigenschaften und Keimplasma ein Verhältnis der A b h ä n g i g k e i t ; zwischen Keimplasma und alten (allenfalls wiedererwachten) Eigenschaften besteht die von *Weismann* verlangte, von der *Mendel* - Forschung erwiesene U n a b h ä n g i g k e i t .

Ein bestätigendes Beispiel wurde durch *W. Finkler* (Archiv für mikroskopische Anatomie und Entwicklungsmechanik, 99. Band, Heft 1, 1923) ermittelt. Allerdings betrifft es keine Beeinflussung des Keims vom Körper aus, sondern die Bee in f l u s s u n g z w e i e r K ö r p e r b e z i r k e . Bei den meisten Tieren ist die Rückenseite intensiver gefärbt als die Bauchseite; bei einer Gruppe von Wasserwanzen, den R ü c k e n s c h w i m m e r n *(Notonecta),* die beim Rudern ihre Bauchseite nach oben kehren, ist es umgekehrt. Besonders beim gemeinen Rückenschwimmer *(Notonecta glauca)* sind die Flügeldecken beinahe ungefärbt; durch Beleuchtung von unten erzeugte jedoch *Finkler* auch hier eine Marmelzeichnung, wie sie bei einer verwandten Art *(Notonecta marmorea),* die in Gewässern mit hellem, reflektierenden Boden lebt, schon von Natur aus zu finden ist. Nun transplantierte *Finkler* auf den Rumpf gemeiner Rückenschwimmer f r e m d e K ö p f e : 1. solche von gemeinen Rückenschwimmern, deren Flügeldecken zuvor durch Lichteinfall von unten marmoriert worden waren; 2. Köpfe von natürlich marmorierten Rückenschwimmern. Im letzteren Falle vermochte der Kopf nichts über den ihm unterschobenen, ungefärbten Rumpf; nur im ersten Falle wirkte der Kopf, der früher auf einem künstlich marmorierten Rückenschwimmer saß, marmorierend auf seine neue Unterlage. Selbstverständlich kam das Licht in diesen Kopftausch-Versuchen, wie es auch bei allen normalen Kontrollversuchen geschah, nur von oben.

Damit ist der vorhin (S. 62f.) aufgezeigte G e g e n s a t z z w i s c h e n M e n d e l f o r s c h u n g u n d d e m P r i n z i p d e r V e r e r b u n g   e r w o r b e n e r   E i g e n s c h a f t e n („L a m a r c k i s m u s ") r e c h t b e f r i e d i g e n d a u s g e s ö h n t . Halten wir uns nochmals das dort benützte fiktive Beispiel (Abb. 21) vor Augen: Der schwarze Körper eines Kreuzungsproduktes aus Schwarz mal Weiß kann in ihm ruhende, reinweiß veranlagte Keime nicht nach Schwarz hin umstimmen, weil „Schwarz" in allen bisher gut aufgelösten Mendelversuchen — also mit alleiniger Ausnahme einiger nicht genügend aufgeklärter Fälle — eine uralte, längst anlagenmäßig festsitzende Eigenschaft war. Wäre sie erst frisch erworben gewesen und hätte die Anlage für „Schwarz" den Keimen erst einverleibt werden müssen: dann wären die weiß beanlagten Keime schwerlich fleckenlos „weiß" geblieben.

Wenn man den dabei anzunehmenden Induktionsvorgang konsequent zu Ende denkt, so gelangt man zur Vermutung, dass sehr wahrscheinlich jeder von außen kommende Eindruck verändernd wirkt; und dass wahrscheinlich jede Veränderung sich überallhin fortpflanzt, daher auch in den Keimstoff. Wenn nun aber nur die wenigsten Veränderungen den späteren Generationen erhalten bleiben, so rührt es wohl nur daher, dass die in den Keim übertragene Veränderung zu schwach war und wenigstens für unsere Sinne tief unter den Grenzen des Wahrnehmbaren blieb. So mag sie für immerwährende Zeiten unsichtbar bleiben; trotzdem darf man jene zu vermutenden, unsichtbaren Erbspuren nicht unterschätzen: sie mögen unbeschadet ihres Verborgenbleibens irgendeine Rolle spielen; sie mögen auch, wenn der sie bewirkende Einfluss sich wiederholt oder andauert, im Laufe der Zeiten oder Generationen dennoch zu einem deutlich sichtbaren Resultat addiert werden.

Dauerwirkung oder Generationenzahl?

Der soeben von mir gebrauchte Ausdruck „im Laufe der Zeiten und Generationen" gewährt uns endlich, und zwar im engen Zusammenhang mit dem Vorigen, noch eine allgemeine Anregung: es kommt, um eine bestimmte Veränderung an einem Lebewesen zu erzeugen, keineswegs auf die Anzahl der dem verändernden Einfluss unterworfenen Generationen an; sondern einzig auf die Dauer und Stärke der Einwirkung.

Zuerst *Secerov,* dann C. *Herbst, v. Frisch, Przibram Dembowski, E. G. Boulenger* haben ein Verfahren ausgearbeitet, mit dessen Hilfe die Farbveränderungen des Feuersalamanders viel rascher vor sich gehen, als sie in meinen Versuchen vor sich gingen. Die jungen Feuersalamander werden in der Regel nicht als farbige Salamanderchen, geschweige denn mit ihrem fertigen Farbkleid geboren; sondern als wasserlebende, kiemenatmende „Larven" von graubrauner, dunkel gewölkter Färbung, wo vom endgültigen, grellen Gelb und Schwarz zuerst noch recht wenig zu sehen ist.

In meinen ursprünglichen Versuchen nun hatte ich die Tiere den farbigen Böden immer erst dann ausgesetzt, wenn in ihrer Haut die betreffenden Farben bereits ausgebildet waren: also erst nach Verwandlung der „Larve" in den Vollsalamander und nach Ausbildung des definitiven Farbkleides. Junge, fertige Salamander hatte ich auf gelbe und schwarze Untergründe verteilt; man kann dies aber schon mit Larven tun, die —

weil jünger — ungleich bildsamer sind als noch so junge, aber bereits voll entwickelte Salamanderchen. An den Salamanderlarven nun geht der mit den Umgebungsfarben sympathisierende Farbwechsel gleichsam „unterirdisch", jedenfalls aber unbemerkt vonstatten. Die endgültigen Farbstoffe sind noch gar nicht da, jedenfalls nicht fertig; aber ihre Vorstufen werden nun im stillen so „ausgekocht", dass das Resultat den gebieterischen Forderungen der Umweltfarbe entspricht. Bereits die frisch verwandelten Landsalamander sind dann in gelber Umwelt viel gelber, in schwarzer viel schwärzer, als man es — nach der Elternfarbe berechnet — hätte erwarten dürfen.

Ich machte mir dieses beschleunigte Verfahren ebenfalls zu eigen und wies nach, dass man mit seiner Hilfe in der Lage ist, in einer einzigen Generation schon ebenso gelbe Salamander zu bekommen wie sonst erst in drei Generationen. Um dies anschaulich zu machen, trage ich jetzt ein früher nicht erwähntes Resultat der generationenweisen Salamanderzüchtung nach. Man erinnert sich (von S. 53f.), dass zwei Generationen hindurch auf gelbem Boden gehaltene Salamander eine Form mit breiten Seitenbinden liefern. Die dritte Generation ist, schon bevor sie einem umfärbenden Einfluss unterworfen wird, sehr gelb: die seitlichen Bänder sind oft durch Querbrücken miteinander verbunden (Abb. 16, ganz unten), und wenn man solche Tiere, deren Eltern und Großeltern in der Richtung auf „Gelb" vorbehandelt wurden, abermals auf gelben Boden setzt, wird die ohnehin beengte schwarze Farbe der Rückenmitte vollends verdrängt, und wir erhalten Salamander, die oberseits einfarbig kanariengelb sind.

Ein ebenso weitgehendes Resultat kann nun aber auch erzielt werden, wenn bereits die neugeborene Salamanderlarve auf einen grellgelben Boden gesetzt und in solcher Unterbringung einem sehr hellen Oberlicht (womöglich mit etwas Sonne, wenn sie das Wasser nicht zu sehr erhitzt — Abb. 24) ausgesetzt wird. Meist besitzt dann schon der frisch verwandelte, kleine Salamander ein großes, fast lückenlos gelbes Rückenfeld, das nur an den Seitenrändern durch die dorthin emporgreifende schwarze Bauchfärbung ausgezackt und ausgebuchtet ist. Bleibt der kleine Salamander auf dem gelben Boden, so wird sein weiteres Heranwachsen ihm reichlich Gelegenheit geben, diese „Unreinheiten" seines gelben „Teints" vollends zu beseitigen.

Nur zum Zeugnis dessen, dass wir auch hier eine Regelmäßigkeit von weiterer Verbreitung vor uns haben, sei das Salamanderbeispiel abermals durch ein ähnliches aus dem niedrigeren Tierreiche ergänzt. An kleinen Krebsen unserer süßen Binnengewässer, den Wasserflöhen

DAUERWIRKUNG ODER GENERATIONENZAHL?

oder Daphniden (Abb. 38, S. 121), gehen Jahr für Jahr zyklische Veränderungen vonstatten, die sich bei einer Gattung *(Moina)* für unsere Zwecke verwerten lassen, weil sie laut *Papanicolau* bereits an den Eiern bemerkbar werden, und dann gleichmäßig an den Eiern der überlebenden Stamm-Mutter und an denen der im Kreisläufe des Jahres von ihr gezeugten Nachkommengenerationen.

Im Frühjahr sind die Eier von Moina verhältnismäßig groß, violett und klar durchscheinend; mit vorrückender Jahreszeit spielen sie mehr und mehr ins Blaue hinein, werden trübe und immer kleiner. Während nun in der warmen Jahreszeit eine Generation der anderen folgt, bleibt das mütterliche Tier, das als Erstes die Hüllen des überwinterten Eies abstreifte, am Leben, wird also zur Großmutter, Urgroßmutter, Ururgroßmutter usf. Die ganze Zeit produziert es seinerseits Eier, bis zu 15 Häufchen (Gelegen) nacheinander. Und alle Veränderungen, die sich nach und nach an den Eiern der Töchter vorfinden: das Kleiner-, Trüberwerden und die Verfärbung aus Violett in Blau, — all dieselben Veränderungen stellen sich auch bei den Eiportionen des überlebenden Ahnenweibchens ein. Sowohl von einer Generation zur anderen als auch von einem Gelege zum nächsten, das von ein und demselben Weibchen abgesetzt wird, halten die Übergänge gleichen Schritt: so sieht man deutlich, dass die Zeit (im Falle der Daphniden die Jahreszeit) es ist, die sie modelt, aber nicht die Zahl einander ablösender Generationen.

Vom langstacheligen Wasserfloh *(Daphnia longi- spina)* lebt im Lunzersee (Niederösterreich) eine Rasse, deren Kopfhelm sehr niedrig, deren Endstachel sehr kurz und schräggestellt ist. Bei guter Fütterung im Warmhausbassin sah *Woltereck* den Helm hoch, den Schwanzstachel lang und gerade werden. Bringt man die künstlich gezüchtete Rasse vor Ablauf von zwei Jahren ins Freie zurück, so ist sie noch immer nicht erblich geworden, obwohl gegen 20 Generationen inzwischen dahingegangen sein mögen. Spätere Nachkommen jedoch bleiben auch unter den natürlichen Verhältnissen merklich hochhelmiger und langstacheliger als die Ausgangs- und Standortsform des Lunzersees; dieser Zeitraum hätte aber dann auch bei einem Tier mit weit langsamerer Generationsfolge ausgereicht, um eine Veränderung dauerfähig und erblich zu machen.

Einwände und Gegeneinwände

Kehren wir nochmals zur Betrachtung der Farbversuche an den Salamandern zurück, die wir ja seit S. 62f. immer nur verließen, um ein Analogiebeispiel heranzuziehen oder einen theoretischen Ausblick zu wagen. Wie steht es mit den von S. 21 ab immer wieder erörterten E i n w ä n d e n ; waren doch die Salamanderversuche von Hause aus dazu bestimmt, ihnen auszuweichen: inwieweit nun fanden oder finden dieselben oder neue Einwände trotzdem darauf Anwendung?

Vor allem: Darf bei den Farbzuchten des Salamanders überhaupt von Vererbung des erworbenen Färbungszustandes gesprochen werden, angesichts dessen, dass er bei den Nachkommen nicht konstant bleibt, sondern langsam abklingt, wenn sie nicht auf derselben Bodenfarbe verbleiben? Spätestens die Enkel würden anscheinend wieder diejenige Farbverteilung zurückgewonnen haben, mit der die Großeltern in den Versuch eingetreten waren. Man könnte daher sagen: In der Abnahme jener Farbe, die bei den Eltern zugenommen hat, liegt bereits das Kriterium ihrer Nichterblichkeit; wir haben bloße Nachwirkung, aber keine Vererbung vor uns.

Demgegenüber ist jedoch Mehreres zu bedenken: 1. Junge Salamander, die auf schwarzem Boden gehalten werden, ohne dass ihre Eltern in der Richtung auf Gelb v o r b e h a n d e l t worden waren, werden in viel kürzerer Zeit noch schwärzer.

2. Die Nachkommen werden nicht bloß in m i t t l e r e Bedingungen zurückversetzt wie bei den meisten anderen Zuchtversuchen über Vererbung erworbener Eigenschaften, z. B. denen von *Standfuß, Fischer* und *Schröder* an Schmetterlingen, denen von *Sumner* an Mäusen; sondern die Nachkommen der Salamander werden geradezu in e n t g e g e n g e s e t z t e Bedingungen versetzt: jede Wirkung muss aber von ihrer Gegenwirkung zuletzt aufgehoben werden; es ist unphysikalisch gedacht, wenn man es vom lebenden Reagens anders erwartet. Charakteristisch für die Vererbungswirkung ist aber im vorliegenden Falle, mit welcher Zähigkeit sich die erworbene Färbung trotz der Kontrastwirkung des Untergrundes zu behaupten weiß.

3. Ja die gelbe Farbe der Salamander, die von sehr gelb gewordenen Eltern stammen, nimmt so-

gar trotz der konträren Wirkung schwarzer Umgebung zuerst einen Anlauf, sich zu vermehren. Ohne Vererbungswirkung wäre Derartiges hier nicht denkbar. Die Fleckenreihen frisch verwandelter Tierchen zeigen die Tendenz, in Binden zusammenzufließen, wie bei den in gelber Umgebung gehaltenen Tieren; erst später zerfallen die Binden wieder in Flecke.

C. Herbst warf mir 1919 vor, dass ich diese Vermehrung des gelben Farbstoffes auf schwarzem Boden — und umgekehrt — nirgends erwähnt hätte: Abbildung 14 (vgl. auch Abb. 17) ist aber als Wandtafel schon 1909 dem Kongress deutscher Naturforscher und Ärzte zu Salzburg und 1910 dem Internationalen Zoologenkongress in Graz demonstriert worden; und ich habe dabei stets auf diese Erscheinung, die Herbst nicht einmal als Vererbungserscheinung erkennt und würdigt, aufmerksam gemacht.

So ist denn die Abnahme der erworbenen Farbmasse auf entgegengesetzt wirkenden Böden kein Hindernis, deren Vererblichkeit anzunehmen, wenn die Versuche sich nun auch den übrigen, geläufigeren Einwänden gewachsen zeigen.

Wo bleibt die Zuchtwahl? Sie ist da, aber in verkehrtem Sinne; zu den Versuchen auf schwarzem Boden wurden möglichst reich gelb gefleckte, zu den Versuchen auf gelbem Boden möglichst sparsam gefleckte Salamander ausgesucht. Ich trieb also negative Auslese *(Kontraselektion)*, um den Einwand auszuschließen, dass die verwendeten Exemplare für die Farbveränderungen von vornherein besonders geeignet waren. Mit der Beseitigung dieses Einwandes hatte ich allerdings in Kauf zu nehmen, dass die ausgewählten Tiere für den Versuch sogar besonders ungeeignet waren: diejenigen, die möglichst in Schwarz umgewandelt werden sollten, waren gewiss vielfach mit einer Anlage für Gelb belastet; und die anderen, die eine möglichst gelbe Rasse liefern sollten, hatten dies ebenfalls gegen die konträre Erbanlage durchzusetzen. Damit die schwärzesten die gelbsten, die gelbsten am schwärzesten werden konnten, mussten sich die Einflüsse durchkreuzen. Das taten sie bis zu dem Grade, dass sämtliche Exemplare — nicht wie in Schmetterlingszuchten nur ein Teil — stark verändert waren und jede Auslese sich für weitere Generationen erübrigte.

Kann nicht trotzdem auch in einem sehr schwarzen Salamander ein Teil der Keime „gelb" veranlagt sein? Kann nicht, was wir ihm neu aufgeprägt, gleichsam anerzogen zu haben meinen, schon in ihm gesteckt sein? Er vermöchte doch ein B a s t a r d zu sein nach Art der in Abb. 21 schematisch dargestellten, in dessen Körper ganz abweichende Anlagen unbeeinflusst liegen bleiben? Durch die ausgeübte Kontraselektion wird diese Möglichkeit nur einigermaßen v e r r i n g e r t. A u s g e s c h a l t e t wird sie aber durch die Unterscheidung von altem und neuem Merkmal in den Kreuzungs- und Transplantationsversuchen sowie durch den vom Transplantationsversuch erbrachten Nachweis, dass unter bestimmten, vorhin beschriebenen Bedingungen eine Beeinflussung des Keimes vom abweichend gefärbten Körper aus stattfindet.

Wo bleibt der Rückschlag? Angenommen, die Vorfahren unserer heutigen Feuersalamander seien schwärzer gewesen, so ist ihre vermehrte Gelbfärbung ein Neuerwerb; waren aber die Ahnen gelber, so ist der Gewinn an Schwarz ein Neuerwerb. Das verhält sich ganz wie bei der Geburtshelferkröte, wo ebenfalls (vgl. S. 34) nur eine von zwei Variationsrichtungen atavistisch sein konnte. Aber auch da konnten sich die Gegner noch helfen, indem sie sagen (jetzt wieder auf das Salamanderbeispiel exemplifiziert): n i c h t d i e E i g e n s c h a f t , s c h w ä r z e r o d e r g e l b e r z u s e i n, wird vererbt; sondern nur die F ä h i g k e i t , j e n a c h B e d a r f s c h w ä r z e r o d e r g e l b e r z u w e r d e n; diese Fähigkeit aber könnte ehedem durch Zuchtwahl (nicht in den gegenwärtigen Zuchten, wo Zuchtwahl ausgeschlossen ist) statt durch direkte Farbenwirkung entstanden sein.

In besonders krasser Form, die aber ein Zeichen der Zeit ist, erhob *Stieve* diesen Einwand: er meinte, wenn ich statt des seine Farbe prompt ändernden Feuersalamanders ein anderes schwarz-gelbes Tier — er nennt den Pirol *(Oriolus galbula)* auf schwarzen oder gelben Boden gesetzt hätte, so wäre der Erfolg ausgeblieben. So weit also hat uns *Baurs* — in vernünftigen Grenzen ganz annehmbare — Eigenschaftsdefinition verwirrt, dass wir aufgefordert werden, ein O b j e k t z u w ä h l e n , b e i d e m e s n i c h t g e h t , u m z u b e w e i s e n , d a s s e s g e h t. Wobei es ja noch nicht einmal ausgemacht ist, dass es beim Pirol wirklich nicht gegangen wäre! Aber dann hätte — nach *Stieve* — eben auch der Pirol nichts bewiesen! Dieselbe Behauptung, dass die bloße Möglichkeit, eine Veränderung zu erzielen, bereits die Unmöglichkeit ihrer Vererbung bedeute, wurde auch angesichts meines Versuches mit den Augen des Grottenolmes — vgl. S. 125 — gewagt: wir werden im

Kapitel „Entstehung der Arten" (S. 165ff.) entsprechenden Gebrauch davon machen.

Auch dieser Zusatzeinwand ist nun durch den Austausch der Eierstöcke entkräftet: wenn nachgewiesen werden kann, dass eine Eigenschaft oder — meinetwegen — die Fähigkeit, sie zu entwickeln, vom Körper aus durch Reizleitung in den Keim gelangt, dann brauchen wir uns nicht mehr darum zu bekümmern, ob die betreffende Eigenschaft ein Rückschlag oder wirklich noch nie da gewesen war. Mit dem N a c h w e i s d e r Ü b e r t r a g u n g a u s d e m K ö r p e r i n d e n K e i m i s t a u c h s c h o n d i e M ö g l i c h k e i t d e r V e r e r b u n g e r w o rb e n e r E i g e n s c h a f t e n b e w i e s e n.

Nun wirkt ja aber ein Rückschlag n i c h t in dieser Weise vom Körper in den Keim: das hat er nicht notwendig; seine Anlage sitzt schon von früher her im Keim. Das ist gerade der Unterschied, der durch die Kreuzungs- und Verpflanzungsversuche offenbar wurde und nun auch den Zusatzeinwand ü b e r f l ü s s i g macht. Da Zuchtwahl nichts Positives leistet, nichts schafft und nichts steigert, d a h e r a u c h k e i n e n a c h z w e i S e i t e n p e n d e l n d e R e a k t i o n s f ä h i g k e i t, so fällt der Einwand ohne dem in sich zusammen.

Und wo bleibt zuguterletzt die direkte Beeinflussung des Keimstoffes?: *Secerov* hat gemessen, wie viel Licht in das Innere des Salamanderkörpers einzudringen vermag: nur $1/6\%$ der äußeren Lichtmenge gelangt bis zu den Keimorganen; und außerdem, da durch die Körperschichten abgeblendet, entschieden nicht in den wirksamen Farben! Es ist u n w a h r s c h e i n l i c h, dass auf diesem Wege eine farbige Beeinflussung der Keimzellen, daher eine Parallelinduktion der Farbanpassung zustande kommt.

Die Haut ist ein Spezialorgan für Farbenwechsel, hier liegen die Farbstoffzellen *(„Chromatophoren"),* die durch ihre Zusammenziehungen und Ausdehnungen, durch ihre Vermehrung und Verminderung, sowie durch Umfärbung ihres Inhaltes den farbigen Gesamteindruck bestimmen. Außerdem ist das Auge dazu notwendig: Salamander, die im Finsteren gehalten werden oder solche, die ihrer Augen beraubt wurden, nehmen eine höchstens noch dunklere „Blendungsfarbe" an und zeigen keinen weiteren Farbenwechsel mehr. Endlich ist kräftiges, von oben einfallendes Licht (Abb. 24) notwendig, sollen die Farbveränderungen vonstatten gehen; schon in einem nur wenig abgedämpften Licht, etwa

Abb. 24: Terrarien, im Gewächshaus aufgestellt
Einer ähnlichen Unterbringung im hellsten Oberlicht bedürfen die Salamanderzuchten, wenn die Farbveränderungen wirklich stattfinden sollen. (Aufnahme von Dr. W. Klingelhöffer, Offenburg.)

wenn es seitlich einfällt, bleiben sie aus. Was also hochspezialisierte Organe, wie Haut und Auge, nur mit sehr viel Licht zuwege bringen, das sollte der unspezialisierte Keim mit $^1/_6$ % derselben Lichtmenge zustandebringen? Schon *Semon* hat das Gezwungene einer derartigen Annahme hervorgehoben.

Immerhin setzen sich Möglichkeiten zuweilen auch gegen alle Wahrscheinlichkeiten durch. Was aber die Voraussetzung einer direkten Farbenwirkung auf die Keime vollends unmöglich macht, ist nochmals der so sehr nützliche Ovarientausch: die dem gefleckten Tiere entnommene Keimdrüse beweist durch ihre Leistung im künstlich gestreiften Weibchen unwiderleglich, dass die Umstimmung ihrer Farbanlagen vom gestreiften Körper aus — also durch „somatische", nicht durch „Parallelinduktion" — erfolgt sein muss.

Nachprüfungen und Bestätigungen

Ein methodischer Nachteil ist den Salamanderversuchen nicht abzusprechen: Sie sind ungemein l a n g w i e r i g . Der Salamander braucht nach meinen Erfahrungen mindestens $3^1/_2$ Jahre, um geschlechtsreif zu werden; ungefähr so lange oder etwas länger dauert es also immer, bis die jeweils nächstfolgende Generation das Licht der Welt erblickt.

Dazu kommt, dass auch die Farbveränderungen, die in diesen Versuchen erworben und vererbt werden sollen, ungemein langsam vor sich gehen und ebenfalls Jahre zu ihrer genügenden Durchführung beanspruchen. Wenigstens ist es der Fall, wenn man — wie ich es tat — erst die fertig entwickelten Salamander den farbverändernden Bedingungen aussetzt; wie beschrieben, geht es ja viel schneller, wenn man schon die Larven auf farbige Böden setzt. Aber dann bekommt man die Farbveränderungen an dem aus der Larve umgewandelten Salamander sozusagen fertig geliefert und kann den Prozess des Farbenwechsels nicht im einzelnen verfolgen; wenigstens nicht den Farbenwechsel der Pigmente Schwarz und Gelb, die an der Larve noch nicht in endgültiger Ausprägung hervortreten. Es dauerte aus allen diesen Gründen f a s t zwei Jahrzehnte, ehe die Salamanderversuche denjenigen Stand erreicht hatten, wie er hier beschrieben erscheint. Und hat man mit irgendeiner Versuchsreihe Unglück, etwa mit einem wertvollen Kontrollversuch, der bereits bis in die zweite Generation gedieh: Sagen wir, es bricht eine Seuche aus, oder plötzlich einsetzende Hitze hat alle Insassen getötet, — so kann man von vorne anfangen mit der Anwartschaft, dass etwa 8 Jahre nötig sein werden, bis das jetzt verunglückte Ergebnis wiederum erreicht ist.

Mit welchen Empfindungen der Forscher, der durch alle diese Mühen hindurchging, unter solchen Umständen die billigen, unfruchtbaren und dennoch vielbeachteten Aburteilungen entgegennimmt, die jedermann, der die Versuche nicht selbst gemacht hat, so überaus leicht fallen: davon mag sich der Leser jetzt selber ein Bild ausmalen. K e i n e a l l - z u b e q u e m e K r i t i k , s o n d e r n f r u c h t b a r e W e i t e r a r - b e i t ist es, die wir brauchen; und da ist denn allerdings eine in der Wissenschaft allgemein geltende Forderung anzuerkennen: Der einzelne Forscher irrt und macht unvermeidlicherweise Fehler bei seinen Beobachtungen. Wir dürfen daher ein Forschungsergebnis erst dann als gesichert hinnehmen, wenn es von mehr als einem Forscher nachgeprüft und bestätigt wurde. Freilich darf die Nachprüfung nicht — wie es sehr oft geschieht — in theoretischer Voreingenommenheit begonnen werden mit dem mehr oder weniger uneingestandenen Vorsatz, es müsse dabei nichts oder etwas ganz anderes herauskommen.

Die Wiederholungen der Salamanderversuche unterliegen nun selbstredend demselben Nachteil der langen Dauer, wie schon ihre erstmalige Durchführung. Die lange Dauer verschuldet es, dass sich die Wiederholungen bis jetzt erst a u f e i n e Salamandergeneration erstrecken; hier aber haben meine Versuche bereits von vielen Seiten teils durch gelegentliche Beobachtungen *(Becker, v. Fejervary, Gaisch, v. Schweizerbarth, Wiedemann, Himner, Millot)*, teils durch planmäßige Experimente *(Secerov, v. Frisch, Przibram-Dembowski, C. Herbst[1], Mac Bride, E. G.* Boulenger) v o l l e B e s t ä t i g u n g gefunden.

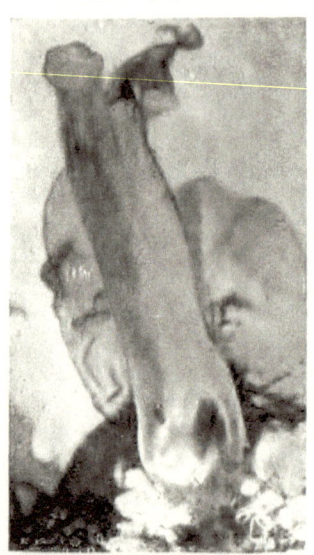

Abb. 25: Darmscheide(Ciona intestinalis)
Normales Exemplar auf einem mit der Keulenscheide (Clavellina lepadiformis) dicht bewachsenen Stein und auf einem Hintergrund von Meersalat (Ulva lactuca). Aufnahme der lebenden Objekte im Seewasseraquarium von Prof. Adolf Cerny, Wien.

---

1 Von Herbst nur theoretisch ins Gegenteil umgedeutet, wie in den Arbeiten v. Frischs, Przibram-Dembowskis und durch F. Werner ausdrücklich festgestellt und ausführlich begründet. In seiner neuesten Arbeit (Archiv für mikroskopische Anatomie und Entwicklungsmechanik 102. Band, 1924) muss denn auch Herbst weitere Übereinstimmungen zugeben, die sich besonders herausstellten, seit Herbst auch dieselbe Rasse des Wienerwaldes (forma typica) zu seinen Versuchen benützte wie ich.

Der entscheidende Versuch mit Ciona

Es war nun aber trotzdem mein Bestreben, ein Objekt ausfindig zu machen, das schnellere Resultate liefert und es gestattet, manche Unvollkommenheit, die den Salamanderversuchen noch anhaften mochte, zu vermeiden. Ich fand ein solches Objekt in der S e e s c h e i d e *Ciona intestinalis,* die überdies den Vorzug aufweist, nahezu keiner Wartung zu bedürfen. Dagegen ist der Salamander ein verhältnismäßig anspruchsvoller Pflegling (vgl. die Salamanderbehälter in Abb. 24); und das Talent gerade der Zoologen zur Tierpflege ist in der Regel sehr bescheiden.

Abb. 26: Darmscheide(Ciona intestinalis)
Eine Gruppe von Exemplaren, die im Begriffe stehen, ihre Endröhren (Siphonen) nach Amputation zu regenerieren. Einige davon sind schon recht lang geworden und der Zuwachs deutlich zarter als der alte Stumpf. — Vor der Ciona-Gruppe eine Zylinderrose (Cerianthus). Aufnahme der lebenden Objekte im Seewasseraquarium von Prof. Ad. Cerny, Wien.

Da ich wohl annehmen muss, dass die Seescheide vielen meiner Leser ganz unbekannt ist, beschreibe ich zunächst ihre körperliche B a u a r t , soweit deren Kenntnis für das Verständnis des Vererbungsversuches nötig ist. Es handelt sich um ein Tier (Abb. 25), das ähnlich einer Pflanze mit Hilfe von Wurzelausläufern *(Stolonen)* fest im Meeresboden verankert ist. Der schlauchförmige Körper trägt am oberen, frei ins Meerwasser ragenden Ende zwei Röhren: die längere Einfuhr-, die kürzere Ausfuhröffnung. Ein Wasserstrom durchspült fast ununterbrochen den Körper der Seescheide: mit genießbaren Teilchen beladen, tritt er bei der längeren Röhre ein, verlässt ihn samt unverdaulichen Resten wieder bei der kürzeren Röhre. Unterhalb der Einfuhröffnung beginnt nämlich der Verdauungskanal: er senkt sich in das untere, dem Meeresgrund aufsitzende Körperende hinab, biegt hier U-förmig um und verläuft bis zur Abzweigung der Ausfuhröffnung wieder nach aufwärts. In der Darmschlinge, an der Umbiegungsstelle des Darmes nahe dem unteren Körperende liegt das Geschlechtsorgan, eine Zwitterdrüse. Sie schimmert auch auf der Photographie (Abb. 25) weißlich — im Leben gelblich — durch.

81

Schneidet man der Seescheide beide Röhren (Ein- und Ausfuhröffnung) ab, so wachsen sie nach und werden sogar etwas länger als vorher (Abb. 26). Wiederholt man die Amputation mehrmals, so bekommt man schließlich Exemplare mit geradezu monströs langen, förmlich elefantenrüsselartigen Röhren, an denen man deutlich wahrnimmt, wo abgeschnitten wurde; denn der jedesmalige Neuwuchs ist zarter, durchsichtiger und staffelförmig vom Stumpf abgesetzt. *Mingazzini* hat diesen Versuch in Neapel schon 1891 ausgeführt, *H. Munro Fox* ist er 1923 in Roscoff (Bretagne) misslungen.

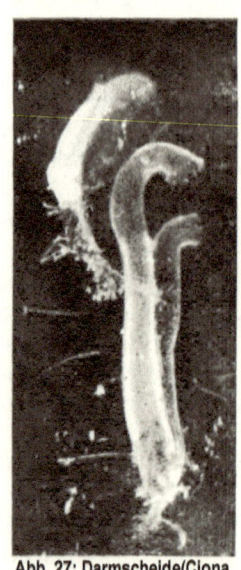

Abb. 27: Darmscheide(Ciona intestinalis)
Nicht-operierte Nachkommen solcher Exemplare, die durch Operationen an den Endröhren in eine langröhrige Form (var. macrosiphonica) verwandelt worden waren. Originalaufnahme der lebenden Objekte im Aquarium von Prof. Adolf Cerny, Wien.

Nachkommen der Exemplare mit überlangen Röhren lassen die ihrigen bereits ganz von selbst — d. h. ohne selbst operiert worden zu sein — zu abnormaler Länge heranwachsen: nur hat der gestaffelte Bau einer ausgeglichenen Form Platz gemacht. Wo hier noch Absätze zu bemerken sind, wurden sie nicht durch Regenerationen verursacht, sondern durch Unterbrechungen der Wachstumsperiode, ähnlich den Jahresringen der Bäume im Winter. Also nicht die besondere Form des Neugebildes wird auf die Nachkommen übertragen, sondern nur die örtlich erhöhte Wachstumsintensität.

Die unretouchierte Photographie (Abb. 27) zeigt zwei junge Seescheiden, die sich mit ihren Stolonen auf der zerkratzten Glasscheibe eines Aquariums, durch die hindurch sie lebend aufgenommen sind, festgeheftet haben. Das obere Exemplar ist kontrahiert; an ihm ist daher weiter nichts zu sehen. Das tiefer sitzende Exemplar jedoch entfaltet seine außerordentlich langen Siphonen in voller Ausdehnung. Sie sind ihm bereits angeboren; denn es stammt von Eltern ab, denen die Siphonen durch wiederholtes Abschneiden und Nachwachsen verlängert wurden.

An solchen Tieren mit operativ verlängerten Röhren kombinieren wir nunmehr die Amputationen am Vorderende mit einer Amputation am Hinterende. Dort liegt ja — in der Darmschlinge — die Geschlechtsdrüse. Diese ganze Körperregion schneiden wir dicht

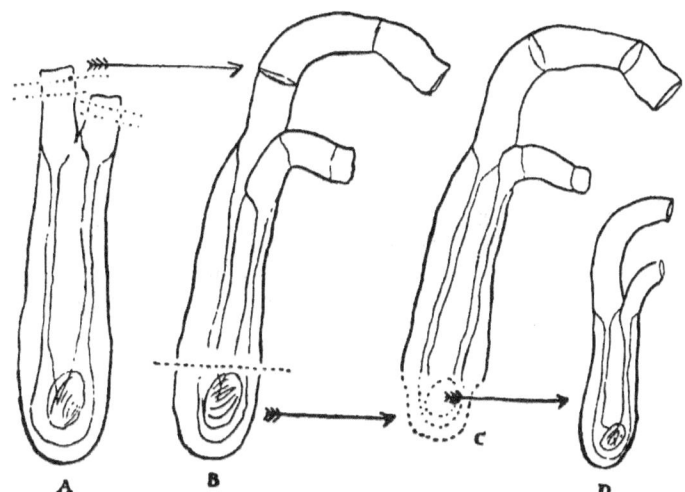

Abb. 28: Darmschelde (Ciona intestinalis):schematische Verdeutlichung des Versuchsablaufes.
A Normales Exemplar: die punktierten Linien durch die Endröhren zeigen an, wo diese durchgeschnitten wurden.B Exemplar mit überlang nachgewachsenen Röhren; die punktierte Linie durch den Hinterkörper zeigt an, wo dieser durchgeschnitten wurde.C Dasselbe Exemplar wie B, aber auch mit regeneriertem Hinterkörper,samt regeneriertem Geschlechtsorgan.D Junges Exemplar, stammt aus dem regenerierten Geschlechtsorgan des vorigen.(Originale.)

oberhalb der Geschlechtsdrüse weg und überlassen den Vorderkörper der Regeneration nebst Bildung einer neuen Geschlechtsdrüse (Abb. 28).

Durch diese Ersatzleistung allein wird eine ganze Theorie über den Haufen geworfen, die einen großen Teil der Lebensforscher jahrzehntelang in ihrem Bann gehalten und durch eine kühne Schlussfolgerung die Ablehnung der Vererbung erworbener Eigenschaften verschuldet hatte: *Weismanns* Lehre von der „Kontinuität des Keimplasmas"; sie besagt, dass Keim immer nur von früherem Keim abstammen könne, der Keimstoff jeder neuen Generation unmittelbar vom Keimstoff der vorhergehenden Generation. Der Keim erzeugt zwar den Körper, angeblich nie der Körper den Keim.

Dieser Umkehrung haben wir aber bei der Seescheide tatsächlich beigewohnt, und analoge Beispiele sind jetzt schon fast aus jedem Stamm des Tierreiches bekannt: durch H. Driesch an Polypstöckchen *Tubularia* und an der Keulenscheide *Clavellina;* durch E. Schultz an derselben; durch Noll bei der Seegurke *Thyone fusus,* durch King bei Seesternen; durch Morgan und Stevens beim Süßwasserstrudelwurm

*Planaria luga*bris; durch Janda und Tirala beim Süßwasserringelwurm *Criodrilus lacuum;* durch Janda beim Egel *Rhynchelmis limosella*. An Bandwürmern hat Child, an Fröschen J. B. Gotenby und Kuschakewitsch, an Mäusen Edgar Allen wahrscheinlich gemacht, dass die Urkeimzellen nicht wieder aus Keimzellen, sondern aus anderen Körperzellen hervorgehen. Diese Fälle sind somit jedenfalls weitaus zahlreicher als jene, wo entwicklungsgeschichtliche Untersuchung tatsächlich die Ununterbrochenheit der „Keimbahn" nachweisen konnte. Übrigens zeigt am einfachsten jeder blumenlose Pflanzensteckling, der später dennoch zur Blüte kommt, dass der Kontinuität bestenfalls fakultative, aber gewiss keine obligatorische Bedeutung zukommt.

Langröhrige Seescheiden mit regeneriertem Keimplasma erzeugen nun gleichfalls wieder langröhrige Nachkommen (Abb. 28). Damit hoffe ich den Gordischen Knoten von Vorurteilen, der sich um die Rätselfrage der Vererbung erworbener Eigenschaften geschlungen hatte, wenn auch nicht gleich Alexander dem Großen mit dem Schwert, so doch mit dem Seziermesser sicher durchschnitten zu haben. Insbesondere glaube ich durch das zuletzt genannte Ergebnis den geläufigsten Einwand — die direkte Beeinflussung des Keimes — endgültig beseitigt zu haben.

Der lokalisierte Eingriff — das Beschneiden der Siphonen — macht ja jenen Haupteinwand von vornherein schwer anwendbar. Wir wollen uns aber trotzdem noch einmal vorstellen, dass es einen Weg dazu, einen Mechanismus direkter Übertragung gibt: während ich also oben an den Siphonen etwas abschnitzte, soll eine elementare, physikalische Wirkung hiervon unten unmittelbar in die Keimdrüse übergehen. Die Anlage, die eine entsprechende Scheinvererbung bei den Nachkommen zur Folge haben müsste, hätte sich also dort bereits festgesetzt.

Doch nun entfernen wir die ganze Keimdrüse mit allen ihren Keimzellen, allen ihren möglichen und selbst unmöglichen Anlagen. Wir warten die Entstehung einer neuen Keimdrüse ab: zu einer Zeit, da an dem Körper gar keine Eingriffe mehr geschehen, vollendet sie ihre Regeneration, gibt sie einer neuen, abermals veränderten Generation den Ursprung. Die Veränderung konnte daher nicht bereits im primären Keimstoff vorbereitet („präformiert") gewesen sein: sie konnte im letzten Falle von nirgendwo anders bezogen worden sein als aus dem gleichsinnig veränderten Körper.

Wir sind daher — Vererbung erworbener Eigenschaften betreffend — gezwungen, reuig zu den bejahenden Voraussetzungen von *Lamarck* und *Ch. Darwin* zurückzukehren. Ohne dass wir gerade die Pangenesis-Lehre *Darwins* buchstäblich adoptieren, durch die er die Vererbung erworbener Eigenschaften plausibel zu machen suchte: So vollzieht sich diese Vererbung doch zumindest grundsätzlich auf dem Wege, den die Pangenesis-Theorie vorzeichnete: durch Übertragung körperlicher Veränderungen in den Keim, also d u r c h   o r g a n i s c h e   V e r m i t t l u n g   d e s   K ö r p e r s , durch „somatische Induktion".

*

Körper und Keim

Nicht die Übertragung einer erblich gewordenen Eigenschaft, wie es bei der Seescheide Ciona unter so günstigen Umständen zu verfolgen war, wohl aber die schnelle und p r ä z i s e   W i r k u n g   e n t l e g e n e r   K ö r p e r t e i l e   a u f   d i e   K e i m e wurde in sinnreichen Experimenten von *Schiller* an Kaulquappen, Krebschen und sogar an Säugetieren offenbar: Verletzungen und Verbrennungen — z. B. wenn man einem Hüpferling den Fühler abschneidet (Abb. 29) oder einer Kaulquappe die Schwanzspitze versengt — bringen sofort einschneidende Änderungen in den Fortpflanzungszellen hervor. Ihre Reifung vollzieht sich abweichend und die färbbaren Stoffe der Keimbläschen — das „Chromatin" (vgl. S. 15), das als Vererbungssubstanz, als eigentliches „Keimplasma" gilt — gruppiert sich anders, als es ohne Eingriff der Fall wäre.

Schwere Erschütterungen im feineren Bau der Keimzellenkerne beobachtete auch Stieve an Wassermolchen (Tritonen), die er unter abnormalen Ernährungs-, Erwärmungs- und Beleuchtungsbedingungen im Aquarium hielt.

Mac Dougal erzielte durch Einspritzung von Zink- und Kupfersulfat, Kalziumnitrat und Zuckerlösungen in die Stempelorgane verschiedener Pflanzen (Genothera, Raimannia), sowie durch Radiumbestrahlung gelegentliches Auftreten von Veränderungen, die sich als erblich erwiesen; dabei zeigte sich, dass der eingespritzte Stoff in keinem Falle bis zur Samenknospe selbst vorgedrungen war; somit konnten die Veränderungen nicht durch direkte Reizung der Keimstoffe entstanden sein.

Dass jedoch eine S t o f f w a n d e r u n g   a u s   d e m   K ö r p e r   i n   d i e   K e i m e stattfindet, zeigen die sehr instruktiven Versuche von *Si-*

towski an der Motte *Tineola biselliella* (Abbildung 30), von *Riddle* an Hühnern und von *Gage* an Hühnern und Meerschweinchen: all diesen Versuchen ist gemeinsam, dass sie einen unschädlichen Farbstoff *(„Sudanrot III")* in die Nahrung oder in das Badewasser mischen, wodurch die betreffenden Tiere im lebenden Zustande rötlich gefärbt werden. Der Farbstoff lagert sich nun einerseits im Körper, besonders in dessen Fettlagern ab; anderseits dringt er in die Keimzellen ein. Die Folge davon ist, dass noch die Nachkommen, denen keine Sudanrot-haltige Nahrung mehr vorgesetzt wird, die genannte Anilinfarbe enthalten und daher rötlich gefärbt aussehen.

Abb. 29: Einauge oder Hüpferling(Cyclops). Ein kleines Krebstier süßer Gewässer: wenn der Fühler z. B. beim Strich a abgeschnitten wird, gehen ganz entfernt davon in den Eiern (siehe die Eiersäckchen an den Seiten des Hinterleibes) strukturelle Veränderungen vor sich. (Zur Illustration eines Versuches von J. Schiller.)

Sehr vielsagend ist dies bei der Motte *Tineola* (Abb. 30), deren Raupen mit Sudanrot gefüttert wurden: die Lebendfärbung bleibt dann ohne neue Farbstoffzufuhr durch Puppe, Schmetterling und Ei erhalten; die aus den Eiern kriechenden Raupen sind trotzdem ebenso rot gefärbt wie ihre Vorfahren. Durch die künstliche Färbung ist hier ein M o d e l l , e i n B i l d   d e r   V e r e r b u n g   e r w o r b e n e r   E i g e n s c h a f t e n vorgetäuscht; es zeigt den Weg, auf dem diese Vererbung sonst vor sich geht. Der dadurch bewiesene Stofftransport in die Keime entspricht ganz jenem, den *Ch. Darwin* durch seine „Pangenesis-Theorie", *Cunningham* und *Hatschek,* letzterer durch seine „Generatül-Theorie" gefordert hat. Es ist ferner durch die Färbungsmethode gezeigt, dass Partikel aus jener Substanzströmung in den Keimen abgelagert bleiben; Partikel, denen beim natürlichen Vorgang vielleicht die „Keimchen" (Anlagen, Pangene, Gene) entsprechen, welche die erworbene Eigenschaft im Nachkommen neu entfalten lassen.

Ein Naturvorkommnis, das in mehr als einer Hinsicht an die künstliche Lebendfärbung erinnert, haben wir im Zeugungskreislauf des g r ü n e n   S ü ß w a s s e r p o l y p e n *(Chlorohydra viridissima —* Abb. 31) vor uns: er verdankt seine schöne grüne Farbe nicht einem eigenen, tierischen Farbstoff, sondern einer mikroskopisch kleinen Pflanze — der „Peptonalge" *Zoochlorella conductrix —,* die in ungeheuren Mengen die innere Gewebsschicht des Polypen bewohnt. Bildet sich ein Ei zwischen Innen- und Außenschicht, so wandern die Algen massenhaft in das Ei hinüber (Abb. 32). So tritt der junge Polyp, der sich aus diesem Ei entwickeln wird, bereits versorgt mit den ihm namentlich aus Gründen der

Abb. 30: Motte Tineola biselliella: Lebendfärbung von Raupe und Ei
A durch Sudanrot III gefärbte Raupe;B gefärbtes Ei, das ein aus dieser Raupe entwickelter Schmetterling gelegt hat;b normales, farbloses Ei.(Nach Sitowski aus H. Przibram, Experimentalzoologie 3. Band.)

Sauerstoffzufuhr notwendigen Algen sein neues Leben an, ohne Notwendigkeit der neuerlichen Infektion von außen. Bereits Nussbaum sprach das im Generationszyklus geschlossene Zusammenleben von Alge und Polyp als Schulbeispiel der Vererbung einer erworbenen Eigenschaft an: nicht so sehr wegen der Einschleppung eines Fremdkörpers — denn das ist eigentlich die Alge — in den Keim; als deswegen, wie die beiden so verschiedenartigen Lebewesen — Pflanze und Tier — immer wieder gesetzmäßig aufeinander wirken. Denn e i n m a l m u s s t e n s i e e r s t m a l i g z u s a m m e n g e k o m m e n s e i n und die wechselseitige Anpassung erworben haben. Uns deutet der Algentransport ins Ei — genau wie der Transport und die Ablagerung eines leblosen Farbstoffes eben dorthin — auf die stetige Stoffwanderung aus dem Körper in den Keim: eine Substanzwanderung, von der die Anlagenteilchen für neue Eigenschaften vielleicht mitgetragen werden, die ihnen gleichsam als V e h i k e l , als Fahrgelegenheit dient.

Vererbung und Blutdrüsen

Unser Körper beherbergt drüsige Organe, deren Aufgabe im Haushalt des Lebens lange rätselhaft war. Schweiß- und Speicheldrüsen, Leber und Nieren bargen kein Geheimnis: sie besitzen Ausführungskanäle, die den erzeugten Saft seinem Bestimmungsorte und dadurch einer leicht kenntlichen Zweckbestimmung zuweisen. Zirbeldrüse, Hirnanhang, Schilddrüsen, Briesel und Nebennieren jedoch haben keinen Ausführungsgang: sie sind nur — gleich allen übrigen Organen — an den ernährenden Kreislauf angeschlossen; ihre Säfte träufeln wohl unausgesetzt in die Blutgefäße — daher der Name „Blutdrüsen" —; Menge, Art und Ziel der Säfte sind aber nicht ohne weiteres ersichtlich. Der scheinbare Mangel eines organischen Zusammenhanges mit ihrer Umgebung ließ die Blutdrüsen auch für unsere forschende Erkenntnis in dornröschenhafter Unzugänglichkeit verharren.

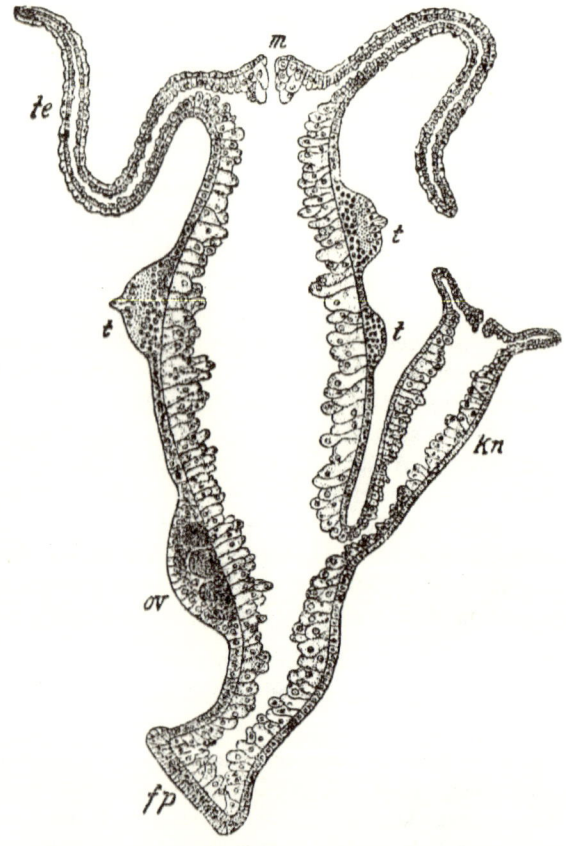

Abb. 31: Grüner Süßwasserpolyp (Chlorohydra viridissima),im Längsschnitt vergrößerte
Tentakeln (Fangarme), m Mund, t männliche, ov weibliche Geschlechtsorgane, kn Knospe, fp Fußplatte.Dient zur Orientierung für nächstfolgende Abbildung: in der Innenschicht (Entoderm) des zweischichtigen Körpers leben die Grünalgen.(Nach Koschelt und Heider, Entwicklungsgeschichte der wirbellosen Tiere.)

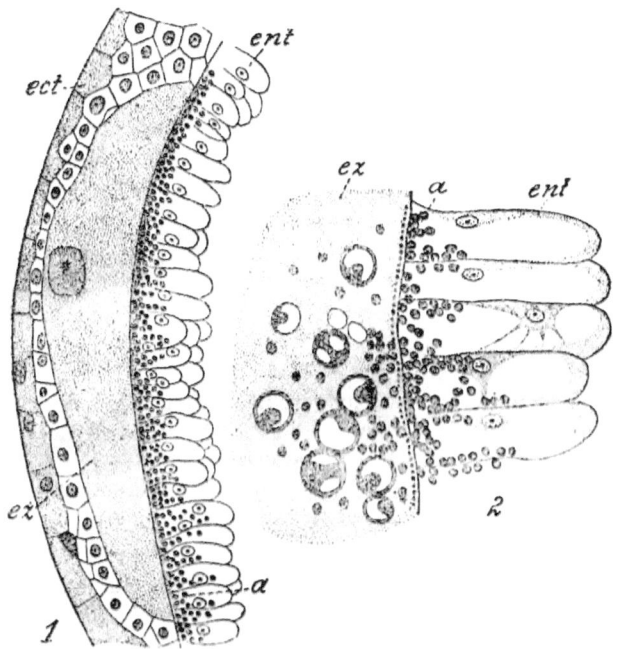

Abb. 32: Grüner Süßwasserpolyp (Chlorohydra viridissima),Schnitte durch die Leibeswand
1 mäßig stark vergrößert: zwischen Außenschicht (Ektoderm ect.) und Innenschicht (Entoderm ent) ist eine Eizelle (ez) in Bildung und Reifung begriffen. Die in der Innenschicht wohnenden grünen Algena drängen sich an der dem Ei zugewendeten Seite.2 sehr stark vergrößert: ent 5 Zellen der Innenschicht, ez ein Stück der Eizelle. Die Algen a treten ins Ei hinüber, wobei eine Anzahl(die blasenförmig aufgetriebenen) zugrunde geht(Nach Oltmanns, Morphologie und Biologie der Algen.)

Das Experiment — der planmäßige Versuch, früher in der Lebensforschung nicht angewendet — warf Licht auch in die Wunderwelt der Blutdrüsen ohne Ausführungsgang, zeigte die Wichtigkeit dieser unscheinbaren Organe, ihre Verantwortlichkeit für das richtige Zusammenarbeiten auch der übrigen Organe, für das Ebenmaß der Glieder, für Wohlgestalt und Wirkungsfähigkeit des Ganzen. Welch geistiges und körperliches Zerrbild eines Menschen entsteht beispielsweise, wenn sich die Schilddrüse nicht gehörig entwickelt! Welche Unholde wachsen auf, wenn die in den Fortpflanzungsorganen geborgene Zwischendrüse nicht die richtige Zusammensetzung erlangt!

Je tiefer wir forschen, desto unerwarteter erweitert sich der Wirkungskreis der Blutdrüsen; und allein die Tatsache, dass auch das Fortpflanzungsorgan solch ein Drüsengewebe einschließt, zeigt eine Bedeutung an, die sich nicht darin erschöpft, der P e r s o n ihre harmonische Entwicklung zu geben, sondern offenbar wird die G e n e r a t i o n, die Rasse, von der Beschaffenheit der Blutdrüsen entscheidend beeinflusst

In den Keimen (Ei und Samen) sind — gleichviel in welcher Form — die „Anlagen" derjenigen Eigenschaften enthalten, die sich später am jungen Individuum fertig ausbilden. Und zwar durften wir (S. 15, 85) die Kernschleifen (Chromosomen) der Keimzellenkerne als Träger, Vehikel oder Gefäße der Vererbung bezeichnen, welche die erblichen Anlagen in Form bestimmter Stoffe bergen und mit sich führen: im Verlaufe des Wachstums, das sich ja durch Zellteilungen (Vermehrung der ursprünglichen Keimzelle) vollzieht, werden die Erbanlagen entsprechend in alle Körperzellen verteilt.

Sind nun die Chromosomen die T r ä g e r, so sind die Blutdrüsen V o l l s t r e c k e r der Vererbung; die Chromosomen liefern die Anlagensortimente; die Drüsen machen hiervon den gehörigen Gebrauch. Denn sie kontrollieren die Zellteilungen, beschleunigen sie hier durch wachstumsanregende Stoffe, die von ihnen ausgeschieden werden; verzögern sie dort durch wachstumshemmende Substanzen. Durch Förderung wie Hemmung der Zellteilungen (daher ihr anderer Name: „Wachstumsdrüsen") sorgen sie für die richtige Verteilung und Verwertung der Anlagen; dafür nämlich, dass die Erbsubstanzen mit den sich vermehrenden Zellkernen überall hingelangen, wo man sie braucht. Nur so ist es möglich, dass aus den Erbanlagen dasjenige wirklich werden kann, wofür sie bestimmt waren.

Das „ L o k a l z e i c h e n " der Vererbung, das in allen bisherigen Vererbungshypothesen zu vermissen ist — die Ortsbestimmung gibt sich uns in der Wechselwirkung zwischen Keimplasma und innerer Sekretion zu erkennen.

Wort und Problem der organischen „Vererbung" sind einer Analogie mit dem Erbe äußerer Reichtümer entlehnt. So ist es nur am Platze, dieselbe Analogie zu besserem Verständnis auch für den gegenwärtigen Bedarf durchzuführen. Die Chromosomen gleichen insgesamt einer Sparkasse, die das ererbte Kapital verwahren und verzinsen; die Blutdrüsen gleichen dem Klienten der Sparkasse, der sein Kapital in Umlauf bringt und allenfalls (beim organischen Kapital: durch neu erworbene Eigenschaften!) vermehrt.

Es ist in der Tat recht wahrscheinlich, dass alle oder doch die meisten äußeren Bedingungen, die wir am Werke sehen, den Anlagenschatz einer Art durch neue erbliche Eigenschaften zu bereichern, sich dabei der drüsigen Vollzugsorgane bedienen. Die direkte Beeinflussung der Keimzellen reicht, wie wir erkannten, in der Regel nicht hin, um echte Erblichkeit erworbener Eigenschaften herbeizuführen; vielmehr ist nötig, dass die Körperschichten zwischen Keim und verändertem Körperteil eine überleitende Rolle spielen. Diese Vermittlung dürfte nun vorwiegend oder ausschließlich den innersekretorischen Organen zufallen. Ohne Blutdrüsenarbeit könnten neu erworbene Eigenschaften weder im Körper des unmittelbar betroffenen Individuums noch in dessen Keimplasma heimisch werden.

Diese Wahrscheinlichkeit leuchtet zunächst für die Wirbeltiere ein, weil die Wirbeltiere (Säugetiere, Vögel, Reptilien, Amphibien, Fische) das höchstentwickelte System innersekretorischer Drüsen besitzen. Hier grenzt die Wahrscheinlichkeit bereits an Gewissheit, dass es nur die inneren Sekrete (Hormone) der Blutdrüsen sind, die den Anordnungen des Keimstoffes die Durchführung gewährleisten. Ihre das Wachstum hier fördernden, dort hemmenden Stoffe sorgen — richtige Mischung vorausgesetzt — für die zweckmäßigsten Proportionen, für das richtig funktionierende Ebenmaß der Gestaltung.

Indessen ist die innere Sekretion (Inkretion) keine Eigentümlichkeit der Wirbeltiere, sondern eine allgemeine Eigenschaft der Lebewesen. Die Blutdrüse eines Wirbeltieres — z. B. eine menschliche Schilddrüse oder Nebenniere — ist nichts weiter als ein Spezialorgan für innere Sekretion; gleichwie eine Lunge oder Kieme ein Spezialorgan für Atmung, der Darm ein Spezialist der Verdauung, das Auge einer für Lichtempfängnis ist. Aber auch andere Organe und Gewebe atmen, verdauen, sind lichtempfindlich usw. Und ebenso besitzen sie alle innere Sekretion. Jedes Gewebe produziert innere Sekrete, weil jedes seinen eigenartigen Stoffwechsel hat, dessen Produkte von denen anderer Gewebe verschieden sind. Der ein Gewebe passierende Saftstrom (Blut, Lymphe, pflanzliche Säfte) wird chemisch verändert, denn er hat ja die Ausscheidungen des durchflossenen Gewebes in sich aufgenommen. Der Saftstrom nimmt aber nicht bloß auf; sondern er gibt auch ab. Und selbst verändert, gibt er natürlich andere Stoffe ab, die ihrerseits das beteilte Gewebe chemisch beeinflussen. Durch Vermittlung der in Gefäßen dahinströmenden Flüssigkeit werden daher chemische Veränderungen auf entfernteste Körperbezirke übertragen: wir gelangen zur Vorstellung, dass durch Sekretion jedes Gewebes und jeder darin enthaltenen Zelle sämtliche übrigen Gewebe und Zellen des Körpers — obgleich teilweise nur in ganz geringem Grade —, betroffen werden.

Jede beliebige Körperstelle also, die von einem äußeren Reiz getroffen wird, gibt jetzt Sekrete in erhöhtem Maße nach innen ab. Und jeder Körperteil, der von einem äußeren Reiz verändert wurde, sondert innere Sekrete von veränderter Beschaffenheit ab. Die v e r m e h r t e u n d d i e v e r ä n d e r t e innere Sekretion lässt daher a l l e ü b r i g e n K ö r p e r r e g i o n e n e t w a s v o n d e r e m p f a n g e n e n E r r e g u n g v e r s p ü r e n ; hier sind die Keimzellen inbegriffen.

Wo innersekretorische Spezialorgane (Blutdrüsen) vorhanden sind, wie bei den Wirbeltieren, wird jene Wechselwirkung sich besonders prompt und lebhaft vollziehen können; aber die gleiche Gesetzmäßigkeit gilt nicht bloß für Wirbeltiere, sondern für alle Tiere und Pflanzen. Sie gilt selbst für die Urwesen, die im Kern ihrer einzigen Zelle ein Werkzeug besitzen, das die Fähigkeiten des Keimplasmas und der inneren Sekretion, somit Zeugungs- u n d R e i z s t o f f e in sich vereinigt.

Wie nun die äußeren Kräfte, die zuerst Veränderung des Individuums, dann erbliche Variation seiner Nachkommenschaft bewirken, durch die Mittlertätigkeit der innersekretorischen Drüsen über die Vererbungssubstanz Macht gewinnen: dafür liefert uns die biologische Forschung bereits ein aufschlussreiches Beispiel.

Viele Tiere entwickeln sich nicht direkt; d. h., wenn sie aus dem Ei kriechen, sehen sie noch nicht so aus wie im erwachsenen Zustand. Sondern zwischen Eientwicklung und Reife werden unfertige oder L a r v e n z u s t a n d eingeschoben, wie wir dies beim Schmetterling sehen, der sich erst aus der Raupe, oder beim Frosch, der sich aus der Kaulquappe indirekt entwickeln muss. Es kommt nun vor, dass jene provisorischen Jugendzustände ungebührlich lange festgehalten werden; ja, dass die Verwandlung in den Endzustand ganz ausbleibt. Man nennt diese Erscheinung „Neotenie", d. h. Beibehalten jugendlich unfertiger Zustände.

Es ist sehr bemerkenswert, dass die Neotenie nur das Erreichen der normalen endgültigen Gestalt verhindert, nicht aber das Wachstum und die Erlangung der Zeugungsfähigkeit. Vollkommene Neotenie hemmt die Differenzierung, nicht aber die Größenzunahme und ebenso wenig den Eintritt der Geschlechtsreife. Total neotenische Exemplare können sich also fortpflanzen und ihre entwicklungshemmende Anomalie unter Umständen vererben.

Man lernte diese Gesetzmäßigkeit zuerst beim Axolotl *(Amblystoma mexicanum)* verstehen, der die mexikanischen Seen bewohnt. Er lebt dort zeitlebens als kiemenatmende Larve und verwandelt sich anscheinend nie oder nur ausnahmsweise in den lungenatmenden Vollmolch. Jedoch gelang es *Marie von Chauvin* unter Anwendung aller erdenklichen Nachhilfen, die Verwandlung des Axolotls künstlich zu erzwingen. Ganz seichter Wasserstand, so dass die Tiere bei jeder Bewegung mit dem Kopf außer Wasser kamen; schräg gestellter Boden, auf dem es leicht ist, das Wasser völlig zu verlassen; und ausgekochtes Wasser, worin die Kiemenatmer keine Luft mehr finden, so dass sie gezwungen werden, ihre Lungen in Betrieb zu setzen, waren die hauptsächlichen Mittel dazu; sie hatten große Sterblichkeit unter den Versuchstieren zur Folge.

Diejenigen Exemplare aber, bei denen die Umwandlung in die Landform gelungen war, erzeugten eine zweite Generation, bei der nunmehr dieselbe Umwandlung bereits ohne Zwangsmaßregeln vonstattenging; vorausgesetzt nur, dass im richtigen, verwandlungsreifen Stadium Gelegenheit, das Wasser zu verlassen, überhaupt dargeboten war. Beim Axolotl also ist die Larven- oder Wasserform der weitaus häufigere Zustand, seine Neotenie demzufolge der eigentliche „Normalzustand". Man war insofern nicht einmal so sehr im Unrecht, als man den Axolotl, bevor man seine Landform kannte, den Kiemenmolchen zuordnete, zu denen auch der Grottenolm Proteus gehört, und „*Siredon pisciforme*" benannte. Ist aber die Verwandlung der Larven- in die Landform erst in Gang gesetzt, was anfänglich unsägliche Mühe kostet, so wird die Neigung zur vollständigen Entwicklung auf die Nachkommen der umgewandelten Exemplare vererbt.

Der Axolotl wird seit den Tagen, da *M. v. Chauvin* mit ihm ihre grundlegenden Versuche ausführte, regelmäßig in Europa weitergezüchtet, aber stets in der Larvenform. Wer es heute unternehmen wollte, die

Experimente *M. v. Chauvins* zu wiederholen, würde auf schier unüberwindliche Schwierigkeiten stoßen. Denn durch die ständige Fortzucht geschlechtsreifer Larven ist der Verwandlungstrieb fast gänzlich in Verlust geraten. Jetzt ist es das B e i b e h a l t e n d e r J u g e n d f o r m (die Neotenie), die sich erblich b e i n a h e b i s z u r U n a b ä n d e r l i c h k e i t f i x i e r t hat.

Das gilt wenigstens gegenüber den äußeren Einflüssen, die *M. v. Chauvin* zur Anwendung brachte: wenig Wasser und Luftarmut dieses wenigen Wassers. Namentlich durch Forschungen von *C. O. Jensen* lernten wir jedoch seither ein anderes Mittel kennen, durch dessen Anwendung wir die hartnäckigsten Axolotl-Larven, noch dazu in jedem beliebigen Stadium veranlassen können, sich zu verwandeln: und dieses wirksame Mittel besteht in der V e r f ü t t e r u n g o d e r s o n s t i g e n E i n v e r l e i b u n g v o n S c h i l d d r ü s e n. Die hierzu dienenden Schilddrüsenstücke dürfen beliebigen Tieren, also auch Haussäugetieren, von denen sie in Schlächtereien erhältlich sind, entnommen werden; denn die innersekretorischen Substanzen sind keineswegs artspezifisch.

Der gelungene Versuch, ein Tier von so geringer Verwandlungsbereitschaft, wie es der mexikanische Axolotl ist, durch Überfluss an Schilddrüsensubstanz verwandlungsreif zu machen, findet wertvolle Ergänzung in Versuchen mit anderen Amphibienlarven. Bei den gewöhnlichen Triton-, Salamander- und Froschlarven ist der Verwandlungstrieb normalerweise so stark, dass sie selbst in tiefem Wasser und selbst, wenn man sie hindert, an die Oberfläche zu kommen, nicht davon abgehalten werden können, ihre Kiemen, ihren Flossensaum einzuschmelzen, ihre Lungen auszubilden und was sonst noch zur Umbildung in die Landform gehört. Sie ertrinken, falls sie nicht rechtzeitig an Land gerettet werden. Dieser u n w i d e r s t e h l i c h e V e r w a n d l u n g s t r i e b erlischt aber sofort, wenn man den Frosch- und Molchlarven die eigenen Schilddrüsen entfernt. Umgekehrt werden dieselben Larven, wenn mit Schilddrüsen gefüttert, dazu veranlasst, sich auf ganz abnorm verfrühten Stadien in winzig kleine Frösche und Molche zu verwandeln.

S o m i t i s t d i e S c h i l d d r ü s e j e d e n f a l l s e i n e s v o n d e n i n n e r s e k r e t o r i s c h e n O r g a n e n, w e l c h e d i e V e r w a n d l u n g d e r A m p h i b i e n b e h e r r s c h e n: d i e M e n g e v e r f ü g b a r e r S c h i l d d r ü s e n h o r m o n e s t e h t i m g e r a d e n V e r h ä l t n i s z u r S t ä r k e d e r V e r w a n d l u n g s b e r e i t s c h a f t, im verkehrten Verhältnis zur Zeitdauer, die zur Verwandlung beansprucht wird. Doch ist die Schilddrüse keineswegs das einzige derartige Organ, das die Umwandlung einleitet und durchführt, befördert oder auch hemmt.

Füttert man Kaulquappen mit Thymusdrüsen, so wird deren Verwandlung verzögert oder verhindert. Entfernung der Thymusdrüse regt umgekehrt die Schilddrüse zu vermehrter Tätigkeit an und lässt als unmittelbare Folge die Geschlechtsorgane ungewöhnlich groß werden. Entfernung der Hirnanhangsdrüse (Hypophysis) erzeugt Riesenlarven, die sich überhaupt nicht verwandeln; letzteres jedenfalls mittelbar durch die gleichzeitige Verkümmerung der Schilddrüse. Entfernung der Zirbeldrüse (Epiphysis) lässt die Quappen schneller wachsen und zeitig in die Verwandlung eintreten, die trotzdem unvollendet bleibt. Derartige Versuche über die innersekretorische Bedingtheit der Verwandlung sind nunmehr bereits von einer großen Zahl von Forschern durchgeführt: es seien nur *Adler, Babak, Gudernatsch, C. O. Jensen, Hanko, M. A. van Herverden, L. Kaufman, Laufberger, Novikoff, Romeis, Swingle* und *Uhlenhuth* genannt. Sehr wichtige, neue Erkenntnisse sah ich bei meinem Besuche in *Crew's* Department for animal breeding der Universität Edinburgh (Schottland) durch Hogben sowie in *Harrisons's* Zoologischem Laboratorium der Yale-Universität zu New Haven angebahnt.

Die erwähnten Gesetzmäßigkeiten stehen also außer Zweifel; und wären sie allein bekannt, so müsste man schließen, dass die Verwandlung und demzufolge der Entwicklungszustand im Alter der Geschlechtsreife, daher auch das Aussehen der ganzen Gattung (ob Larvenform, ob höher entwickelte Form) von inneren Kräften verursacht wird. Denn der Blutdrüsenmechanismus gehört ja durchaus der Innen- und Eigenwelt des Organismus an.

Wie konnte dann aber *Al. v. Chauvin* durch äußere Kräfte über ihre der Verwandlung Widerstand leistenden Axolotl Macht gewinnen und deren neu erwachten Verwandlungstrieb sogar erblich werden lassen? Desgleichen fand *Powers* in außergewöhnlich mannigfaltigen Versuchen, dass äußere Umstände, die er alle auf Ernährung zurückführt, bei der Verwandlung des Axolotl maßgebend sind.

Und von diesem Experiment unterscheidet sich eine andere, zufällige Erfahrung nur dadurch, dass es sich hier nicht darum handelte, bei einem Tiere, das sich gewöhnlich nicht verwandelt, die Verwandlung überhaupt zu erzielen; sondern nur darum, eine regelmäßig eintretende Verwandlung auffallend zu beschleunigen. Der Ochsenfrosch *(Rana catesbyana = mugiens)* braucht in Nordamerika 2—3 Jahre, um sich aus der Kaulquappe in den fertigen Frosch zu entwickeln. Da man seine muskulösen Schenkel als wohlschmeckende Speise schätzte, wurde der Ochsenfrosch in Japan akklimatisiert; allein es stellte sich heraus, dass seine Quappen in den dortigen Zuchtteichen nur 4 Monate benötigen, um sich zu verwandeln, daher keinen einzigen Winter im Larvenzustand verbringen.

Hierzu kommt nun noch ein eigenes Experiment mit der **Geburtshelferkröte** *(Alytes obsietricans),* **das die um**gekehrte Richtung verfolgt: nicht Erzwingung oder Beschleunigung, sondern **Verzögerung** oder womöglich **Verhinderung der Verwandlung**. Ich lernte allmählich Dunkelheit, Kälte und Luftreichtum des Wassers, Mästung nach vorausgegangener knapper Ernährung und vorzeitige Entnahme des Embryos aus dem Ei als Faktoren kennen, welche den Termin der Verwandlung in die Kröte hinausschieben. Mit jedem einzelnen dieser äußeren Mittel erzielte ich Larven, die sich zwar nicht rechtzeitig verwandelten und bereits im Larvenzustand stattliche Größe erlangten, schließlich aber doch noch, und zwar — das ist das Wichtige — vor Eintritt ihrer ersten Fortpflanzungsperiode zu fertigen Kröten wurden. Die Nachkommenschaft, welche von solch verspätet umgewandelten Kröten erzeugt wurde, verwandelte sich stets zur normalen Zeit, hatte also den abweichenden Entwicklungsgang nicht ererbt.

Es bedurfte der Kombination aller zuvor genannten verwandlungshemmenden Faktoren, um eine **geschlechtsreife Krötenlarve** zu erlangen: ihre Nachkommen, obwohl aus künstlicher Besamung der einzigen (weiblichen) Larve durch ein gewöhnliches, vollentwickeltes Männchen gewonnen, kamen jahrelang nicht über das Stadium mit Hinterbeinen hinaus und offenbarten gar keinen Verwandlungstrieb.

Widersprechen nun all diese Versuche, welche äußere Einflüsse (Temperatur, Beleuchtung, Ernährung, Luftgehalt und Menge des Wassers), in Bezug auf die Verwandlung wirksam zeigen, jener anderen Reihe von Versuchen, welche die große Rolle der inneren, und zwar innersekretorischen Einflüsse bewiesen? Häufig geschieht es ja, dass solche Schlüsse gezogen werden: dass insbesondere der Entdecker einer inneren Wirksamkeit die Unwirksamkeit äußerer Bedingungen damit eo ipso schon für erwiesen hält; und umgekehrt. Im Falle der Verwandlung sind nun aber beiderlei Wirksamkeiten (äußere und innere) reich belegt. Meiner Meinung nach liegt denn auch keinerlei Schwierigkeit vor, die **beiden Versuchsgruppen in schönsten Einklang** zu bringen.

Die **äußeren Kräfte** wirken zunächst auf die **Blutdrüsen**, veranlassen sie zu quantitativ und qualitativ geänderter

Sekretionstätigkeit. Nun erst reagiert der übrige Körper; wo die Hand des Experimentators unmittelbar in das Triebwerk der Drüsen eingreift, sind andere „äußere" Kräfte entbehrlich geworden. Was hier für das Verwandlungsproblem mit Sicherheit ermittelt ist, gilt vermutlich für das gesamte Variationsproblem; und bei der Variation jener Lebewesen, die keine Spezialorgane für innere Sekretion besitzen, erfüllt die allgemeine innere Sekretion der Gewebe die gleiche Aufgabe.

Da wir endlich die mehr mittelbaren äußeren wie die unmittelbaren inneren Wirkungen erbliche Resultate gewinnen sähen, so folgt, dass auch die Vererbung erworbener Eigenschaften mit innersekretorischen Vorgängen zusammenhängt. Wir nannten die innersekretorischen Organe „Vollstrecker der Vererbung"; sie sind es nicht nur, indem sie dem Anlagenmaterial ermöglichen, an die richtige Stelle zu gelangen und sich zur fertigen Eigenschaft zu entfalten; sondern sie sind es auch, weil sie zwischen Körper und Keim, zwischen Außenwelt und Innenwelt vermitteln.

Lassen wir uns die so glücklich durchgeführte Analyse der Amphibienverwandlung zur Warnung dienen! Niemals sollen wir einseitig zugunsten der äußeren oder inneren Faktoren entscheiden! Unausweichlich wirken stets beide zusammen, um Veränderungen und deren Vererbung zu bewerkstelligen! Die Wirkung der äußeren Faktoren auf den lebenden Stoff setzt dessen Fähigkeit zur Rückwirkung voraus: die Verkennung dieser Selbstverständlichkeit hat zu zahllosen Missverständnissen geführt und dadurch der Wissenschaft vom Artenwandel unberechenbaren Schaden zugefügt!

Es gibt an Säugetieren ermittelte Fälle — also näher zum Menschen — wo derselbe Zusammenhang wenn möglich noch deutlicher vor Augen tritt. *Steinach* und ich beobachteten, dass das Zwischengewebe der Keimdrüse an Umfang gewinnt, wenn Ratten in erhöhter Temperatur gehalten werden. Geschieht dies mit mehreren, aufeinander folgenden Generationen, so steigert sich die übermäßige Entwicklung der Zwischendrüse von einer Generation zur anderen. Auch hier hat die Veränderung des genannten, innersekretorischen Gewebes mancherlei Veränderungen im Äußeren des Tieres und in seinem Benehmen zur Folge; Veränderungen, die gleichfalls von Generation zu Generation in der Hitze gesteigert werden.

Der schönste Fall wird neuerdings von *Voronoff* gemeldet: er nimmt einen *Widder* europäischer Rasse, dessen Wolle fünf Zentimeter lang ist; er pflanzt ihm eine überzählige Keimdrüse ein, und in wenig Monaten erreicht die Wolle des Widders eine Länge von dreißig Zentimetern, d.

h. vier bis fünf Zentimeter mehr als die beste australische Wolle. *Voronoff* behauptet, nach vier bis fünf Generationen sei die Einpflanzung überzähliger Keimdrüsen, deren innere Sekretion das Wachstum der Wolle so sehr begünstigt, gar nicht mehr nötig: die eigenen Keimdrüsen seien mittlerweile innersekretorisch um so vieles leistungsfähiger, das erhöhte Wachstum zum erblichen Rassenmerkmal geworden, so dass Europa nach 10—12 Jahren eine Schafrasse besitzen wird, deren Wollertrag den der australischen Schafe übertrifft. Und nochmals sehen wir den Zusammenhang von Außen- und Innenfaktor: Wenn das aus Europa eingeführte australische Schaf seinen Wollertrag so sehr gesteigert hat, so verdankt der Züchter diesen Umstand jedenfalls dem Klima Australiens, das unmittelbar die Keimdrüsen der Schafe zu vermehrter Sekretionsfähigkeit anregt. Es ist gar nicht unmöglich, dass wir denselben klimatischen Einfluss dafür verantwortlich machen dürfen, der sich in *Steinachs* und meinen Rattenzuchten als wirksam erwies.

Gegenwärtig sind Therapie und Hygiene der Blutdrüsen in mächtigem Aufschwung begriffen. Auch rassenhygienische Verwertung bleibt diesem Grenzgebiete zwischen Biologie und Medizin nicht mehr versagt. Die Verbesserung der Säftemischung durch die moderne Hormon- und Organotherapie wird vermutlich auch für die Nachkommen der in ihrem Gesamtzustand günstig beeinflussten Personen nicht ohne gute Folgen bleiben, — selbstverständlich bei Eingriffen, die nicht Unfruchtbarkeit zur Folge haben. Die durch Röntgentherapie — Reizbestrahlung innersekretorischer Drüsen — erreichte Verbesserung der Stillfähigkeit mag sehr wohl auf die Töchter nachwirken, gleichwie umgekehrt die Ammenwirtschaft ersichtlich eine erbliche Verschlechterung der Säugefähigkeit in manchen Gegenden (Südmähren, Spreewald) zur Folge hatte. Wieder einmal stehen wir an der Schwelle ungeahnter Möglichkeiten.

Pfropfbastarde

Noch vor wenig Jahren durfte man es als eine Regel aussprechen, dass aufeinander gepfropfte Körperteile sich in ihren spezifischen Eigenschaften nicht beeinflussen. Seit uralten Zeiten machen die Gärtner hiervon Gebrauch, indem sie Obst- und Blumensorten „veredeln". Die Veredlung gelingt, weil das Pfropfstück (E d e l r e i s) in seinen vorzüglichen Eigenschaften von einem minderwertigen Stamm (W i l d l i n g) nicht beeinträchtigt wird.

Das unabhängige Verhalten von Stammstück *(Substrat)* und Pfropfstück *(Transplantat)* wurde als Wahrscheinlichkeitsbeweis gegen die

Vererbung erworbener Eigenschaften benützt. Auf den ersten Blick vermisst hier vielleicht der Leser jeden Zusammenhang; er ist aber dennoch in folgender Form gegeben:

Sollen wir Vererbung erworbener Eigenschaften annehmen dürfen, so muss der Körper fähig sein, die Eigenschaften seiner Teile ins Keimplasma überzuleiten („Somatische Induktion" — vgl. S. 21f.). Die Körperteile müssen also überhaupt die Fähigkeit besitzen, aufeinander einzuwirken und organische Eigenschaften weiterzugeben. Statt dessen sehen wir im Pflanzen- wie im Tierreich, dass dies in der Regel nicht zutrifft.

Kaulquappen verschiedener Froscharten *(Born, Harrison)*, Puppen verschiedener Schmetterlingsarten *(Crampton)*, verschiedene Arten von Regenwürmern *(Joest)*, verschiedenfarbige Exemplare des Haarsternes *(Antedon rosaceus — Przibram)* und andere bewahren, wenn künstlich zur Verwachsung gebracht, ihre eigenen Merkmale. Noch an dem aus künstlich zusammengesetzten Larven verwandelten Tier erkennt man daher scharf die Grenze, wo z. B. ein von *Harrison* verwendeter Vorderleib des Sumpffrosches *(Rana palustris)* aufhört und der ihm angegliederte Hinterkörper eines Leopardfrosches *(Rana pipiens = virescenz)* anfängt.

Die Unfähigkeit gepfropfter Stücke, Eigenschaften auszutauschen, gestattet den Rückschluss, dass auch zwischen Körper und Keim eine derartige Wechselwirkung nicht besteht. Das Keimplasma erscheint als Transplantat im übrigen Körper oder — mit *Weismann* zu sprechen — als dessen Parasit. Gleich einem Schmarotzer ernährt sich zwar der Keim von der Unterlage, in der er „zufällig gerade liegt", bezieht aber dessen charakteristische Eigenschaften ebenso wenig, wie etwa ein Bandwurm menschliche Eigenschaften annimmt, weil er im menschlichen Darm lebt.

Die Unabhängigkeit des Pfropfstücks von seiner Unterlage, verglichen der Unabhängigkeit des Keimplasmas von seinem Körper wird besonders anschaulich, wenn eine Keimdrüse (also das Keimplasma selbst) als Pfropfstück gedient hatte. Die Unabhängigkeit d i e s e s Pfropfstücks bewährt sich sogar noch an den aus der gepfropften Keimdrüse entstandenen Nachkommen: sie erben ihre Eigenschaften von ihren wirklichen Eltern und nicht von demjenigen Individuum, in das die betreffende Keimdrüse künstlich übersiedelt worden war.

Von dem auf S. 65 vorgeführten Fall muss hierbei abgesehen werden; hier schafft sich eine experimentell gezüchtete Streifenzeichnung der „Tragamme" im Eierstock eines gefleckten Weibchens Geltung. Wir versuchten, gerade diesen Fall und den von *Finkler* bei der Vertauschung von Insektenköpfen ermittelten — die einzigen, wo die Unabhängigkeitsregel der Transplantation mit Bezug auf e r w o r b e n e Eigenschaften geprüft wurde — zu erklären und zu zeigen, wie an ihnen alle zu Ungunsten der Vererbung erworbener Eigenschaften auf Transplantation gebauten Schluss scheitern.

Wo immer jedoch sonst sauber operiert, d. h. wo die ganze erbgesessene Keimdrüse r e s t l o s herausgenommen und eine fremdrassige an ihre Stelle gesetzt wurde, entsprechen die Merkmale der Nachkommen ihrer ursprünglichen Herkunft und nicht dem Nährboden, auf dem sie ihre Entwicklung absolvierten.

Zwar auch dabei gibt es kleine Unstimmigkeiten. In einem schon auf S. 101 erwähnten Versuch von *Guthrie*, die Eierstöcke schwarzer und weißer Leghorn-Hennen zu vertauschen, schien ein Prozentsatz weißer, schwarz gesprenkelter Küchlein vom Gefieder der Tragamme beeinflusst zu sein. Indes machte *Davenport* wahrscheinlich, dass die gefleckten Küchlein aus nicht entfernten Resten des alten Eierstockes stammten und ganz einfach Bastarde zwischen weißen Hennen und schwarzen Hähnen (oder umgekehrt) waren. Nicht so wahrscheinlich lässt sich dieselbe Auslegung bei einem gleichlautenden Ergebnis von *Magnus* an schwarzen und weißen Kaninchen, deren Eierstöcke er vertauschte, anwenden.

Wir sind einigermaßen berechtigt, diesen Schluss zu ziehen, mit Rücksicht auf die Mehrheit anderer Fälle, wo sich die eingepflanzte Keimdrüse ihre Unabhängigkeit von der Unterlage bewahrte. Hierher gehört der auf S. 42ff. besprochene Salamanderfall, wenn die Streifung der Tragamme nicht künstlich gezüchtet, sondern naturgegeben war. Hierher gehören ferner folgende Versuche.

Bei der uns von S. 81 wohlbekannten S e e s c h e i d e *(Ciona intestinalis)* — einem Zwitter — können die Eier eines Individuums nur vom Samen eines anderen Individuums befruchtet werden, während sie gegen das eigene Sperma ohne Anwendung künstlicher Reizmittel (z. B. Äther laut *Morgan)* immun sind. *Morgan* (1910) transplantierte Ciona-Eier in ein fremdes Exemplar und fand, dass sie dadurch weder die Immunität gegen das Sperma des Körpers einbüßten, worin sie ursprünglich gewachsen waren, noch Immunität gegen das Sperma des Wirtskörpers erwarben.

Heape (1898) verpflanzte von weißen A n g o r a k a n i n c h e n befruchtete, in Entwicklung begriffene Eier des weißen Angorakaninchens in graue belgische Kaninchen. Die Tragamme brachte trotzdem echte Angorakaninchen zur Welt. Bei diesem Versuch wäre zu bedenken, dass es bereits junge Embryonalstadien waren, die verpflanzt wurden, kein undifferenziertes Keimplasma; infolgedessen war eine Beeinflussung durch die Tragamme hier vielleicht am wenigsten zu erwarten.

Castle und *Phillips* (1909, 1911) verpflanzten den Eierstock eines schwarzen M e e r s c h w e i n c h e n s in ein weißes und kreuzte es mit einem ebenfalls weißen Männchen: es wurden zwei Junge geboren, welche trotzdem rein schwarz waren; schwarz sind aber auch alle Jungen aus einer Kreuzung von schwarzem und weißem Meerschweinchen (Abb. 21). Der „schwarze" Eierstock ist also durch seinen Aufenthalt im weißen Weibchen keineswegs „aufgehellt" worden.

Genau denselben Versuch, mit demselben Ergebnis, aber an reichlicherem Material führte *B. Wiesner* (1923) mit Eierstöcken schwarzer R a t t e n aus, die er in weiße Weibchen verpflanzte. *Wiesner* bediente sich einer neuen Transplantationstechnik (der selbsthaltenden oder „autophoren" Transplantation *Przibrams)* und setzte den fremden Eierstock in die Tube der Tragamme, weil er dort ohne Anwendung von Nähten einheilt, den geringsten Degenerationserscheinungen unterliegt und außerdem die sicherste Gewähr bietet, dass die Eier von den befruchtenden Samenzellen erreicht werden, also Nachkommenschaft erzielt wird.

Sofern dieser Versuch zur Lösung des Vererbungsproblems beitragen soll, begegnet er jedoch dem Einwand, dass sich die Beeinflussung vom Körper her vielleicht nicht geltend machen kann, wenn der E i e r s t o c k n i c h t a n s e i n e r z u s t ä n d i g e n S t e l l e sitzt. Für seine Befruchtungsfähigkeit und für die innere Sekretion (Ausbildung der weiblichen Geschlechtsmerkmale) ist dies erwiesenermaßen nicht nötig; für diese Funktionen kommen keinerlei nervöse Reizleitungsvorgänge in Frage. Doch muss erst mit Sicherheit festgestellt werden, ob es nicht für das richtige Funktionieren des Vererbungsmechanismus nötig ist, dass die Keimdrüse in die ihr zukommenden Nervenbahnen eingeschaltet bleibt.

Noch einem anderen, vielleicht wichtigeren Einwand begegnet das zuletzt besprochene Pfropfexperiment: wir wissen durch Kreuzungsversuche, die der *Mendel*schen Regel gehorchen, dass häufig die Anwesenheit desselben Merkmales bei dem einen Erzeuger dominant ist über Abwesenheit desselben Merkmales beim anderen Erzeuger *(Batesons* „ P r e s e n c e - A b s e n c e - T h e o r i e ") . Daher ist die unmittelbare

Nachkommenschaft einer Kreuzung von Schwarz mal Weiß: schwarz. Der erbliche Einfluss desjenigen Elternexemplares, das sich im Besitze des Farbstoffes befand, schlägt durch und gleicht den Mangel an Farbstoff bei dem anderen Elternexemplar gewissermaßen aus. Diese Erscheinung ist in der Tat auch bei der Kreuzung schwarzer mit weißen Meerschweinchen zu beobachten, wie solche dem vorhin besprochenen Pfropfungsversuch von *Castle* und *Phillips* dienten; sowie bei der Kreuzung schwarzer mit weißen Ratten, die dem analogen Versuche von *B. Wiesner* dienten. Wenn nun die geschlechtliche Mischung zeigt, dass Gefärbtes das Ungefärbte schlägt, nicht aber umgekehrt Ungefärbtes das Gefärbte ausbleicht: müssen wir dann nicht ein ähnliches Verhalten im Pfropfungsversuch erwarten? Ist es nicht zu viel verlangt, dass ein sozusagen „schwarz veranlagter" Eierstock „entfärbt" werden soll von einem Körper, der seinerseits pigmentlos ist? Ist es nicht viel wahrscheinlicher, dass ein „farblos veranlagter" Eierstock — wie wir es in den Pfropfungen von *Guthrie* mit Hühnern und *Magnus* mit Kaninchen sehen — durch Einfluss eines pigmentierten Körpers „geschwärzt" würde?

Im großen und ganzen könnte man auf Grund der bisher erwähnten Pfropfungen — seien sie nun mit Keimmaterial oder mit differenzierten Körperteilen ausgeführt — die U n a b h ä n g i g k e i t s r e g e l der Transplantation immerhin noch als belegt ansehen und die daraus abgeleiteten, der Vererbung erworbener Eigenschaften ungünstigen Folgerungen akzeptieren.

Andererseits sagt die Unabhängigkeitsregel etwas aus, was auch für die Keimplasmalehre nicht günstig lautet. Sie beraubt das Keimplasma eines seiner Privilegien: denn dieselbe „Unabhängigkeit" — wofern es eine ist —, die für das Verhältnis z w i s c h e n K e i m u n d K ö r p e r gefordert wird, besteht ebenso z w i s c h e n b e l i e b i g e n a n d e r e n K ö r p e r t e i l e n. N u n wissen wir aber doch, dass die Körperteile zusammenarbeiten und in mannigfachster Weise aufeinander abgestimmt sind. Obgleich sie in der Regel — wenigstens im gepfropften Zustande — ihre Eigenschaften nicht austauschen, so ist doch das Schicksal keines Körperteiles von dem eines anderen wirklich unabhängig.

Hierzu kommt nun noch, dass die Unabhängigkeitsregel der Transplantation — wie neuere Erfahrungen lehren — mannigfaltige Ausnahmen erleidet. Sie ist keineswegs ein biologisches G e s e t z, sondern eben nur eine R e g e l häufigen Vorkommens. Folgende Fälle will ich noch nicht zu den Ausnahmen rechnen.

PFROPFBASTARDE

Wenn bei der Verwachsung verschiedenartiger Schmetterlingspuppen *(Crampton)* die Färbungen an der Verwachsungszone ein wenig ineinander übergehen, so beruht dies nur auf Diffusion der Farbstoffe, nicht auf einer Änderung ihrer Produktion in den angrenzenden Zellen. Einfache D i f f u s i o n s vorgänge erklären es auch, wenn bei Verwachsung einer nikotinhaltigen mit einer fast nikotinfreien Tabakpflanze nach einiger Zeit in letzterer ebenfalls mehr Nikotin nachzuweisen ist *(Grafe* und *Linsbauer);* oder Atropin in der ungiftigen Kartoffel bei ihrer Verwachsung mit dem giftigen Stechapfel *(Meyer* und *Schmidt).*

Das Größerwerden eines Gerstenkeimlings, der im Nährgewebe eines Weizenkornes eingeschlossen wurde, sowie das Kleinerwerden desselben, wenn er in ein Haferkorn eingeschlossen wurde *(Stingl),* erklärt sich zur Genüge aus den dort günstigeren, hier ungünstigeren E r n ä h r u n g s b e d i n g u n g e n, ohne dass man nötig hätte, einen Austausch von Artmerkmalen anzunehmen. Wird das Auge *(Uhlenhuth),* die Kieme *(Kornfeld)* oder Haut *(Weigl)* einer jüngeren Salamanderlarve auf eine ältere verpflanzt oder umgekehrt, so verwandelt sich das Transplantat gleichzeitig mit der ganzen Larve, vorausgesetzt, dass ein genügender Spielraum an Zeit bis zur Verwandlung gegeben ist. Dies kann darauf beruhen, dass das Transplantat, auf einem schon größeren Körper reichlicher ernährt, dessen vorgeschrittene Entwicklung einholt; und dass es, auf einem noch kleinen Körper unterernährt, in der Entwicklung entsprechend zurückblieb. Auch hier muss also noch keine spezifische Beeinflussung der Formbildung zur Erklärung herangezogen werden.

Desgleichen erwiesen sich die meisten sogenannten „Pfropfhybride", wenn sie als Ausnahme von der Unabhängigkeitsregel gewertet werden sollten, als trügerische „C h i m ä r e n ". Die Botaniker und Gärtner kannten seit Langem eine Anzahl pflanzlicher Zwischenformen, deren Merkmale zwischen denen ihrer Stammformen die Mitte hielten; dabei waren sie erwiesenermaßen nicht durch geschlechtliche Kreuzung, sondern durch Pfropfung entstanden.

H. Winkler hat die Zahl jener „Pfropfbastarde" um viele vermehrt, die er aus T o m a t e *(Solanum lycopersicum)* u n d s c h w a r z e m N a c h t s c h a t t e n *(Solanum niger)* gewann. Er pfropfte z. B. ein Reis der Tomate auf einen Stamm des schwarzen Nachtschattens; alle Seitensprosse, die nun aus dem Stamm oder aus dem Pfropfreis (also in beiden Fällen aus artreinem Bereich) kamen, schnitt er sofort weg; dadurch zwang er die Pflanze, gerade aus dem Grenzbereich zwischen Stamm und Reis — also aus dem Verwachsungsgewebe — Sprosse auszutreiben. Und diese Sprosse vereinigten die Merkmale von Tomate und schwarzem Nachtschatten in den verschiedensten Kombinationen.

Trotzdem stellte sich bald heraus, dass Tomate und schwarzer Nachtschatten sich sogar als „Pfropfbastarde" — oder richtiger „Chimären", wie sie nunmehr von *H. Winkler* genannt wurden — ihre G e w e b e a r t r e i n erhalten hatten. Wo diese Gewebe nebeneinander wuchsen, war dies ohne Weiteres zu erkennen: Ein Spross gehörte z. B. in seiner linken Hälfte deutlich der Tomate, in seiner rechten Hälfte dem schwarzen Nachtschatten an. Ging die Grenzlinie mitten durch ein Blatt, so glich selbst die halbe Blattfläche dem gelappten, hellgrünen, behaarten Tomatenblatt, die andere Hälfte dem unzerteilten, dunkelgrünen, wenig behaarten Nachtschattenblatt.

Man sagt in diesem Falle, der Vegetationskegel (Knospe oder Zone, wo das Wachstum vor sich geht) war „sektorial geteilt" (ungefähr senkrecht zu ihrer Oberfläche) und nennt eine derartige Mittelform „ S e k t o r i a l c h i m ä r e ". Gärtnerische Liebhaberei hat eine solche seit dem 17. Jahrhundert in Gestalt der italienischen Bizarria hervorgebracht, einer Sektorialchimäre aus Orange, Zitrone und Limone, bei der die säuberliche Trennung der Merkmale — unbeschadet dessen, dass sie sich an ein und demselben Baum verbinden — gelegentlich bis in die Früchte hineinreicht: es gibt solche, die artreine Orangen-, Zitronen- und Limonenspalten in sich vereinigen.

Schwieriger war der Chimärencharakter zu entlarven, wo die gepfropften, artrein bleibenden Gewebe nicht nebeneinander, sondern übereinander wachsen. Man sagt dann, der Vegetationskegel ist „periklinal geteilt" (ungefähr parallel zur Oberfläche) und nennt eine derartige Mittelform „ P e r i k l i n a l c h i m ä r e ". Außer einer Anzahl der von *H. Winkler* kultivierten Formen, die wiederum aus Tomate und schwarzem Nachtschatten zusammengepfropft waren, gehören zwei seit langer Zeit den Gärtnern bekannte Chimären hierher: *Laburnum Adami* ist nach *Macjerlane* und *Buder* nichts anderes, als ein gewöhnlicher Goldregen *(Laburnum vulgare),* der in der Haut von *Cytisus purpureus* steckt; ferner ist *Crataegomespilus* nach *Baur* nichts anderes, als ein gewöhnlicher Weißdorn *(Crataegus monogyna),* der in einer Haut der Mistel *(Mespilus germanica)* steckt.

Spemann hat aus zweierlei Molcharten, die er in frühen Keimstadien vereinigte, t i e r i s c h e C h i m ä r e n hergestellt; dasselbe vollbrachten — unter Benutzung unterschiedlich anderen Materials — *Braus, Goetsch* und *Schaxel.*

Ein Produkt von *Winklers* Pfropfung jedoch, das Solanum Darwinianum, vermochte bis jetzt nicht als „Chimäre" nachgewiesen zu werden und ist aller Wahrscheinlichkeit nach ein e c h t e r   P f r o p f b a s t a r d. Die Artzugehörigkeit der Zellen lässt sich in zweifelhaften Fällen am genauesten durch Zählung der Kernschleifen oder Chromosomen (vgl. S. 15) feststellen. Alle Körperzellen der Tomate enthalten je 72, die des schwarzen Nachtschattens 24 Chromosomen. Nun muss man annehmen, dass behufs Bildung eines echten Pfropfbastardes zwei Körperzellen (je eine von der Tomate und vom schwarzen Nachtschatten) in der Verwachsungszone miteinander verschmolzen sind, wie sonst nur Keimzellen verschmelzen, und dabei ihre Chromosomensortimente ebenfalls vereinigten. Diese verschmolzene Zelle müsste daher ursprünglich 72 + 24 = 96 Chromosomen besessen haben. Diese Ziffer ist nachträglich durch einen der bei Chromosomen bekannten Reduktionsprozesse auf die Hälfte herabgesetzt worden; und so finden wir denn in den Körperzellen des Pfropfbastardes Solanum Darwinianum 48 Chromosomen.

Durch diese Auswahl und Kombination aus den Chromosomenziffern 72 und 24 der Stammformen ist die Annahme einer Zellverschmelzung (K o p u l a t i o n) im Verwachsungsgewebe gerechtfertigt. Das Keimplasma ist dadurch in einem weiteren seiner Privilegien eingeschränkt worden: nicht bloß Keimzellen, sondern gelegentlich auch Zellen des übrigen Körpers besitzen die Fähigkeit, zum Zwecke der Befruchtung zu verschmelzen und so den Ausgangspunkt einer neuen Entwicklung, eines neuen Individuums zu liefern.

Die w i r k l i c h e n   A u s n a h m e n von der Unabhängigkeitsregel der Transplantation beschränken sich gegenwärtig nicht mehr auf den echten Pfropfbastard *Solanum Darwinianum*. Vielmehr sind heute namentlich aus dem Tierreich „pfropfhybride" Bildungen in größerer Auswahl bekannt.

Ein männlich angelegter Körper, dem Eierstöcke eingesetzt wurden, nimmt weibliche Eigenschaften an. Ein weiblicher Körper, dem Hoden eingesetzt wurden, nimmt männliche Formen und Triebe an *(Steinach)*. Aber auch die eingesetzten Geschlechtsdrüsen bleiben nicht unverändert, sondern schmelzen wenigstens vorübergehend ihr Keimgewebe ein, um an dessen Stelle dem Zwischengewebe größeren Raum zu gewähren.

Einzelne Körperteile, auf ein Individuum entgegengesetzten Geschlechtes überpflanzt, nehmen dort die Gestalt dieses Geschlechts an. Der Kammmolch *(Molge [Triton] cristata)* trägt zur Paarungszeit im männlichen Geschlechte längs der Rückenmitte einen gezackten Hautkamm; in seiner Färbung ist dieser Kamm von der Farbe des übrigen Rückens (dunkelbraun) nicht verschieden. Im weiblichen Geschlechte ist die Mittellinie des Rückens rinnenförmig vertieft und oft lebhaft gelb gefärbt. Überträgt man diesen gelben Hautstreifen auf ein Männchen, dessen Haut längs der Rückenmitte zuvor abgetragen worden war, so treibt er unter Beibehaltung seiner schwefelgelben Farbe in der nächsten Paarungsperiode einen hohen, gezackten Kamm empor *(Bresca)*.

Der Bergmolch *(Molge [Triton] alpestris)* hat eine orangerote, fleckenlose Bauchseite. *Taube* stülpte ein Stück dieser Bauchhaut manschettenförmig über das zuvor enthäutete Molchbein. Hier verwandelte sich Bauchhaut in Beinhaut: sowohl in Bezug auf Farbe, als in Bezug auf die Form der Hautdrüsen. Der Versuch fällt ebenso aus, wenn *Taube* statt der Beine des Bergmolches, von dem auch die verwendete Bauchhaut stammt, Beine des großen Kammmolches *(Molge cristata)* oder des kleinen Teilmolches *(Molge vulgaris)* als Unterlage der Hautmanschetten benützte.

Bei den Vertauschungen der Schwänze, die *Schaxel* an schwarzen und weißen Axoloteln, der Augäpfel, die *Koppanyi* an verschiedenen Wirbeltieren, wie ganzer Köpfe, die *Finkler* an Insekten vornahm, zeigt sich oft wechselseitige Beeinflussung der Farben an Substrat und Transplantat. Der Insektenrumpf, der einen artfremden Kopf aufgesetzt erhielt, ändert seine Farbe entsprechend derjenigen Insektenart, der der Kopf entnommen wurde. Ein gelb geränderter Schwimmkäfer *(Dytiscus marginalis)* z. B. mit dem Kopfe eines pechschwarzen Wasserkäfers *(Hydrophilus piceus)* verliert die gelben Ränder seiner Flügeldecken und wird pechschwarz. Ähnliche Erfahrungen machte *Burbank* mit pflanzlichen Pfropfreisern: Solche einer einjährigen Pflanzenart z. B. empfangen — auf den Stamm einer mehrjährigen Pflanze gesetzt — von dieser Unterlage aus die entsprechende Verlängerung ihrer Lebensdauer. - - -

Wie wir in allen vorausgehenden Kapiteln sahen, war der Zuchtversuch — die Hauptdomäne zur Prüfung der Vererbungsfragen — nicht imstande, die Vererbung erworbener Eigenschaften zu widerlegen. Man suchte bei einem ganz anderen Gebiete biologischer Methodik Zuflucht, um hier Gegenbeweise zu finden, die dort nicht zu finden waren: bei der Pfropfung oder Transplantation. Wir sind der Vererbungsforschung nunmehr auch dahin gefolgt und schließen abermals mit dem Ergebnis ab, dass der Tatbestand in seiner Gänze kein prinzipielles Hindernis bildet, die Vererbung erworbener Eigenschaften als möglich anzusehen. Denn ein Vermögen der lebenden Substanz, Merkmale örtlich begrenzter Körperteile auf andere, näher oder ferner benachbarte Körperteile zu übertragen, besteht zu Recht. Doch besteht dieses Vermögen — genau wie die im Zuchtversuch erprobte Vererbung erworbener Eigenschaften selbst — nur in gewissen Fällen, unter ganz bestimmten Bedingungen, die nunmehr der weiteren Erforschung harren und ihr offen liegen.

„Gastgeschenke" und „Fernzeugung"

Bestäubt man Fruchtblüten einer gelbkörnigen Maisrasse mit dem Pollen einer blaukörnigen Rasse, so sind die Körner der Mischlinge blau. Blau ist in *Mendels* Sinne „dominant" über Gelb.

Nun besteht das Maiskorn aus dem Keimling *(Embryo)* und aus einem Nährgewebe *(Endosperm)*. Nur der Keimling ging aus der befruchteten Eizelle hervor; vom Nährgewebe glaubte man bis vor kurzem, es sei rein mütterlichen Ursprunges. Trotzdem zeigt es sich in der väterlichen Eigenschaft der blauen Farbe. Diese Farbe schien es also durch eine Art von Fernwirkung, durch Überleitung vom Keimling empfangen zu haben. Ein derartiger Vorgang würde abermals auch die „somatische Induktion" als Voraussetzung der Vererbung erworbener Eigenschaften näher bringen.

Man nannte Vorkommnisse, wie das geschilderte bei der Maiskreuzung, „ X e n i e n " (Gastgeschenke). Welcher Triumph für die Gegner der Vererbung erworbener Eigenschaften, als sich die Annahme einer Fernübertragung von Eigenschaften bei der Xenien-Entstehung als Irrtum erwies! Das Nährgewebe trägt nämlich ebenfalls väterliche Stoffe in sich.

Die Bestäubung der Blütenpflanzen (wohl auch des Mais) ist eine D o p p e l b e f r u c h t u n g : wenn der Blütenstaub auf der Narbe auskeimt, trägt der Pollenschlauch durch den Griffel zwei männliche Zellen *(Spermatozoen)* in den Fruchtknoten hinab. Das eine Spermatozoon dringt, wie üblich, in die Eizelle ; das zweite aber verschmilzt mit einer der anderen Zellen, in die sich die Samenknospe bis zum Augenblicke der Befruchtung teilt. Beide befruchteten Zellen sind nun zur Entwicklung angeregt und beginnen mit Zellteilungen; aber nur die Eizelle bringt es zu einem richtigen Embryo; der zweite Keim liefert einen Zellenhaufen, der dem bevorzugten Keimling als Nahrung dient. In der Samenknospe entstehen also eigentlich zwei Keimlinge, die beide aus einer befruchteten Keimzelle stammen; aber der eine bleibt rudimentär und wird zum Nährgewebe. Kein Wunder, wenn beide — weil beide mit väterlichen Zeugungsstoffen versehen — auch väterliche Eigenschaften aufweisen.

Für die von A p f e l s o r t e n gebildeten Xenien gilt diese Erklärung n i c h t : denn die Scheinfrucht des Apfels erwächst aus dem Blütenboden, einem mütterlichen Gewebe, das von keinerlei zweitem Spermatozoon erreicht wird. Trotzdem zeigen Fruchtfleisch und Schale zuweilen Merkmale derjenigen Sorte, die den Blütenstaub geliefert hat.

Hatten sich die meisten „Xenien" des Pflanzenreiches für die Lehre von der Vererbung erworbener Eigenschaften eher als Danaer- denn als Gastgeschenke herausgestellt, so sind dafür e c h t e X e n i e n im Tierreich entdeckt worden, — freilich ohne dass selbst ihr Entdecker, *A. v. Tschermak,* dies richtig anerkennen will.

Kreuzt man weibliche Kanarienvögel mit irgendeiner anderen Finkenart (z. B. Distelfink, Girlitz, Zeisig, Gimpel), so zeigt die Schale der Eier, aus denen die Bastarde zu erwarten sind, nicht etwa bloß die charakteristische Zeichnung der mütterlichen, sondern unverkennbar auch die Zeichnung der jeweiligen väterlichen Art. Die Eischalen werden von besonderen Drüsen des Eileiters abgesondert, während das Ei auf seinem Wege aus dem Eierstock nach außen durch den Eileiter hindurchgleitet. Die äußeren Umhüllungen der tierischen Eizellen (die harte Eierschale inbegriffen) sind rein mütterlicher Herkunft. Hier findet, soweit irgend bekannt, keine Doppelbefruchtung statt: Ein einziges Spermatozoon dringt in das Ei.

Wenn nun die rein mütterlichen Bedeckungen des Eies väterliche Merkmale aufweisen, so bilden diese im Tierreiche ein wirkliches „Gastgeschenk". Der Name „Xenien" sollte sinngemäß auf die von *A. Tschermak* entdeckten tierischen Fälle angewendet und aus der Botanik entfernt werden. Will man aber den Nomenklaturregeln der Naturgeschichte folgen und die zuerst für botanische Vorkommnisse geprägte Bezeichnung dort beibehalten — einerlei, ob sie dort ihren Sinn behält oder nicht —, so darf man die zoologischen Vorkommnisse von nun an nicht mehr Xenien nennen.

Auf eine entfernte Möglichkeit, dass auch sie als unecht entlarvt werden, muss ich noch aufmerksam machen. Bei jeder Begattung gelangen Millionen männlicher Keimzellen in die Geschlechtswege des Weibchens. Nur je eine einzige aber dient zur Befruchtung eines Eies. Was geschieht mit den übrigen? Man setzt voraus, dass sie zugrunde gehen und entweder ausgeschieden oder vom umgebenden Gewebe aufgesogen (resorbiert) werden. Im letzteren Falle würden sie dem weiblichen

Organismus nur als Nahrung dienen und keinerlei strukturbestimmende Wirkung ausüben.

Nun will aber Kohlbrugge gesehen haben, dass die Spermatozoen noch bei Lebzeiten aktiv in das weibliche Gewebe eindringen. Wenn *Kohlbrugge* Recht behält, wäre allerdings die Möglichkeit gegeben, dass auch die Drüsen des Eileiters, welche die Eischalen erzeugen, in der Richtung auf väterliche Eigenschaften unmittelbar beeinflusst werden. Dann gäbe es auch keine tierischen „Xenien"; dann wäre von der Annahme irgendwelcher Fernübertragung in diesem ganzen Gebiete abzusehen. Wird dadurch der Lehre von der Vererbung erworbener Eigenschaften eine Stütze entzogen, so taucht seltsamerweise — gerade indem wir an jene halb vergessene Möglichkeit anknüpfen — ein uralter Züchterglaube auf, der jene Lehre von einer anderen Seite her unterstützt: Der Glaube an die sogenannte „T e l e g o n i e " oder Fernzeugung.

Jede Befruchtung soll bei einer Reihe weiterer Befruchtungen nachwirken. Ist beispielsweise eine Schäferhündin, sagen wir, von einer Bulldogge gedeckt worden, so soll nicht bloß die Nachkommenschaft, die dieser Ehe entsprießt, aus Bastarden bestehen; sondern wird dieselbe Schäferhündin in späteren Jahren von einem ihr ebenbürtigen Schäferhundrüden besprungen, so zeigen die mit letzterem gezeugten Jungen angeblich immer noch Merkmale des ersten Gatten. Deshalb gilt vielen Züchtern ein rassereines Weibchen für immer als entwertet, wenn es auch nur einmal Samen einer fremden Rasse empfing.

Dieser Glaube, der mit unseren modernen Vorstellungen vom Wesen der Befruchtung schwer in Einklang zu bringen war, galt als widerlegt, seitdem namentlich *Ewart* seine Unhaltbarkeit bei Kreuzungen zwischen Hauspferden und Tigerpferden nachgewiesen hatte. Eine Stute, die von einem Zebra gedeckt worden war, gebar zwar auch später noch Fohlen mit Andeutungen einer Streifenzeichnung an den Beinen, obwohl diesmal ein gewöhnlicher Hengst der Vater gewesen war; allein es stellte sich heraus, dass derartige Streifungen bei Fohlen überhaupt sehr häufig Vorkommen, auch wo von einer Tigerpferd-Befruchtung niemals die Rede war.

Wieder war es *A. v. Tschermak* Vorbehalten, durch seine Kreuzungen weiblicher Kanarienvögel mit verschiedenartigen Finkenmännchen, ferner durch Kreuzungen verschiedener Hühnerrassen der Telegonie eine neue Grundlage zu geben. Die Eischale trägt, wie vorhin ausgeführt, merkwürdigerweise väterliche Eigenschaften: befruchtet man z. B. eine Henne, die sonst stets weißschalige Eier legt, mit dem Hahn einer Rasse, die braunschalige Eier produziert, so besitzen von nun an die Eier jener

Henne eine bräunliche Schale. Ja sie behalten diese Färbung, selbst wenn die Henne von nun ab von einem Hahn getreten wird, der gleich ihr einer Rasse mit weißschaligen Eiern angehört. Desgleichen sind auf den Eischalen eines Kanarienvogels, der z. B. von einem Gimpel befruchtet wurde, bei mehreren folgenden Gelegen die Strichzeichnungen und Sprenkel des Gimpeleies nachzuweisen, sogar wenn die zu den späteren Gelegen führenden Befruchtungen von einem Kanarienhahn geleistet wurden.

Es ist meine Pflicht, darauf hinzuweisen, dass der Entdecker all dieser hochinteressanten Erscheinungen, *A. v. Tschermak,* sie nicht etwa im Sinne einer Fernwirkung und daher zugunsten der Vererbung erworbener Eigenschaften deutet. Er erklärt vielmehr ausdrücklich, eine derartige Auslegung seiner Befunde käme „selbstverständlich" gar nicht in Betracht. Denn „selbstverständlich" gibt es ja keine Vererbung erworbener Eigenschaften: diese Schlussfolgerung ist heute bereits zur Voraussetzung geworden!

Jedenfalls wurden wir durch *A. v. Tschermak* zu Zeugen von Vorgängen, die sich mit unseren derzeitigen Vorstellungen über Befruchtung und Vererbung kaum vertragen. Wir müssen darauf gefasst sein, dass diese wichtigen Beobachtungen noch manch ein anderes wissenschaftliches Dogma bis in seine Grundlagen erschüttern, nicht bloß das Dogma der Unvererbbarkeit erworbener Eigenschaften! Sollte daraus nicht die Mahnung folgen, es zu Dogmenbildungen in der Wissenschaft lieber gar nicht erst kommen zu lassen?

Warum Verstümmelungen sich nicht vererben!

Der bis zum Auftreten *Weismanns* (1882) so selbstverständliche Glaube an die Vererbung erworbener Eigenschaften ist ursprünglich durch die Erfahrung, dass V e r s t ü m m e l u n g e n sich nicht vererben, erschüttert worden. Vielleicht mehr als seine Kontinuitätstheorie und die sich daraus ergebenden Schlüsse, hat ein berühmter Zuchtversuch von *Weismann* dahin gewirkt: er schnitt weißen Mäusen durch 22 Generationen jedes mal bald nach der Geburt die Schwänze ab, immer mit dem Ergebnis, dass die Neugeborenen abermals Schwänze von normaler Länge aufwiesen. Darauf „wichen", sagt *Bode* (Neue Weltanschauung 1920, S. 52), „viele Lamarckianer schweigend zurück".

Sie hatten wenig Ursache dazu: denn erstens ist eine Verstümmelung keine erworbene, eher schon eine „verlorene" Eigenschaft. Will man sie als solche gelten lassen, so war es jedenfalls sehr voreilig, sich mit der Nichterblichkeit einer einzigen Eigenschaft, die einem eng begrenzten, mechanischen Gebiete angehört, zu begnügen und darnach die erworbenen Eigenschaften in Bausch und Bogen für nicht erblich zu erklären. Denn seit *Lamarck,* der an die Erblichkeit „a l l e r im individuellen Leben erworbenen Veränderungen" glaubte, hat ja niemand mehr eine so weitgehende Behauptung gewagt.

Zweitens aber ist die Verstümmelung wirklich keine Eigenschaft des Lebewesens. Eine organische Eigenschaft kann nach *Semon* nur darin bestehen, wie ein Lebewesen auf eine Einwirkung antwortet: Die Antwort jedoch auf eine Verstümmelung kann nur in der Wundheilung und — wenn möglich — im Ersatz des Verlorenen bestehen; R e a k t i o n a u f e i n e V e r s t ü m m e l u n g i s t d i e R e g e n e r a t i o n. Die Verstümmelung ist die Einwirkung, auf welche reagiert werden soll, aber nicht selbst bereits eine Eigenschaft, die vererbt werden soll. Was nach einer Verstümmelung vererbt werden kann, sahen wir deutlich im Beispiele der Seescheide *Ciona intestinalis:* Vererbt wurde dort etwas von der Eigenart dessen, was an Stelle des verlorenen Organes nachgewachsen war, in unserem Falle die übermäßige Wachstumskraft des Ersatzgebildes.

In vielen anderen Fällen aber kann der Elternorganismus selbst eine derartige Ersatzleistung nicht mehr vollbringen: es wächst entweder weniger nach, als in Verlust geraten war, oder es wächst gar nichts nach. Letzteres trifft bei *Weismanns* Versuchstier zu: schon die neugeborene Maus ist nicht mehr imstande, einen abgeschnittenen Schwanz zu ersetzen. Wohl aber ist der Embryo auf entsprechend frühen Stadien hierzu imstande. Die Embryonalentwicklung ist ja eine gedrängte Wiederholung der Stammesentwicklung: auf dem „Seescheiden-Stadium" z. B., wenn ein solches durchlaufen würde, wäre der Embryo befähigt, all das bei Verlust nachwachsen zu lassen, was die fertige Seescheide nachwachsen lassen kann. Auf noch früheren Stadien wäre die Regenerationsfähigkeit entsprechend noch größer. Mit einem Wort, j e d e r O r g a n v e r l u s t, d e n d a s f e r t i g e T i e r e t w a n i c h t m e h r e i n b r i n g e n k a n n, w ü r d e s i c h s c h o n d e s h a l b b e i d e n N a c h k o m m e n n i c h t m e h r v o r f i n d e n, w e i l l e t z t e r e i h n w ä h r e n d i h r e r K e i m e s e n t w i c k l u n g l ä n g s t a u s g e g l i c h e n h ä t t e n.

Höchstens, wenn der Verlust so knapp vor die Zeugung fiel, dass dem Keim und Keimling nicht mehr Zeit blieb, die entsprechenden, ihm entzogenen Stoffe wiederzubilden: höchstens in diesem Falle wäre ein

Wiedererscheinen des Defektes mit unseren biologischen Begriffen nicht ganz unvereinbar. Eben aus dieser Überlegung geht zugleich hervor, wie unvollständig und daher unbeweisend der Mäuseversuch *Weismanns* ausgeführt war: nicht nur junge Mäuse vor der Geschlechtsreife hätte er ihrer Schwänze berauben dürfen, sondern auch e r w a c h s e n e T i e r e   m ö g l i c h s t   k n a p p   v o r   d e r   E m p f ä n g n i s   u n d B e f r u c h t u n g. In einem derartigen, mehr gelegentlich gewonnenen Falle, den *Hammerschlag* an Tanzmäusen (Abb. 33) beobachtete, sind dann die Jungen verstümmelter Eltern tatsächlich stummelschwänzig geboren worden.

Wie wenig hier das letzte Wort gesprochen ist, zeigen P f r o p f u n g s v e r s u c h e   v o n   *Hermann Braus*   m i t   K a u l q u a p p e n - V o r d e r b e i n e n. In unserer knappen Beschreibung der Froschlarven-Entwicklung (S. 29 — Abb. 6) wurde erwähnt, dass zuerst die Hinterbeine, später die Vorderbeine zum Vorschein kommen. Dieses ungleichzeitige Erscheinen hat aber seinen Grund nicht darin, dass die Vorderbeine sich erst nachher entwickeln: Arme und Beine entwickeln sich gleichzeitig, aber jene bleiben zunächst unter der die Kiemenhöhle überziehenden Haut verborgen, welch letztere von der fertig ausgebildeten, raumbedürftigen Gliedmaße schließlich durchstoßen wird. Dieser Durchbruch macht ganz den Eindruck des Gewaltsamen: er geschieht auf der einen (meist rechten) Seite oft etwas früher als auf der anderen; und wie ein kurzer, zerfetzter Ärmel schlottert bisweilen die durchgerissene Haut um den hervorgestreckten Arm.

Um sicher zu gehen, dass der Arm imstande ist, die Haut mit Gewalt zu durchbohren, verpflanzte *Braus* V o r d e r b e i n k n o s p e n   u n t e r d i e   R ü c k e n h a u t, wo sie ebenso heranwuchsen, wie am gehörigen Ort, und ebenso zur gehörigen Zeit die ortsfremde Haut durchlöcherten.

Was geschieht mittlerweile an derjenigen Hautstelle, die dem normalen Standorte der Vordergliedmaße gegenüberliegt und normalerweise durchlöchert wird? Auch ohne dass sich jetzt eine Platz heischende Extremität dagegen stemmte (denn diese war ja auf den Rücken versetzt worden), wurde die Haut dünn und durchsichtig; ja in manchen Fällen (nicht allen) bildete sich inmitten des durchscheinenden Fensters ein Perforationsloch, kleiner zwar als das normale, aber unverkennbar und für eine feine Sonde deutlich tastbar. *Braus* selbst zieht daraus den Schluss, dass der in zahllosen Generationen ausgeübte Druck und das Zerreißen der Kiemendeckelhaut eine „M e c h a n o m o r p h o s e" erzeugt haben, die gegenwärtig bereits ohne Druck und Riss erblich festsitzt und abgeschwächt zum Vorschein kommt.

WARUM VERSTÜMMELUNGEN SICH NICHT VERERBEN!

Abb. 33: Japanische Tanzmäuse.
Oben Mutter mit verstümmeltem Schwanz; unten zwei Junge, stummelschwänzig geboren. Die punktierten Linien geben die normale Länge des Schwanzes an. (Als Vererbung einer Verstümmelung darf der Fall nicht ohne weiteres gedeutet werden!)(Nach Hammerschlag, Archiv f. Entwicklungsmechanik, 33. Bd., 1911.)

Abb. 34: Ameisenknollenpflanze (Myrmecodia)
Links ganze Pflanze, rechts durchschnitten, Mitte Sämling; m Mündung der inneren Hohlräume nach außen, v primäre (ohne Ameisen entstandene) Eingangspforte.(Aus Kammerer, „Genossenschaften von Lebewesen".)

Vielleicht ist das eigentümliche Wachstum der A m e i s e n - K n o l l e n p f l a n z e n *(Myrmecodia* [Abb. 34], *Myrmedoma* und *Myrmephytum)* auf Urwaldbäumen der hinterindischen Inseln ähnlich zu beurteilen: sie besitzen einen stacheligen, kartoffelförmig aufgetriebenen, ganz kurzen Stängel, in dessen Innerem sich ein Labyrinth von Kammern und Gängen entwickelt, welches in der Natur von Ameisen bewohnt zu sein pflegt. Man hatte immer angenommen, dass es eben die Ameisen selbst sind, die jenes System von Wohnräumen und die nach außen führenden Löcher ausnagen, dadurch auch die gedunsene, gallenartige Gestalt der ganzen Pflanze verursachen.

Sämlinge von *Myrmecodia echinata* jedoch, die im Botanischen Garten zu Prag aufgezogen wurden, entwickelten ganz ohne Zutun tropischer Ameisenvölker, die es ja dort im Gewächshaus nicht gab, sowohl Eingangspforten als auch Hohlräume im Inneren der — ebenfalls ganz wie sonst — gedrungenen Knollen. Daraus wurde freilich eiligst gefolgert, es handle sich bei diesen Einrichtungen nicht um Anpassungen an die Ameisen; sondern erst nachträglich suchten die Ameisen die sich ihnen bietende, aber seit je von selbst entstehende Wohnungsgelegenheit auf. Mir liegt ein anderer Schluss näher: die erste Vermutung war richtiger: ä u ß e r e w i e i n n e r e F o r m d e r *M y r m e c o d i a* s i n d in der Tat das Erzeugnis der Ameisen. Nur haben sie ihre minierende Tätigkeit auf so viele Generationen der von ihnen bevorzugten Pflanzen wirken lassen, dass sie sie mit der Zeit in die dadurch bedingte, neue Art des Wachstums hineindrängten. Deshalb bedarf es heute ihrer Kauarbeit nicht mehr, um die mittlerweile erblich gewordene „Mechanomorphose" ins Werk zu setzen.

Dafür, dass die Entstehungsgeschichte der Ameisen-Knollenpflanzen hiermit zutreffend gezeichnet ist, spricht in gewissem Sinne auch ihre schmarotzende Lebensweise auf Bäumen, die heute ganz obligat ist, aber aus der Gewohnheit der Ameisen ihren Ursprung genommen haben dürfte, Samen auf Baumstämme empor zu schleppen und in gleichfalls mitgeschleppten Humuskrümchen dort auszusäen. Manche Gewächse dieser „hängenden Gärten" werden, obwohl ursprünglich nur auf dem Erdboden gedeihend, auf Baumstämmen heimisch und passen sich ganz dem „epiphytischen" Standort an. Das ist offenbar bei den Myrmecodien der Fall gewesen; und so ist die Vermutung, dass auch ihre übrigen seltsamen Anpassungserscheinungen auf ihr Zusammenleben mit Ameisen zurückgeführt werden müssen, umso berechtigter.

Vererbung von Verstümmelungsfolgen

Soviel mag genügen, um zu zeigen, dass nicht einmal die längst im negativen Sinne erledigt geglaubte Frage nach der Vererbung von Verletzungen bisher ihre volle, befriedigende Aufklärung gefunden hat. Vielmehr sind neue Versuche hierzu sehr erwünscht. Im allgemeinen dürfen wir aber heute gewiss von der Annahme ausgehen, dass nicht Verstümmelungen, sondern Verstümmelungsfolgen (in ihrer Eigenschaft als Reizreaktionen des verstümmelten Lebewesens) sich vererben.

Hiervon lieferte uns die Seescheide Ciona ein überzeugendes Beispiel. Ein anderes sind die Versuche von Blaringham am pennsylvanischen Mais *(Zea Maas pennsylvanica* — Abb. 35): *Blaringham* schnitt den Haupthalm ab oder verdrehte ihn: als Folge davon erschienen schon bei den Mutterpflanzen die verschiedensten abnormalen Bildungen, von denen ein Teil bei den Sämlingen wiederkehrte, insbesondere zwitterige Bildungen. Normalerweise ist die Maispflanze zwittrig nur in der Art, dass der Halm auf seinem Gipfel eine Rispe trägt, die nur aus männlichen oder Staubblüten besteht; dagegen in den Blattwinkeln die Kolben, welche nur aus weiblichen oder Fruchtblüten bestehen. Zwittrig am Mais ist also die Pflanze als Ganzes; die einzelnen Blütenstände sind getrennt geschlechtlich. Im Gefolge der mechanischen Eingriffe von *Blaringham* werden aber die Blütenstände auch in sich zwittrig: zwischen den Körnern auf den Kolben ragen Staubblätter, also männliche Organe hervor; und die Spelzen der gipfelständigen Staubblüten sind in fedrige Narben, also in weibliche Empfängnisorgane umgestaltet. Beides wird erblich; außerdem eine Neigung zur F r ü h r e i f e , abweichende Stängelgestalten und Blattziffern.

Vererbung von Verstümmelungsfolgen erhielt Blaringham auch an der zwei- und vierzeiligen G e r s t e , an S e n f und S p i n a t ; *Klebs* a m E h r e n p r e i s *(Veronica chamaedrys)* u n d a n d e r H a u s w u r z *(Sempervivum acuminatum).*

Vererbungsversuche an Pflanzen

Um noch überzeugender darzutun, dass dieselbe Gesetzmäßigkeit, die wir bisher vorwiegend im Tierreich gültig sahen, auch im ganzen Pflanzenreich in Geltung bleibt, sei noch ein botanisches Beispiel für Vererbung erworbener Eigenschaften beigebracht. Ich wähle die Anbauversuche von *Cieslar* mit F i c h t e n *(Picea excelsior* — Abb. 36), deren Samen in verschiedener Seehöhe — bei 1600 m, bei 800 m und in einem nordischen Tiefland — geerntet, nachher aber alle in gleicher Seehöhe (bei 200 m) in nebeneinanderliegenden Versuchsbeeten zur Keimung gebracht wurden. Diese Sämlinge wachsen verschieden schnell; obwohl gleich alt, haben doch die Fichten, deren Vorfahren bei 800 m standen, in derselben Zeit (binnen 3 Jahren) ansehnlichere Größe erlangt als Fichtensämlinge aus dem Hochgebirge oder gar die Kümmerlinge aus dem hohen Norden. Es darf vorausgesetzt werden, dass letztere langsamer wachsen, weil ihre Vorfahren im rauen Klima langsamer wuchsen; und dass die anderen schneller wachsen im Maße, als das mildere Klima tieferer und südlicherer Lagen ihren Vorfahren gestattete, rascher zu wachsen. Daher erscheint die Erblichkeit dieser Wachstumsverschiedenheiten erwiesen: Trotz d e s f ü r a l l e d r e i S o r t e n g l e i c h g e w o r d e n e n K l i m a s s i n d d i e W a c h s t u m s g e s c h w i n d i g k e i t e n d e s S t a n d o r t e s d e r A h n e n e r b l i c h b e i b e h a l t e n w o r d e n.

Der Nachweis, dass sie auf die angebauten Sämlinge vererbt wurden, wird schwerlich anzufechten sein; wir müssen uns aber dem in Rede stehenden Beispiele gegenüber bewusst bleiben, dass der N a c h w e i s, d i e W a c h s t u m s g e s c h w i n d i g k e i t e n s e i e n t a t s ä c h l i c h k l i m a t i s c h e r w o r b e n w o r d e n, s t r e n g e g e n o m m e n n i c h t e r b r a c h t ist: er beruht nur auf einer — allerdings sehr wahrscheinlichen — Annahme. Der Mangel dieses Nachweises, der dem Erblichkeitsnachweis vorausgehen sollte, haftet den Aussaatversuchen von *Bordage* mit Pfirsichen nicht an.

In Europa wirft der P f i r s i c h b a u m *(Prunus persica)* i m Herbst sein ganzes Laub ab, bleibt den Winter hindurch kahl und ergrünt erst wieder im darauffolgenden Frühjahr. In den Tropen dagegen ist der Pfirsichbaum ein i m m e r g r ü n e s G e w ä c h s. Sät man nun aus Europa bezogene Pfirsichkerne auf Reunion aus, so werfen die daraus gewachsenen Bäumchen trotz des Tropenklimas noch 10 Jahre lang allwinterlich und regelmäßig ihr gesamtes Laub ab. Später wird der Laubwechsel unregelmäßiger, die Periode der Kahlheit wird kürzer; aber erst nach 20 Jahren ist ein von Bordage *„Subpersistance du feuillage"* genannter Zustand erreicht, in welchem völlige Blattlosigkeit nicht mehr eintritt. Sät man jetzt die Kerne solch immergrün gewordener Bäume aus, so sind die daraus gezogenen Sämlinge sofort ebenso nahezu immergrün wie die Eltern; und zwar sogar dann, wenn die Aussaat — statt in den heißen Niederungen der Küste — bei 1000 m Seehöhe erfolgt, wo die übrigen, dort wachsenden Pfirsiche dauernd s o m m e r g r ü n bleiben, d. h. dauernd den periodischen Blattabwurf beibehalten.

Somit dürfen wir auch auf Grund der zuletzt besprochenen Beispiele das Vorkommen der Vererbung erworbener Eigenschaften als erwiesen ansehen: Der B e w e i s d a f ü r g i l t u n s n u n m e h r f ü r d a s T i e r r e i c h w i e f ü r d a s P f l a n z e n r e i c h a l s g e s i c h e r t . Diesen beiden Reichen der lebenden Natur pflegt man heute ein Drittes anzureihen, recht eigentlich die Grundlage oder Wurzel, aus der sich die beiden gewaltigen Stammbäume der Pflanzen- und der Tierwelt erheben: das Reich der U r w e s e n oder P r o t i s t e n . Gibt es auch hier Vererbung erworbener Eigenschaften?

Vererbungsversuche an Protisten

Das Protistenreich umfasst all jene kleinsten Lebewesen, die Zeit ihres Lebens nur aus einer einzigen „Z e l l e" bestehen. „Zelle" heißt die Mindestmenge lebenden Stoffes, die — soweit bekannt — für sich allein noch ein selbständig lebensfähiges Wesen (einen „Elementar-Organismus") zu bilden imstande ist. Die Zelle besteht der Hauptsache nach aus Zellenleib und Zellkern, zuweilen ist sie von einer Zellhaut (Membran) umgeben. Sie vermehrt sich auf den tiefsten Stufen ihrer Organisation nur durch „T e i l u n g", durch Zerfall in zwei oder mehr Stücke, die alsbald wieder Form und Einrichtung der ganzen Zelle annehmen. Bei höher entwickelten Urwesen tritt aber schon jedes mal, wenn sie durch einige Hundert oder tausend ungeschlechtliche Zellteilungen hindurchgegangen sind, Verschmelzung je zweier Zellen ein, also ein Geschlechtsakt.

Die Urwesen sind bisher längst nicht in dem Maße, als sie es verdienen, Gegenstand von Veränderungsversuchen gewesen. Am ehesten ist es noch bei krankheitserregenden Urwesen (Bakterien, Trypanosomen) der Fall gewesen, wo die Forderungen der Heilkunde zu fleißigerer Arbeit drängten: in Bezug auf die physiologischen Wirkungen ihres giftigen Stoffwechsels („V i r u l e n z"), aber auch in Bezug auf ihre Ge-

Abb. 35: Pennsylvanischer Mais (Zea Mays pennsylvanica)
Erbliche und nicht-erbliche Abänderungen, durch Verstümmelung oder Verdrehung des Haupthalmes hervorgerufen. Man beachte ganz links unten die Fruchtblüte, die auch ein Staubgefäß trägt; ferner in der unteren Reihe auf schwarzem Feld den umgekehrten Fall, Staubblüten, deren Spelzen zum Teil oder durchweg in Narben umgewandelt sind; endlich zwischen den schwarzen Feldern die kleine Fruchtähre, die einer neuen frühreifen Rasse (var. praecox) angehört.(Nach Blaringhem.)

Abb. 35: Fichten (Picea excelsa)
Drei Jahre alt, bei 200 m Seehöhe aus Samen gezogen. Herkunft der Samen (von links nach rechts):
1 (links) aus dem Achental, Tirol, bei 1600 m,
2 (Mitte) aus dem Achental bei 800 m, 3 (die zwei kümmerlichsten Säuglinge rechts) aus Finnland.
(Nach Cieslar.)

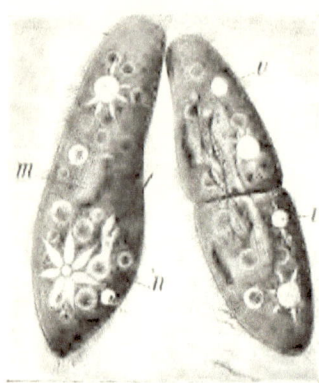

Abb. 36: Pantoffeltierchen (Paramaecium) Zwei Exemplare, das rechts befindliche vor der Teilung (mit Teilungsfurche). Die Abbildung ist nur als Orientierung für die schematischen Figuren der folgenden Abbildung bestimmt, m Zellkern (Macronucleus), n Nahrungsvakuolen (von aufgenommener Nahrung erfüllte Bläschen), v pulsierende Vakuole (Ausscheidungsorgan). (Nach Pfurtschellers Zoologischer Wandtafel.)

stalten sind die Bakterien und Trypanosomen zu reichen Umwandlungen, zu natürlicher und künstlicher Rassen- und Artbildung befähigt. Unter den Forschungen aus neuerer Zeit, die sich damit beschäftigen, möchte ich hier besonders auf diejenigen von *H. Braun, F. Wolf, Jollos* und *Jennings* verweisen.

Dem Nachweise der Vererbung erworbener Eigenschaften stellt sich bei den Urwesen — ganz abgesehen von den Einwänden, die derartige Untersuchungen im Tier- und Pflanzenreiche erschweren — auch noch das Hindernis der ungeschlechtlichen (vegetativen) Fortpflanzung entgegen. Die Mehrzahl der Biologen betrachtet diese nämlich als etwas, was von der uns geläufigeren, zweigeschlechtlichen Fortpflanzung grundsätzlich verschieden ist. Und nur, was durch geschlechtliche Fortpflanzung den Nachkommen übermittelt wurde, wird richtig als „vererbt" angesehen; ja nur dann dürfe erst von „Nachkommen" im Verhältnisse zu „Vorfahren" gesprochen werden; hingegen bilden angeblich alle durch Teilung erzeugten Individuen miteinander ein einziges Gesamtindividuum, nicht anders, als wenn eine Pflanze Knospen austreibt, die am Stock verbleiben und mit ihm zusammen ein einziges Exemplar ausmachen.

Es würde mich hier zu weit führen, des näheren darzulegen, auf wie schwachen Füßen diese prinzipielle Unterscheidung zwischen vegetativer und sexueller Fortpflanzung steht; und wie hinfällig daher auch die Einschränkung des Vererbungsbegriffes ist, der nur für die sexuelle Fortpflanzung gelten soll. In meiner „Allgemeinen Biologie" habe ich mir die Beweisführung angelegen sein lassen, dass der vegetativen und sexuellen Fortpflanzung dieselben wesentlichen Vorgänge zugrunde liegen, also auch dieselben Vererbungsvorgänge. Auf dieser Voraussetzung fußend, möchte ich hier noch ein Beispiel von „Vererbung erworbener Eigenschaften" bei Urwesen anführen, welches dann als solches vollwertig gelten darf und zugleich einen sehr allgemeinen, beglückenden Ausblick gewährt.

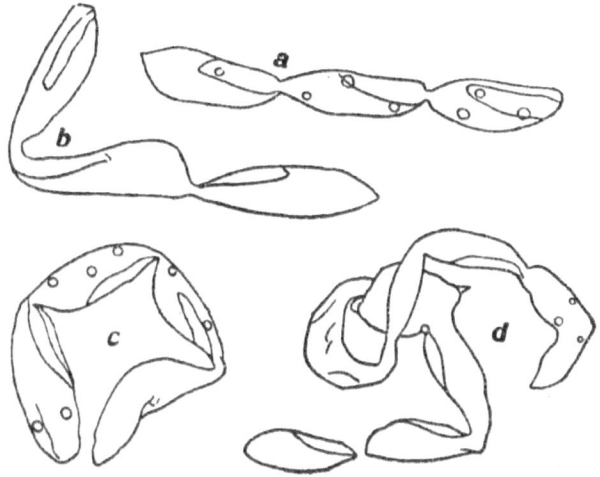

Abb. 37: Pantoffeltierchen (Paramaecium)
Ketten von Individuen als Ergebnis unvollständiger Trennung bei der Fortpflanzung durch Zellteilung, b, c und d in wurmförmiger Krümmung begriffen. Bei d hat sich ein Zellindividuum (links) von der Kette losgelöst. Vergl. zum besseren Verständnis dieser schematischen Figuren die vorige Abb. 37.(Nach Jennings.)

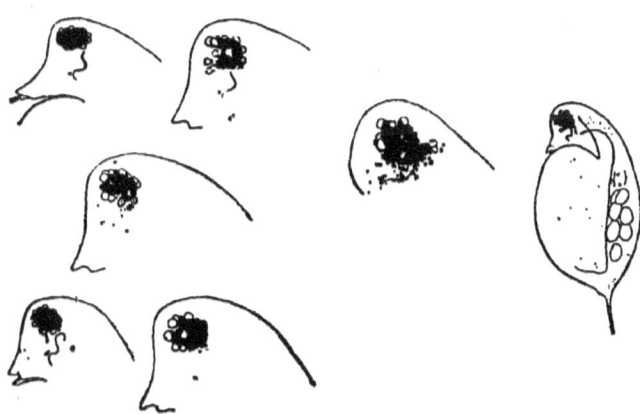

Abb. 38: Wasserfloh (Daphnia pulex)
Rechts ganzes Exemplar, links davon 6 Köpfe in verschiedenen Zu-ständen der Augenzerstörung infolge dauernden Aufenthaltes im Finsteren.(Nach Kapterew.)

Jennings und *Mac Clendon* erzeugten in ihren Kulturen eines Urwesens, des Pantoffeltierchens *(Paramaecium* — Abb. 36), eine Neigung zu unvollständigen Zellteilungen. Während also sonst eine vollständige, quere Durchschnürung der sich vermehrenden Paramaecien eintritt, trat jetzt nur eine Einschnürung auf (Abb. 38): die Teilprodukte blieben in immer länger werdenden Ketten beisammen; es entstehen schnurförmige Zellkolonien, die sich wurmförmig hin- und herwinden, und von denen sich gelegentlich zwar eine Einzelzelle loslöst, die aber ihrerseits doch wiederum Kettentiere erzeugt.

Es gibt chemische und mechanische Bedingungen, durch die man jene unvollkommene Durchführung der Zellteilungen bewirken kann: Schmutzwasser, Hunger und der nach außen gerichtete Druck, der durch eine langsam kreisende Bewegung im Zentrifugenapparat entsteht. Alle drei Einwirkungen dürfen aber, nachdem sie die beim Pantoffeltierchen sonst ganz unbekannte Eigenschaft der Kolonienbildung hervorgerufen haben, auch wieder aufhören: man darf die Paramaecium-Kultur aus dem mit Abfallstoffen beladenen in reines Wasser, aus mageren in fette Ernährungsbedingungen, aus dem bewegten Wasser der Zentrifuge in ruhig stehendes überführen: und trotzdem bleibt es dabei, dass die Zertrennung der Zellindividuen einer bloßen Furchung gewichen ist.

Die Entstehung höherer Lebewesen (Vielzeller) durch Vererbung erworbener Eigenschaften

Ich sagte vorhin auf S. 118: Die Urwesen seien solche Lebewesen, die zeitlebens nur aus einer Zelle bestehen. Das ist in der Tat ihr Hauptunterschied gegenüber allen „höheren" Lebewesen, den Pflanzen und Tieren, einschließlich des Menschen, die aus sehr vielen Zellen bestehen. So stehen sich „Einzeller" (Urwesen) und „Vielzeller" (Pflanzen, Tiere, Menschen) schroff gegenüber: bei diesen ist jedes „Individuum" eigentlich eine Kolonie, ein festverwachsener Staat aus Tausenden, Milliarden oder Billionen von Zellen. Auch die Vielzeller beginnen allerdings ihr Dasein als Einzeller: Dem schon S. 111 erwähnten Wiederholungsgesetz gehorchend, das jede Person zwingt, die Stufen ihrer Stammesgeschichte kurz nochmals zu durchlaufen, geht jede Pflanze, jedes Tier aus einer einzigen Zelle hervor, dem befruchteten Ei. Aber indem diese Stammzelle sich — abermals ganz wie ein Urwesen — durch Teilung vermehrt, weichen die Stücke nicht gänzlich auseinander, sondern bleiben aneinanderhängen zu gegenseitigem Schutz und Stoff-

Die Entstehung höherer Lebewesen (Vielzeller) durch Vererbung erworbener Eigenschaften

austausch. So entsteht aus der einzelnen Keimzelle der riesige Zellkomplex, der Zellenstaat, das vielzellige „Individuum".

Einen Anlauf dazu nahmen nun auch die einzelligen Pantoffeltierchen, die in den Kulturen von *Jennings* und *Mac Clendon* ursprünglich durch mechanische und chemische Mittel, nachher aber auch ohne diese Mittel schnurförmige Zellkolonien bildeten. Das ist freilich nur ein künstlicher, kein wirklicher Übergang von Ein- zu Vielzellern, von Urwesen zu höher aufgebauten Wesen. Immerhin ein vielversprechender Anfang, der es gestattet, uns eine zutreffende Vorstellung davon zu bilden, wie sich jener entscheidende Übergang tatsächlich vollzogen haben kann.

Wir finden auch in der Natur mechanische und chemische Faktoren am Werk, um den sonst drohenden Zerfall eines jungen Zellenstaates zu verhindern. Wir finden Zellgesellschaften — jede Zelle noch von der anderen getrennt — gemeinsam eingebettet in eine von allen Mitgliedern der Gesellschaft abgesonderten Gallertmasse: so bei den Vereinsstahltierchen *(Polycyttaria)* und bei gewissen geselligen Algetten *(Melethallia)*. Bei anderen — den Zitterkugeln *(Volvocineen)* — ziehen sich, außer der alle zusammenhaltenden Gallerte, auch schon Fäden lebenden Stoffes von Zelle zu Zelle. Umschließende Häute, Hüllen und Schalen aller Art, sowie verkittende Substanzen (Kalzium) sorgen dafür, dass bei der Bildung des Zellenstaates keine Auflockerung geschehen kann.

Trotz dieser Vorkehrungen ist aber — ungefähr von den Volvocineen angefangen beiderseits ins Pflanzen- und ins Tierreich hinauf — überall ersichtlich, dass das Zusammenhalten der Zellen bereits erblich fixiert wurde. Ohne Vererbung erworbener Eigenschaften wäre somit bereits der bedeutsame Schritt vom Einzeller zum Vielzeller unmöglich gewesen; ohne diese besondere Art fortschrittlicher oder Neuvererbung hätte niemals ein höheres Pflanzen- und Tierreich entstehen können; die Möglichkeit einer Entwicklung blühender Bäume und einer Entwicklung bis zur „Krone der Schöpfung" wäre ohne solche Vererbung buchstäblich schon im Keime erstickt worden.

Erbliche Belastung und erbliche Entlastung

Erinnern wir uns aber jetzt — anlässlich der erblichen Bildung von Zell-Aggregaten, die einen so ungeheuren Aufstieg zur Folge hatte — unserer schon S. 16f. ausgesprochenen Versicherung, wonach der **Erwerb erblicher Eigenschaften neben Fortschritt auch Rückschritt bedeuten** kann. Lebensbedingungen und Lebensweise können — wie wir es dort ausdrückten — erblich entlasten, aber auch schwer erblich belasten und dadurch jede weitere Höherentwicklung wie mit Zentnergewichten niederdrücken. Beispiele für dieses Aufwärts und Abwärts hat uns auch wohl die bisherige Darstellung schon gebracht: ich erinnere an die Geburtshelferkröte (S. 28f.), die ihre durch Brutpflege errungenen Lebensvorteile zum Teil erhöht, während andere Individuengruppen dieselben Vorzüge durch Aufgeben der Brutpflege wiederum einbüßen und manch ein atavistisches Merkzeichen dadurch zurückgewinnen.

Im allgemeinen aber haben wir bei unserem bisherigen Tatsachenmaterial jede Wertung, ob die Erwerbung vererbbarer Eigenschaften Höherentwicklung oder Rückentwicklung auslöst, unterlassen. Deshalb schulde ich meinen Lesern jetzt noch etliche Beispiele, die sich gerade dazu besonders eignen, die **jederzeit mögliche Doppelrichtung der Entwicklung** aufzuzeigen, und wie es nur von Lebenslage und Lebensweise abhängt, ob die Richtung Hinauf oder Hinab vom Organismus eingeschlagen wird.

Als Exempel der letztgenannten Art seien die Zuchtversuche von *Kapterew* am **gemeinen Wasserfloh** *(Daphnia pulex* — Abb. 39) verwertet. *Kapterew* hielt Wasserflöhe im **Finsteren**: Dabei verloren ihre Augen die regelmäßige Form und erschienen an den Rändern wie zerfressen; größere und kleinere Klümpchen des schwarzen Augenfarbstoffes lösten sich los und verteilten sich über den ganzen Körper, wo sie schließlich aufgesogen (resorbiert) werden und verschwinden. Zunächst hatte die **Zerstörung des Sehorgans** einen mehr zufälligen Charakter; im 15. Monate aber erstreckte sie sich auf sämtliche Individuen und war erblich geworden; denn ganz junge, erst 4—5 Tage alte Tiere traten bereits mit nahezu entfärbten Augen auf. Hier liegt also eine destruktive Veränderung vor: eine Degeneration, wodurch der Entwicklungswert eines Organes und Organismus erblich belastet und herabgesetzt wird. Allerdings braucht der Organismus trotz seines Verlustes nicht schlechter daran zu sein als vordem: Im Dunklen sind lichtemp-

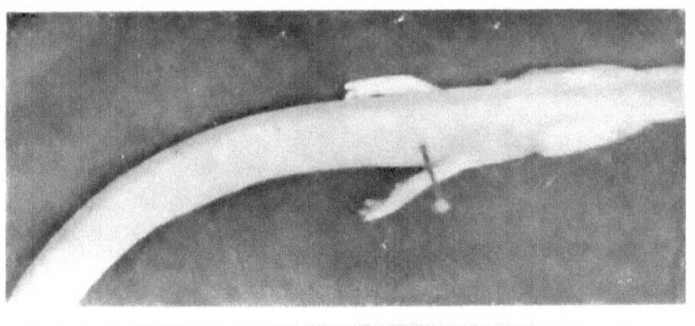

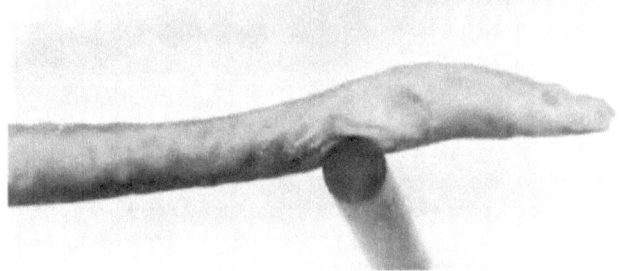

Abb. 39: Grottenolm (Proteus anguinus)
Zwei 5 Jahre alte Exemplare: oben normal, in Finsternis aufgezogen, farblos,blind; unten in rotem Licht abwechselnd mit Tageslicht aufgezogen, etwas pigmentiert, mit wohlentwickelten Augen. (Original.)Grottenolm (Proteus anguinus)

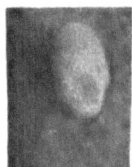 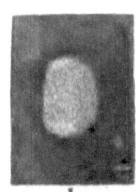 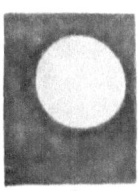

a   *b*   *c*

Abb. 40: Ruineneidechse (Lacerta serpa), Eier
a normal, b aus erster Legeperiode in 37—40° C, c aus zweiter Legeperiode desselben Weibchens in 37—40° C.(Original.)

findliche Organe sowieso nutzlos; und als Ausgleich pflegen die übrigen Sinnesfähigkeiten, namentlich der Tastsinn, desto feiner differenziert zu werden.

Ist also der Augenverlust im Finsteren gehaltener Daphnien, weil er Anpassungscharakter trägt, in Bezug auf seinen Entwicklungswert doppeldeutig, so ist die von *Guyer* und *Smith beschriebene, nach einmaliger Einverleibung L*insen zerstörender Stoffe durch 9 Generationen beobachtete **Vererbung künstlich gesetzter Augendefekte bei Kaninchen** ganz eindeutig als degenerative Abwärtsentwicklung aufzufassen.

Als genaues Gegenstück des Augenverlustes beim Wasserfloh und Augendefektes beim Kaninchen hätte sich mein eigener Erfolg am Grottenolm (Abb. 40) am besten Vorbringen lassen: ich machte das **verkümmerte Auge des Grottenolmes** *(Proteus),* der schon von Natur aus in vollkommener Höhlenfinsternis lebt, bei künstlichem (rotem) und damit abwechselndem Tageslicht **wieder wohlentwickelt und sehfähig**. Allein ich verfolgte diese Höherentwicklung nur in einer einzigen Generation und züchtete keine zweite. Ich zweifle nicht daran, dass letztere abermals große Augen bekommen hätte, ließ aber den Versuch bei der bloßen Anpassung, also ohne auch die Vererbung nachgewiesen zu haben, bewenden. Die Gründe für diese Unterlassung wurden schon S. 42ff. angegeben: ich ließ mich entmutigen, weil einfach sämtliche stereotypen Einwände gegen die Vererbung erworbener Eigenschaften auf diesen Fall Anwendung gefunden hätten.

Indessen nicht einmal diese resignierte Zurückhaltung hinderte die Gegner der Vererbung erworbener Eigenschaften, sich meines Olmversuches als einer angeblichen Widerlegung jener Vererbung zu bemächtigen. Sollte man derart hoffnungslose Blindheit eines Fanatismus für möglich halten? Die Blindheit unseres Finsterlings und Dunkelmannes, des Grottenolmes, ist nichts dagegen; und **weil ich sie durch Licht beseitigen konnte, wurde allen Ernstes geschlossen, sie könne nicht erblich fixiert sein**. Anderenfalls wäre nicht daran zu denken, durch Haltung im Hellen während einer einzigen Generation rückgängig zu machen, was durch das Leben im Dunkeln während so vieler Generationen geschaffen wurde.

Darauf ist zu erwidern: durch Haltung nur in gewöhnlichem Tageslicht ist die Aufhebung der Dunkelheitswirkung tatsächlich nicht möglich. Im Tageslicht füllt sich die Haut, die das rudimentäre Auge überzieht, mit dunklen Pigmenten; **diese leichte Abblendung genügt, um das Auge an seiner Entwicklung zu ver-**

hindern, es zu veranlassen, gewohntermaßen die Bahn der Rückentwicklung einzuschlagen. Eine rote Lampe aber, die Tag und Nacht brennt und so auch durch die Dauer der Beleuchtung den Effekt verstärkt, bringt keine Pigmentanhäufung in der Haut hervor, ebenso wenig wie eine photographische Platte durch das rubinrote Licht unserer Dunkelkammern geschwärzt wird; und erst unter dem Einfluss dieser reinen, chemisch unwirksamen Lichtwirkung wird das rückläufige Stadium der Augenentwicklung beim Olm überwunden.

Die Missdeutung dieses Befundes gibt mir noch Anlass zu einer allgemeinen Anmerkung. Um prüfen zu können, ob erworbene Eigenschaften sich vererben, müssen wir ein Lebewesen doch wohl z u e r s t   e i n e   E i g e n s c h a f t   e r w e r b e n   l a s s e n, d. h., wir müssen die angeborenen Eigenschaften zunächst einmal verändern dürfen. Mit dem Einwand jedoch, der sich gegen die Höherentwicklung des Olmauges wandte, sprechen uns die Gegner das Recht dazu ab; und nachdem ich dies bei meinem Vortrage in der Linnean Society zu London ausführlich auseinandergesetzt hatte, meldete sich Prof. *Goodrich* als Diskussionsredner und brachte den Einwand gleichlautend von Neuem vor. Wer erinnert sich da nicht *Friedrich Theodor Vischers* Erfahrung mit Frauen, die er stundenlang eines Besseren belehren mochte, damit sie am Schluss erklärten: „D'rum eben!"

Wenn wir nämlich als „ e r b l i c h " nur anerkennen, was u n v e r ä n d e r l i c h ist, dann freilich haben wir jede Vererbung von Veränderungen, aber auch jede Erforschung dieser Frage wieder einmal (vgl. schon S. 42ff.) von vornherein ausgeschlossen. Wenn nicht erblich sein darf, was sich verändert und sich nicht verändern darf, was einmal erblich ist, so brauchen wir nur noch — wie im Mittelalter — die starre Unveränderlichkeit der Art zu verkünden und haben damit nicht bloß die Vererbung erworbener Eigenschaften, sondern jede Entwicklungslehre dogmatisch abgelehnt.

Weil also gegnerische Kurzsichtigkeit mich abhielt, von meinen großäugigen „Lichtolmen" Nachkommen zu züchten und damit voraussichtlich die Vererbung der erworbenen Großgeäugtheit nachzuweisen, will ich meiner Versuchserfahrung ein anderes Beispiel entnehmen, wo gleichfalls die Entwicklungshöhe e i n e s   O r g a n e s   e r b l i c h   v e r m e h r t worden ist; ein Beispiel, das sich außerdem auf mehr als eine Generation erstreckt.

Höherentwicklung und Abwärtsentwicklung

Die südeuropäische Ruineneidechse *(Lacerta serpa)* ist im Freien und bei mittleren Gefangenschaftstemperaturen (20—30 Grad C.) oberseits grün mit drei braunen Längsstreifen oder Fleckenreihen. Tag und Nacht bei 37—40 Grad C. gehalten, wird sie binnen ungefähr 1 $^1/_2$— 2 Jahren pechschwarz. Einen derartigen Hitze-Gewaltversuch konnte man in meinem armen Vaterland mit seinem Kohlenmangel (oder soll ich sagen: Mit seinen schwarzen Diamanten, die kostspieliger wurden, als ehedem die weißen) allerdings nur vor 1914 ausführen. Eier — von geschwärzten Eidechsen in kühleren Räumen abgelegt — ließen die Jungen fast normalfarbig ausschlüpfen, so dass ich bereits mit der Nichtvererbung rechnete; allein später wurden die Jungen trotzdem wieder schwärzlich, jetzt in jener gemäßigten Temperatur, bei der ihre Artgenossen grün und braunstreifig blieben.

Aber nicht der Farbveränderung wegen zog ich das Beispiel heran, das ja in dieser Beziehung den früher besprochenen Farbveränderungen an Schmetterlingen, Käfern und Salamandern zu ähnlich wäre, um noch wesentlich Neues zu bieten; sondern weil der Experimentator n i e m a l s i m s t a n d e   i s t,   e i n e   e i n z i g e,   g e w ü n s c h t e   V e r ä n d e r u n g   a n   s e i n e m   Z u c h t o b j e k t   h e r a u s z u b r i n g e n, o h n e   d a s s   a n d e r e,   u n v o r h e r g e s e h e n e   V e r ä n d e r u n g e n   s i c h   d a m i t   v e r k n ü p f e n.

Eine der letzteren, unbeabsichtigten Veränderungen ist es, der zuliebe ich das Beispiel für Demonstration einer höherwertigen Anpassung geeignet fand. Die Ruineneidechse legt normalerweise langgestreckte, pergamenthäutige, also ziemlich w e i c h s c h a l i g e,   w e i l   k a l k a r m e E i e r, wie in unserer Photographie (Abb. 41 links) daran zu erkennen, dass das Ei beim Herauslegen eine Delle abbekommen hat. Schon gelegentlich der ersten Eierlegeperiode in der Hitze sind die Eier etwas dickschaliger und kürzer geworden (Abb. 41 Mitte); schließlich legen aber die in der Hitze geschwärzten Eidechsen k a l k r e i c h e,   h a r t s c h a l i g e   E i e r, die zugleich kugelrund geworden sind (Abb. 41 rechts). Eine Familie nächtlich lebender, größtenteils den Tropen angehöriger Eidechsen, die Haftzeher *(Gecconiden),* legen ähnliche rundliche Eier; auch gleichen sie bis auf die geringere Größe auffallend denen einer Landschildkröte *(Testudo).*

Aus hartschaligen Eiern entschlüpfte Eidechsen legen abermals hartschalige Eier und seien sie selbst unter den mittleren Temperaturbedin-

Abb. 41: Bergeidechse (Lacerta vivipara)
Oben 3 erwachsene Exemplare, links Männchen (a), Mitte Weibchen (b), rechts bei 25—30° C dunkel gewordenes Weibchen (c), trächtig, aus der eierlegend (statt lebendgebärend) gewordenen Zucht. Unten links normal neugeborenes Junges (d), dann 3 Eier ohne Schale (der schwärzliche Embryo nur von der Eihaut umhüllt (e, f, g) aus erster Legeperiode bei 25—30° C. — Hierauf folgt, weiter rechts (h), ein Ei mit pergamenthäutiger Schale aus zweiter Legeperiode desselben Weibchens bei 25—30° C. — Ganz rechts Junges, das einem solchen Ei entschlüpft ist (i).(Original.)

gungen der Kontrollzucht mit weichschaligen Eiern gehalten worden. Nur anfänglich war der Hitzereiz, der ja bei der Eidechse in ihrer Eigenschaft als „kaltblütiges" (wechselwarmes) Tier den ganzen Körper durchdringt, erforderlich, um die Kalk absondernden Drüsen des Eileiters zu so vermehrter Tätigkeit anzuregen, dass die Schale dick und hart wurde; später war die vermehrte Kalkabsonderung derart zur „Gewohnheit" — wenn man so sagen darf — geworden, dass der Hitzereiz bei Eltern wie Kindern entfallen durfte.

Durch die beschriebene Hitze-Anpassung wurde zugleich eine sehr zweckmäßige Einrichtung getroffen: das hartschalige Ei ist vor dem A u s t r o c k n e n i m h e i ß e n K l i m a w e i t a u s b e s s e r g e s c h ü t z t ! Zweckentsprechende, dauerfähige Eigenschaften werden also auf dem Wege der direkten Anpassung geschaffen, ohne jede Mitwirkung einer ausmerzenden Zuchtwahl!

Das Auf und Nieder des durch Vererbung erworbener Eigenschaften betriebenen und beherrschten Artenwandels macht sich — wie ja schon die Geburtshelferkröte lehrte — natürlich nicht nur an Arten bemerkbar, die so weit verschieden sind wie Daphnie und Lacerte; sondern es lässt sich auch an nächstverwandten, ja an derselben Art vor Augen führen, dass die Entwicklung sowohl nach vorwärts, als auch nach rückwärts gleiten kann. Brachte Temperaturerhöhung bei der Fortpflanzung einer südlichen Eidechse E m p o r d i f f e r e n z i e r u n g , gleichsam eine Aufbesserung zuwege, so bewirkt sie bei einer mehr im Norden und auf Anhöhen vorkommenden Eidechse — gleichfalls die Vermehrungsweise betreffend — eine E n t d i f f e r e n z i e r u n g , das Herabsinken von einer bereits erklommenen Entwicklungsstufe.

Die B e r g - oder S u m p f e i d e c h s e *(Lacerta vivipara* — Abb. 42 a, b) ist im Freileben l e b e n d g e b ä r e n d . Schon eine mäßige Beheizung auf 25—30 Grad C. genügt, um sie e i e r l e g e n d zu machen. Die ersten Eier (e—g) haben keine Schale und erscheinen dunkel, da der schwärzliche Embryo durch die dünne Eihaut schimmert. Solche Eier werden auch normalerweise zuweilen abgelegt: Nur wird die Eihaut innerhalb der ersten Minuten, höchstens Stunden von den Jungen (d) schon zersprengt, während sie nun einer Nachreife von vielen Tagen bedürfen.

Die zweite Eierlegeperiode desselben Weibchens (c) in erhöhter Temperatur bringt uns aber bereits Eier, die von einer pergamentartigen, undurchsichtigen, gelb-weißen Schale (h) umhüllt sind gleich derjenigen, wie sie bei anderen Eidechsen vorhanden ist, — ursprünglich auch bei der Ruineneidechse, von der das vorige Beispiel handelte. Junge Bergeidechsen (i), welche nunmehr wochenlang außerhalb des Mutterleibes im Ei liegen zu bleiben und dessen Nachreife abzuwarten hatten, werden abermals eierlegend; und zwar auch dann, wenn sie bei niedrigerer Temperatur verpflegt werden, wo die Kontrollzucht lebendgebärend bleibt.

Erwerbungen der Seele und ihre Vererbung

Etwa mit Ausnahme der Geburtshelferkröte, der die Gewohnheit anerzogen wurde, sobald der Geschlechtstrieb anpocht, das Wasser aufzusuchen, statt auf dem Lande zu bleiben, bezogen sich alle bisherigen Nachweise der Vererbung erworbener Eigenschaften auf k ö r p e r l i c h e M e r k m a l e. Ich möchte aber meine Ausführungen nicht beschließen, ohne auf etwas breiterer Grundlage gezeigt zu haben, dass auch g e i s t i g e E i g e n h e i t e n derselben Regelmäßigkeit unterliegen; dass nicht bloß physische, sondern auch psychische Merkmale — Gewohnheiten und Triebe — erworben und vererbt werden können.

Ein Beispiel dieser Beschaffenheit, das wahrscheinlich weite Verallgemeinerung verträgt, betrifft den N e s t b a u - I n s t i n k t d e r M o t t e *Gracilaria stigmatella* (Abb. 43). Die Raupen dieses Kleinschmetterlings (a) haben die Gepflogenheit, die Spitze der Weidenblätter, von denen sie sich nähren, einzurollen und in solcher Lage durch Gespinstfäden zu befestigen (A). Diesen Bautrieb auszuüben, machte ihnen *Schröder* unmöglich: er schnitt sämtliche Blattspitzen eines in Topfkultur genommenen Weidenstrauches einfach weg. Ein großer Teil der Räupchen ließ es sich daraufhin nicht verdrießen, statt der fehlenden Spitzen einen (B) oder beide Ränder (C) des Blattes umzuwickeln. Das Abschneiden der Blattspitzen wurde während des Heranwachsens einer zweiten Raupengeneration mit demselben Effekt wiederholt. *Schröder* erzog aus diesen anpassungsfähigen Räupchen die fertigen Motten, denen er Gelegenheit gab, ihre Eier auf einem anderen Weidenstrauch abzulegen, dessen Blätter nicht verstümmelt worden waren. Ungestört reiften diese Eier zur dritten Raupengeneration heran: Ohne dass also jetzt irgendein Zwang die Bautätigkeit der jungen Raupen beeinflusste, verfertigten doch mehrere ein Einrollen des Blattrandes (D).

Die Schnelligkeit, mit der ein alteingewurzelter Instinkt sich — zuerst unter dem Zwang äußerer Verhältnisse, dann sogar ohne diesen Zwang — zu ändern vermochte, ist (zumal bei einer Mottenraupe) überraschend genug: sicherlich wäre es angezeigter gewesen, Schröders ge-

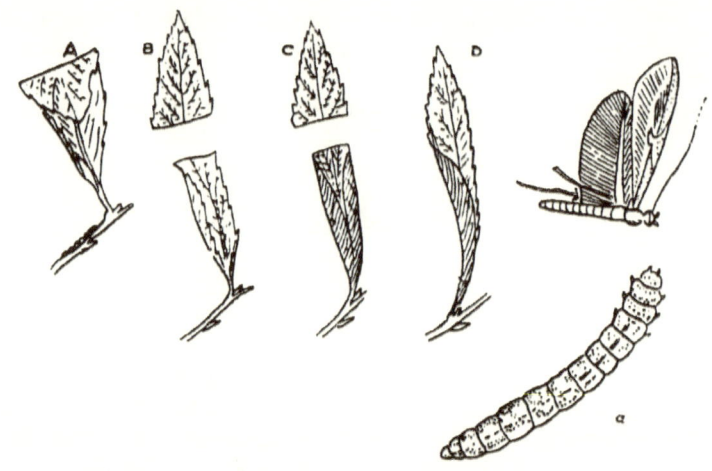

Abb. 42: Motte Gracilaria stigmatella.
Ganz rechts oben fertiger Kleinschmetterling, darunter bei a Raupe. —A Weidenblatt, von der Raupe an der Spitze eingerollt; B wegen Entfernung der Spitze ein Blattrand eingerollt; C beide Blattränder eingerollt;D trotz Belassung der Spitze von den Enkeln Rand eingerollt.(Nach Chr. Schröder, Verhandlungen der Deutschen Zoologischen Gesellschaft 1903; aus H. Przibram, Experimentalzoologie, III. Band.)

nialen Versuch möglichst oft und von möglichst vielen Seiten zu wiederholen, statt ihn zu ignorieren, wie es — von wenig Ausnahmen abgesehen — konsequent geschah, und die Vererbung erworbener Eigenschaften ungeprüft in Acht und Bann zu tun.

Allein die Wahrheit lässt sich schwerlich für immerwährende Zeiten verdunkeln. Schon kommt vom Internationalen Physiologenkongress zu Edinburgh 1923 eine Nachricht, die denen, welche die Vererbung erworbener, und erst recht geistig erworbener Eigenschaften bereits abgetan glaubten, noch befremdlicher klingen muss, als der Mottenversuch von *Schröder*. *Pavlov* berichtete dort über Dressurversuche an Mäusen, die in der 6. Generation ein deutliches Vererbungsergebnis lieferten. Auf ein elektrisches Klingelzeichen hin wurde die Maus aus ihrem Käfig freigelassen, um ein Stückchen Käse in Empfang zu nehmen, das sich vorher nicht in ihrer Geruchsnähe befunden hatte. Das Verfahren wurde in kurzen Zwischenräumen wiederholt, bis die Maus vom 300. Mal angefangen selbständige Suchbewegungen und vermehrte Absonderung der Speicheldrüsen zeigte, auch ohne dass sich Käse in der Nähe befand: das Wasser rann ihr darnach im Munde zusammen!

Bei den Nachkommen der auf Käse gedrillten Mäuse beanspruchte die Dressur, bis die Gedankenverbindung zwischen dem Glockenzeichen und seiner Bedeutung (Verlassen des Käfigs, Vorhandensein eines Leckerbissens) geschlungen war, immer kürzere Zeit: In der zweiten Generation waren noch 100, in der dritten 50 „Lektionen", und beim jüngsten Sprössling dieser Zucht, von dem *Pavlov* in Edinburgh berichtete, gar nur noch 5 Signale notwendig, um die charakteristischen S u c h b e w e g u n g e n u n d d e n S p e i c h e l f l u s s auszulösen, die bei seinem Urururgroßvater erst nach der zehnfachen Zahl von Kostproben spontan eingetreten waren.

„Ich halte es für durchaus möglich", erklärte *Pavlov* bei einem Vortrag im Battle-Creek-Sanatorium (Michigan), dass binnen einiger Zeit eine Mäusegeneration geboren werden wird, die auf das Glockenzeichen hin zum Futterplatz laufen wird, o h n e vorausgegangene Einübung." Er bezieht sich dabei auf das Verhalten des frisch aus dem Ei geschlüpften Küchleins, von dem schon *Hering* sagte: die Sicherheit, mit denen es sich bewegt, nach Körnern pickt und in kornähnlichen Flecken auf dem Fußboden Fressbares vermutet, konnte es nicht selbst erlernt haben; sondern das haben die Tausend und Abertausend Hühner erlernt, die vor ihm kamen und von denen es abstammt.

Eine Umwandlung der K o p f l a u s — *Pediculus capitis* — i n d i e K l e i d e r l a u s — *P. corporis* — wird von *Howlett* beschrieben. Er und sein Assistent *Patel* züchteten Kopfläuse zu wissenschaftlichen Untersuchungszwecken an ihren eigenen Körpern. Die erste Generation von Kopfläusen, welche vom Kopf auf den Rumpf versetzt worden war, zeigte das Streben, zum Kopf zurückzuwandern. Aber diese Eigenschaft war in der nächsten Generation abgeschwächt: einige dieser unmittelbaren Nachkommen zeigten keinerlei, dem Kopfe zu gerichteten Wandertrieb mehr. Die von ihnen gelegten Eier wurden großenteils auf den Kleidern abgelegt, während Kopfläuse ihre Eier normalerweise stets auf Haaren des Kopfes befestigen. In der dritten Generation hatten die Wanderungen im großen und ganzen aufgehört. Auch Farbe und Chitinbedeckung der Haut waren stark verändert: Wären diese Läuse ohne Erklärung zu einem Spezialisten behufs Bestimmung geschickt worden, so hätte er — nach *Howletts* Meinung — gewiss 75% davon als Kleiderläuse identifiziert, wogegen die übrigen noch Übergänge zwischen Kleider- und Kopflaus bildeten.

Im Lichte genauer Versuche gewinnen zahllose einzelne Beobachtungen, denen für sich allein keine Beweiskraft zukommt, erhöhte Bedeutung. So berichtet C. *M. v. Unruh* von einem herrenlosen schottischen Greyhund, der sich im Central-Park von New-York umhertrieb und von mitleidigen Nachtpolizisten gefüttert wurde. Tagsüber hielt er sich in den Gebüschen verborgen und stillte nur seinen Durst aus einem der Seen des Central-Parkes. Eines Tages jedoch gelang es ihm, eine verzärtelte französische Pudelhündin, die gerade im Park spazieren geführt wurde, zu bespringen, und ein dieser Liebschaft entsprossener Rüde gelangte in sehr jugendlichem Alter nach Deutschland. Noch mit $15^{1}/_{2}$ Jahren konnte bei diesem Abkömmling des Pariahundes aus dem Central-Park der Hang zum Umherschweifen nicht unterdrückt werden: sobald die Dämmerung hereinbrach, lief er rastlos auf und ab, wenn auch nur in Hof und Garten, falls er eingeschlossen worden war. Tagsüber hatte er nur Durst, keinen Hunger; ja er verweigerte jede Nahrungsaufnahme, selbst Leckerbissen; abends aber fraß er gierig, und zwar lieber Brocken aus der Hand als aus einem Futtergefäß. Alle Gewohnheiten, die der herrenlose Vater notgedrungen angenommen hatte, waren in dessen wohlbehüteten Sohn ohne Not auferstanden.

So schreibt mir Herr Ingenieur *Arthur Schütz* am 1. März 1920: „Seit zwei Wochen besitze ich einen 5 Monate alten reinrassigen *Dobermann* - Rüden aus edler Zucht. Das Tierchen ist völlig undressiert. Ich tue auch vorläufig nichts als leichte Gehorsamsübungen etc. Heute Abend gehe ich mit ihm spazieren. Um seine Aufmerksamkeit zu prüfen, ersuche ich einen an der Straßenecke stehenden Herrn, auf mich zuzugehen, fünf Schritte vor mir stehen zu bleiben und dann wie zum Schlage gegen mich auszuholen. *Rolf* steht anscheinend wenig interessiert vor mir und lässt den Herrn ruhig herankommen. Ich halte ihn an kurzer Leine. In dem Augenblicke, wo der Herr die Hand hebt, sträubt sich sein Haar und er stürzt wütend bellend auf den Herrn zu. Ich reiße ihn zurück, er überschlägt sich, erhebt sich sofort wieder und will von Neuem losgehen. Erst als der Herr die Hand senkt und ruhig stehen bleibt, beruhigt sich das Tier. Mich, der ich schon mehr als einen Hund perfekt auf Schutzhund dressierte, hat besonders die A l l ü r e interessiert: dieselbe Allüre, wie sie hochwertige Polizeihunde beim Attackieren von Verbrechern zeigen und die jedem, der sich mit derlei beschäftigt, wohl- bekannt ist."

Bisher hatten die Gegner mit Erfahrungen, von denen die geschilderte ein Typus ist, leichtes Spiel: man würde sie erledigt haben mit dem Hinweis, es sei a l l g e m e i n e Eigenschaft des Haushundes, den Herrn zu verteidigen; dazu bedürfte es keiner Dressur. Wer sich aber auf die spezifische Allüre des dressierten Polizeihundes, auf die der Kenner so vielen Wert legt, beriefe, würde zu hören bekommen: der Mensch wählte seine Nutztiere auf Grund der nützlichen Eigenschaften, die ihm vorher an ihnen aufgefallen waren. Er schuf sie nicht erst nachträglich, sondern steigerte sie höchstens durch Dressur und Zucht; die Ansätze dazu waren immer schon vorhanden. Auch den Polizeihund machte nicht erst, sondern vervollkommnete bloß die Dressur und Reinzucht, die Rasse besaß schon seit je die Eigenschaften, um derentwillen man sie für den „Polizeidienst" geeignet fand. Solch eine eingeborene Anlage, nicht aber die Vererbung eines Dressurresultates kam auch bei jung *Rolf* zum Durchbruch.

Den von *Unruh* berichteten Fall würde man kalt stellen mit dem Hinweis, fast alle, besonders aber verwöhnte Hunde hätten die Eigenschaft, das Futter lieber stückchenweise aus der Hand zu nehmen statt aus einem Gefäß; auch der Hang zu nächtlichem Umherschweifen und Fressen sei nichts Besonderes und allenfalls als Atavismus aus der Ahnenvergangenheit des Haushundes zu werten. Keinesfalls sei ein zureichender Grund gegeben, diese allgemeine Raubtier-Eigenschaft erst auf die Lebensweise des verwilderten Hundes im Central-Park neu zurückzuführen.

Etwas schwieriger wird diese Argumentation, wenn das auslösende Moment im Urzustände noch gar nicht wirksam gewesen sein konnte. Auch den wunderbaren Fähigkeiten der Jagdhunde, die wir heute so oft schon angeboren finden, wurde Präexistenz vom Urbeginn an zugeschrieben und jede Notwendigkeit, ja Möglichkeit eines späteren „Erwerbens" abgesprochen. Die Bedeutung des Flintenknalles kann aber erst seit Erfindung des Schießpulvers ins Erbgedächtnis der Jagdhunde übergegangen sein! Und doch erzählt der vorsichtige, kritische Physiologe *S. Exner,* wie ein junger, vorher noch nie aufs Feld geführter Jagdhund den ersten Schuss fallen hörte und augenblicklich daran ging, das Rebhuhn zu suchen, welches gar nicht getroffen worden war, das der Hund also auch nicht hatte stürzen sehen. Dieses Ereignis wurde mitbestimmend dafür, *Exner* von der Vererbung erworbener Eigenschaften zu überzeugen.

Indessen, und das ist der gewichtigste, aber auch beinahe der einzige Einwand, der gegen derartige Wahrnehmungen begründetermaßen ins Treffen geführt werden kann: es gibt in der Naturwissenschaft keinen zwingenden Beweis, es sei denn durch das Experiment; es gibt folgerichtig keinen überzeugenden Beweis für die Vererbung erworbener Eigenschaften, es sei denn durch das Zuchtexperiment. *Exners* Erlebnis mit dem Jagdhund und ähnliches empfängt seinen wissenschaftlichen Wert eigentlich erst von Versuchen wie denen *Pavlovs* an Ratten, deren Tischglocke dieselbe Aufgabe erfüllt wie dort das Krachen des Schusses.

Vererbung von Talent und Genie

Gleicherweise empfangen auch wohlbekannte Erscheinungen des menschlichen Geisteslebens ihre neue Bedeutung und Beleuchtung erst durch den Analogieschluss, d. h. durch den Vergleich mit den experimentell erforschbaren Erscheinungen des Tierlebens. Keine geringeren Fragen, als diejenigen nach H e r k u n f t u n d p l a n m ä ß i g e r E n t w i c k l u n g d e r T a l e n t e u n d d e s G e n i e s (vgl. *A. Hock*) hängen daran und harren — bisher Tummelplätze krassesten Wunder- und Aberglaubens — ihrer endlichen wissenschaftlichen Lösung.

Einen Schritt vorwärts auf diesem schwierigen Gebiete ermöglichen Untersuchungen gleich denen von *W. Peters,* der die B e g a b u n g g e s c h w i s t e r l i c h e r S c h u l k i n d e r prüfte und die V o l k s s c h u l z e u g n i s s e d r e i e r G e n e r a t i o n e n (Großeltern, Eltern, Kinder) verglich. *Peters* ist bemüht, zwischen Umwelts- und Vererbungswirkung zu unterscheiden, und hält diese für die stärkere. Es spricht aber für die Erblichkeit von Lernresultaten (also einer Umweltwirkung, die sich in eine Erbwirkung verwandelt), wenn die rechnerische Begabung vom Vater stärker vererbt wird als von der Mutter, — weil nämlich der Vater eher in die Lage kommt, sich rechnerisch zu betätigen; und wenn die Knaben gerade im Rechnen und in den Realien ihren Schwestern überlegen sind.

Schon in der Einleitung zu vorliegendem Buche wurde der Grundsatz ausgesprochen und gerechtfertigt, dass der experimentelle Beweis an der Pflanze und am Tier als vollgültiger Ersatz hingenommen werden, darf dafür, dass Forschungen von ebenbürtiger Exaktheit am Menschen nicht durchgeführt werden können. Zwei Beispiele mögen zeigen, wie jedes Unterfangen, menschliche Vererbungsphänomene durch das Studium des Menschen selbst wirklich aufklären zu wollen, schon an seinem Beginne scheitert.

Häufig wird vorausgesetzt, dass *Wolfgang Amadeus Mozart* sein musikalisches Genie von seinem Vater *Leopold Mozart* geerbt habe; und das ist ja auch recht wahrscheinlich. Aber *Wolfgang Amadeus* lebte vom Säuglingsalter an in einer von Musik förmlich gesättigten Umgebung: wer will unterscheiden, wie viel angeboren war und wie viel das kindliche Gehör und Gehirn unbewusst schon aufgenommen und assimiliert hatte? Um darüber einigermaßen klar zu werden, hätte man den neugeborenen *Mozart* aus dem Elternhaus entfernen und jedem musikalischen Einfluss fernhalten müssen. Erst wenn trotzdem der Drang zu musikalischer Betätigung, die historisch vielfach dem väterlichen Z w a n g zu danken war, s p o n t a n zum Vorschein gekommen wäre, hätte man mit größter Sicherheit von „Vererbung" sprechen dürfen. Aber solch ein Experiment wäre doch gewagt, ja frevelhaft gewesen und hätte möglicherweise mit den schönsten Blüten der Tonkunst bezahlt werden müssen.

Vererbung von Krankheit und Immunität

Ganz ähnlich steht es bei der sogenannten Ve r e r b u n g e r w o r b e n e r K r a n k h e i t e n : wirklich v e r e r b t e D i s p o s i t i o n oder vielmehr N e u - I n f e k t i o n im durchseuchten Wohnraum?: es lässt sich nicht einwandfrei entscheiden!

Gleiche Unsicherheit herrscht hinsichtlich des Gegenteiles der Krankheitsvererbung: bezüglich der angeborenen Widerstandskraft gegen bestimmte Krankheiten oder I m m u n i t ä t. Wird sie tatsächlich durch das menschliche Ei, durch den menschlichen Samen auf die Nachkommen übertragen und somit vererbt; oder wird sie dem Embryo erst nachträglich durch den Mutterkuchen oder gar erst durch die Muttermilch eingeimpft, was nicht unter den Begriff der Vererbung, sondern unter den der abermaligen Neuerwerbung fiele!? Genau die gleichen Fragen erstrecken sich dann noch auf den voraussetzungsgemäß erblichen Alkoholismus und seine Folgen. Doch angesichts der Giftfestigkeits- (Immunitäts-) und Giftlastervererbung betreten wir wieder festeren Grund, weil uns auf diesen beiden Gebieten vielsagende Tierversuche zu Gebote stehen. Ich berichte nur über die verlässlichsten:

Gley und *Charrin* immunisierten Kaninchen gegen das für sie sonst schon in geringen Gaben tödliche Gift des Bazillus *pyocyaneus*. Von diesen giftfesten Kaninchen züchteten sie Nachkommen in folgenden Kombinationen: giftfeste Mutter mit giftfestem Vater; giftfeste Mutter mit nicht immunisiertem Vater; giftfester Vater mit nicht immunisierter Mutter. Die erste Kombination lieferte, was Immunität der Nachkommen anbelangt, das beste, die dritte das schlechteste Ergebnis. Immerhin also waren die Nachkommen auch dann eine Zeitlang immun, wenn nur der Vater allein es gewesen war; da nun diesem keine anderen Übertragungsmittel zur Verfügung stehen als seine Keimzellen, die Samenfäden, so darf wohl mit einem gewissen Rechte von Ve r e r b u n g d e r I m m u n i t ä t gesprochen werden. Zugleich war offenbar geworden, dass bei mütterlicher Immunität tatsächlich noch andere Übertragungswege zur Verfügung stehen: *O. Hertwig* meint, dass das im mütterlichen Körper zubereitete Gegengift sich im Dotter der Eier rascher anzusammeln vermag als im Keimbläschen; überdies kommen, wie schon erwähnt, Mutterkuchen und Muttermilch in Frage.

Vererbung des Alkoholismus

Ähnliche Fragen stellen sich hindernd in den Weg, wenn wir der Erblichkeit oder Nichterblichkeit der Trunksucht und anderer durch Genussmittel erzeugter Laster auf den Grund kommen wollen. Unter Vererbung versteht man das durch spezifische Keimanlagen verursachte Wiedererscheinen von Vorfahreneigenschaften bei den Nachkommen. Es ist also keine Vererbung, wenn etwa der Vater an Delirium tremens leidet und der Sohn infolgedessen an anderen Geistesstörungen; die Mutter an Herzverfettung oder an Leber- und Nierenschrumpfung als Wirkung ihrer Trinkergewohnheiten, und die Kinder sind dann teils tuberkulös, teils Epileptiker oder beides. Das sind unspezifische Folgeerscheinungen, die zwar durch Keim Vergiftung *(Forels* Keimverderbnis, „Blastophthorie") verschuldet, aber nicht durch bestimmte Keimanlagen hervorgerufen sind.

Sogar viele Tierversuche gehen über diese Erkenntnis, die das eigentliche Vererbungsproblem kaum berührt, nicht hinaus, indem sie nur beweisen, dass der Alkohol Lebens- und Zeugungskraft der Generationen bald zum Erlöschen bringt, nicht aber, dass scharf umschriebene, fassbare Eigenschaften dabei erworben und vererbt wurden. Hierher gehört der Versuch von *P. Schröder,* der beim Kaninchen chronischen Alkoholismus erzeugte. Der betreffende Kaninchenstamm hielt es sechs Generationen aus, die durch große Kränklichkeit, mangelhafte Entwicklung der Jungen und Nachlassen der Fruchtbarkeit heimgesucht waren.

Hierher gehört ferner der Versuch von *Stockard* und *Craig,* welche Meerschweinchen Alkoholdämpfe einatmen ließen, ohne sie je betrunken zu machen, mit dem Ergebnis, dass von 55 Paarungen nur 42 zum vollen Schwangerschaftsablauf führten; aber nur 18 ausgetragene Junge waren bei der Geburt noch lebendig; und nur 7, worunter 5 ungewöhnlich kleine Kümmerlinge, lebten länger als wenige Wochen. Im Gegensätze zu diesen 55 Paarungen schwach alkoholisierter Eltern brachten 9 Kontrollpaarungen ohne alkoholischen Einfluss sogleich 17 Junge, die alle dauernd am Leben blieben und zu großen, kräftigen Individuen heranwuchsen. All diese schönen Versuche beweisen zwar, dass der Alkohol ein gefährliches Keimgift ist, dessen Wirkung sich in Gestalt un - spezifischer Degenerationserscheinungen durch die Geschlechter weiterpflanzt; aber sie zeigen keine einzige, echte und sichere Vererbungserscheinung.

Ich kenne nur einen e i n z i g e n Versuch, der das auch hinsichtlich des Alkoholismus leistet und alles beleuchtet, was in anderen Versuchen und an den Erscheinungen des menschlichen Alkoholismus dunkel blieb. Er muss nur noch häufiger und in anderen Kombinationen (insbesondere an Nichtsäugetieren oder bei Abstinenz der Mutter und ausschließlicher Alkoholisierung des Vaters) wiederholt werden. Denn er unterliegt dem Einwand, dass keine Vererbung, sondern bloße N a c h - a h m u n g der Eltern vorliegt, die von ihren Jungen nicht getrennt gehalten werden. Man hätte letztere durch eine nicht alkoholisierte Hundeamme aufziehen lassen müssen!

Kabrhel gewöhnte zwei junge H u n d e — Rüde und Hündin — nach der Abstillung allmählich an das B i e r t r i n k e n . Es gelang nur schwer, die Hunde durch Mischung des Bieres in Durst machende Speisen und durch Wasserentziehung mit dem Alkoholkonsum zu befreunden. Dann aber setzten ihn die Hunde auch zur Paarungszeit und während der Schwangerschaft der Hündin fort. Die Hündin warf vier Junge, die anscheinend normal gestillt wurden und sich körperlich gut entwickelten. Als sie neben der Muttermilch auch feste Nahrung vorgesetzt erhielten, suchten sie das der Mutter dargebotene Bier auf und verschmähten Wasser.

Das Ergebnis entbehrt nicht einer gewissen Komik; ins Menschliche, Allzumenschliche übertragen, ist es Tragikomik: Es zeigt den verderblichen H a n g als erblich werdende Eigenschaft, selbst wo er ursprünglich ganz wesensfremd und nur in mühseliger Dressur eingebürgert worden war. Eltern und Erzieher, die — wie man es hierzulande oft beobachtet — ihre Kinder und Schutzbefohlenen zum Alkoholgenuss anhalten, etwa gar mit dem Text, wer niemals einen Rausch gehabt, der sei kein rechter Mann, oder jedermann müsse sein Glas Bier oder Wein vertragen können: solche Eltern und Erzieher sind Schwerverbrecher, nur eben der furchtbaren Verantwortlichkeit ihres Handelns meist unbewusst.

Der Alkohol greift die Keimzellen unmittelbar an; er kann geradezu als „ K e i m g i f t " bezeichnet werden. N i k o t i n hingegen ist, soweit bekannt, namentlich ein Nervengift; Versuche, was die Keime hiervon mittelbar verspüren, liegen meines Wissens nicht vor, — nur eine ebenfalls an Hunden gemachte Erfahrung, die mir aus meinem Bekanntenkreise zugetragen wird. Drei aufeinanderfolgende Generationen chinesischer Palasthündchen zeigten schon von früher Jugend an eine auffällige Neigung für das Verzehren von Tabak. Dieser hier ganz spontan auftretende Geschmack ist beim Hund so unnatürlich, dass er im Pedigree jener Hündchen wohl auf ähnliche Weise zustande kam wie die Vorliebe für Bier bei den Hunden von *Kabrhel*.

Vererbung erworbener Eigenschaften beim Menschen

Geraume Zeit bewegen wir uns somit bereits im Gebiete menschlicher Anwendungen, wobei wir immer wieder betonten, dass nicht einfach die Moral von der G e s c h i c h t e , sondern nur die Moral von der N a t u r g e s c h i c h t e unseren Einsichten und Ausblicken ein gesundes Fundament verleiht. Nur den naturwissenschaftlichen Experimentalbeweis ließen wir als unumstößlich gelten; durch den Vergleichsschluss vom Tierreich her wäre er bindend auch für die Menschennatur, selbst wenn wir hier jedes andere Symptom einer Vererbung erworbener Eigenschaften vermissten. Allein dem ist ja nicht so: Sondern wir haben indirekte und unvollständige Beweise, Anzeichen und A n d e u t u n g e n , d i e a u c h i n n e r h a l b d e r m e n s c h l i c h e n N a t u r f ü r e i n e V e r e r b u n g e r w o r b e n e r E i g e n s c h a f t e n s p r e c h e n und umso schwerer wiegen, als sie mit den experimentellen Untersuchungen an untermenschlichen Lebewesen aufs Beste übereinstimmen.

Ein Riesenbereich solch positiver Indizien, die *Plate* sogar als einwandfreiestes Beweismaterial wertet, ist uns in Gestalt der sogenannten „r u d i m e n t ä r e n O r g a n e " gegeben. *Wiedersheim* zählt über 90 derartiger Ruinen auf, die als kümmerliche Reste ehemals wohlgebildeter Organe und ehemaliger reger Organfunktionen am menschlichen Körper zu finden sind. Am bekanntesten ist der Wurmfortsatz *(Appendix)* des Blinddarmes; die halbmondförmige Falte des inneren Augenwinkels als Rest eines dritten Augenlides, der bei Vögeln und Reptilien noch in Tätigkeit befindlichen Nickhaut; die Muskulatur, die zum Bewegen des Ohres dient, — es gibt freilich noch heute Menschen, die ganz gut mit den Ohren wackeln können, aber doch nicht mehr so virtuos nach allen Seiten, wie irgendein Herdentier, das auf freier Wildbahn von Gefahren umgeben ist.

Zuweilen ereignen sich R ü c k s c h l ä g e (Atavismen), die uns diese oder jene vergessene und verkümmerte Einrichtung noch einmal in etwas schärferer Ausprägung in die Erinnerung rufen: beispielsweise überzählige Brustwarzen, eine Reminiszenz aus der Zeit, da die tierischen Ahnen des Menschen noch fruchtbarer waren und einer größeren Zahl von Säuglingen die Mutterbrust reichten; oder ein überlanges Beibehalten des embryonalen Wollhaarkleides aus der Zeit vollständigerer Behaarung des animalischen Vorfahrenleibes; oder gar ein Schwänzchen, dessen Überbleibsel als verkümmerte Schwanzwirbelsäule oder Steißbein zwar stets vorhanden, aber sonst nicht mehr in Form von Weichteilen auch äußerlich sichtbar ist.

Sämtliche Rudimente — ob atavistisch, ob modern gilt gleichviel — sind Zeugnisse ehedem kräftigerer Formen, die durch verminderten oder veränderten Gebrauch, der keine so ansehnliche Organgröße mehr erforderte, oder erst recht durch totalen Nichtgebrauch im Laufe der Generationen von ihrer stolzen Höhe herabkommen mussten Da die geänderte, meist wohl verminderte oder aufhörende Tätigkeit in geänderter Lebenslage, geänderten Lebensbedürfnissen ihre Wurzel hat, so sind es ebenso viele erworbene Eigenschaften, deren Vererbbarkeit uns in jenen allmählichen Rückbildungen, in diesen örtlichen Degenerationsprodukten bezeugt wird.

Die Vererbung der Sohlenschwiele

Dem alten Anatomen *Albinus* und — in der durch das Mikroskop gebotenen Vervollkommnung — dem zeitgenössischen, zu früh verstorbenen Zoologen *Richard Semon* verdanken wir die Entdeckung eines erblichen Anpassungsphänomens, das nicht einer längst entschwundenen Vergangenheit angehört, sondern noch heutigentags in jeder Generation neu verfolgt werden kann. Noch dazu einen Fall der Vererbung erworbener Eigenschaften, der — obwohl er den Menschen betrifft — in seiner Schlagkraft nahezu an ein planmäßiges Zuchtexperiment heranreicht.

Auf der menschlichen Fußsohle (Abb. 44) entwickelt sich bekanntermaßen eine Hornschwiele, und zwar desto mächtiger, je älter und je schwerer der betreffende Mensch wird; je mehr er geht, — noch stärker, wenn er barfuß geht, als wenn er durch weiche Fußbekleidung geschützt ist. Die Schwiele wird ferner am stärksten längs der sogenannten *Meyerschen* Linie a — b, d. h. an denjenigen Stellen, wo der normal gestaltete Fuß am meisten auftritt: auf der Ferse, dem Ballen und der Beere der großen Zehe. Bei längerer Bettlägerigkeit geht die Schwiele zurück. All diese geläufigen Tatsachen beweisen, dass die Schwiele das Druck-

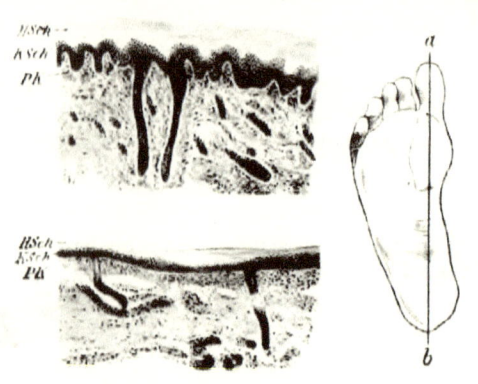

Abb. 43: Fußsohle des Menschen mit der Meyerschen Linie (a—b) stärksten Auftretens und stärkster Schwielenbildung
Links oben Mikrotomschnitt durch die Haut der Fußsohle;unten des Fußrückens, beides von einem 7 1/2 Monate alten menschlichen Embryo.HSch Hornschicht; KSch Keimschicht der Oberhaut (Epidermis), PK Papillarkörper der Unterhaut (Cutis).(Nach R. Semon.)

erzeugnis des auf der Sohle lastenden Körpergewichtes ist — daher eine erworbene Eigenschaft, eine funktionelle Anpassung.

Keine Spur von der Anwesenheit einer Schwiele verrät dem unbewaffneten Auge die Fußsohle des Säuglings: sie ist zart und weich wie ein Rosenblättchen. So ist es also nichts mit der Vererbung dieser erworbenen Eigenschaft? Doch wohl, wenn wir das Mikroskop zu Hilfe nehmen: Dann entdecken wir sogar beim 7 Monate alten Embryo — also lange vor dem späteren Auftreten —, dass die Haut der Fußsohle unzweideutige Zeichen eines schnelleren Wachstums kundgibt: die Hornschicht der Oberhaut *(Epidermis)* ist auf der Fußsohle — und zwar abermals am stärksten an den vorhin bezeichneten Bezirken künftiger stärkster Druckbelastung — weitaus dicker als auf dem Fußrücken; die Keimschicht aber und der darunter liegende, bereits der Lederhaut angehörende „Papillarkörper" falten sich auf der Sohle, was immer ein Symptom lebhafter Gewebsvermehrung ist, wo trotz des Zuwachses mit einem gegebenen Raum ausgereicht werden muss. Auf dem Fußrücken dagegen streichen Keimschicht und Papillarkörper beinahe eben oder nur seicht wellenförmig dahin, weil dort keine wesentliche Größen- und Dickenzunahme stattfindet.

Die Vererbung der Sohlenschwiele

Eine eigentliche, bereits verhornte Schwiele ist also zwar auf der embryonalen Fußsohle und auf der des Neugeborenen noch nicht vorhanden; aber unverkennbare Anläufe dazu, eine solche Schwiele bei später eintretendem Bedarf prompt auszubilden. Wir wollen diesem Umstand eine Anregung entnehmen, die sich gerade für das Heer der menschlichen Anpassungen als besonders fruchtbar erweist: Nicht die angepasste Eigenschaft in ihrer fertigen Gestalt wird vererbt. Aber dadurch dürfen wir uns nicht täuschen lassen, nicht verleiten, ihre Erblichkeit überhaupt zu verneinen! Denn zuverlässig vererbt wird eine entsprechende Vorbereitung, die D i s p o s i t i o n und damit sogar der Z w a n g z u r A u s g e s t a l t u n g, sobald sie von den Lebensumständen g e f o r d e r t oder auch nur beg ü n s t i g t wird.

Was spricht zusammenfassend für die Vererbung erworbener Eigenschaften?

A. Direkte oder experimentelle Beweise.

Folgende künstlich erzeugte Veränderungen übertrugen sich auf die Nachkommen der unmittelbar veränderten Individuen:

1. B e w e g u n g. „Suchbewegungen" weißer Mäuse, die von *Pavlov* durch ein Glockensignal auf Vorhandensein eines Leckerbissens dressiert worden waren. An Larven des kleinen Weidenblattkäfers *(Phratora vitellinae)* sah *Chr. Schröder,* dass sie auf pelzig behaarten Weidenblättern eine minierende Lebensweise annehmen, d. h. im Innern des Blattgewebes bohren, statt nur an der Blattoberfläche laufen.

2. E r n ä h r u n g. Im letztgenannten Beispiel gehen von Generation zu Generation zahlreichere Käfer freiwillig auf die neue Futterpflanze (eine behaarte statt der angestammten glattblätterigen Weide) über und befestigen dort ihre Eier. Raupen mehrerer Schmetterlingsarten (z. B. des Schwammspinners *Ocneria [Lymantria] dispar)* mussten in Versuchen von *Pictet* die Futterpflanze wechseln: Die neue Ernährung hatte bei den fertigen Faltern erbliche Farbveränderungen zur Folge. Schwierige Gewöhnung der Eltern an Bier hatte spontane Neigung für dieses Getränk bei den Nachkommen zur Folge (Versuche mit Hunden — *Kabrhel).*

3. N e s t b a u. Einrollen der Blattränder statt Blattspitzen bei den Raupen der Motte *Gracilaria stigmatella (Chr. Schröder).*

4. F o r t p f l a n z u n g. Ablegen hartschaliger Eier statt weichschaliger (Eidechse *Lacerta serpa — Kämmerer).* Ablegen der Eier im Wasser statt auf dem Lande (Geburtshelferkröte *Alytes — Kämmerer).* Ablegen der Eier auf dem Land statt im Wasser (Laubfrosch *Hyla arborea — Kammerer).* Ablegen von Eiern statt lebend geborener Junge (Eidechse *Lacerta vivipara* und gefleckter Salamander *Salamandra maculosa — Kammerer).* Geburt kiementragender Larven statt fertig entwickelter Junge (Alpensalamander *Salamandra atra — Kammerer).* Geburt fertig entwickelter, lungenatmender Junge statt kiemenatmender Larven (gefleckter Salamander *Salamandra maculosa — Kammerer).*

5. E n t w i c k l u n g, verändert sich in allen aufgezählten Beispielen einer erblich veränderten Fortpflanzung: Verlegung mehrerer Stadien

A. DIREKTE ODER EXPERIMENTELLE BEWEISE.

ins Ei bei der „Landzucht" der Geburtshelferkröte *Alytes;* vorzeitiges Schlüpfen aus dem Ei bei der „Wasserzucht". Eben hier Entwicklung dreier Kiemenpaare statt eines einzigen; Rückbildung des nicht benötigten Dottersackes. Längere, zartere, blutreichere, pigmentärmere Kiemen und frühzeitige Alveolenbildung in der Lunge, wo immer Geburtshelferkröte und Salamander während der Embryonal- und Larvenstadien vom Wasser unabhängiger werden; kürzere, derbere, blutärmere, pigmentreichere Kiemen, die seitlich abgespreizt statt an den Leib angelegt getragen werden, und verzögerte Alveolenbildung in der Lunge, wo immer die Entwicklung vom Wasser abhängiger gemacht wird. Bei gesteigerter Unabhängigkeit vom Wasseraufenthalt auch Rückbildung des Flossensaumes und der Schwanzmuskulatur. — Beibehalten jugendlich unreifer Formzustände (geschlechtsreife Quappe bei der Geburtshelferkröte *Alytes* — *Kammerer);* Fortschreiten zu Endzuständen, die in der Natur selten erreicht werden, sodann erblicher Hang zur Verwandlung in diese Endzustände *(Amblystoma mexicanum* — *Marie* von *Chauvin).*

6.   L e b e n s z y k l u s (P e r i o d i z i t ä t). Frühreife der Maiskörner, durch Verstümmelung oder Verdrehung des Halmes bewirkt *(Blaringham).* Erbliches Beibehalten klimatisch erworbener Blütezeiten (z. B. bei der Goldrute *Solidago virgaurea* — *H. Hoffmann, Detmer).* Erbliches Übergehen von Einjährigkeit zu Mehrjährigkeit, also Verlängerung der Lebensdauer (z. B. beim Wunderbaum *Ricinus communis* — *R. Wettstein).* Manche Pflanzen (z. B. Akazien, Mimosen) vollführen in einem ungefähr zwölfstündigen Rhythmus „Schlafbewegungen": breiten ihre Blättchen tagsüber aus, falten sie nachts zusammen. *Semon* zog Sämlinge in anderem als dem normalen Wechsel zwischen Beleuchtung und Finsternis auf: in einem sechsstündigen, in einem vierundzwanzigständigen Turnus, dem die Blättchen gehorchen lernten. Nach Einübung des neuen Turnus in permanente Beleuchtung oder permanente Dunkelheit gebracht, kehrten die Pflanzen in allmählichen Übergängen zum eingeborenen zwölfstündigen Rhythmus zurück, trotzdem nur ihre Vorfahren, niemals aber sie selbst von jenem natürlichen Tagesrhythmus betroffen worden waren. Nach vielen Anzweifelungen wurde *Semons* Versuch von *Pfeffer* vollinhaltlich bestätigt: Der Wechsel von Tag und Nacht hinterlässt in der Pflanze erbliche Eindrücke. Auch die Jahresperiode (Vegetationsperiode in Rücksicht auf den Wechsel der Jahreszeiten) bewährte sich in Kulturversuchen von *Semon* als erblich. Der sommergrüne Pfirsichbaum wird in den Tropen erblich immergrün (Aussaatversuche von *Bordage* auf Reunion). Erbliche Abänderung des Generationswechsels (zwischen jungfräulich und zweigeschlechtlich sich fortpflanzenden Generationen) bei Wasserflöhen *Daphnia (Woltereck).*

7. **Form.** Steigender Salzgehalt des Wassers bedingt bei dem sonst Süßwasser bewohnenden Röhrenwurm Tubifex (Ferronie) teilweisen Verlust der Borsten; nach einigen Generationen können die an Brackwasser gewöhnten Würmer im Süßwasser nicht mehr leben. Abnehmender Salzgehalt erzeugt beim Salinenkrebschen (Artemia salina) tief gespaltene, reich und lang befranste Abdominalenden (Schwanzgabeln), wodurch Ähnlichkeit mit der Süßwasser bewohnenden Gattung Branchipus von Generation zu Generation gesteigert hervorgebracht wird (Schmankewitsch; nach jahrelangen Anzweifelungen und angeblichen Widerlegungen neuerdings von russischen Forschern vollinhaltlich bestätigt). — Zunehmende Temperatur des Wassers verwandelt niedrige Helme in hohe Helme; schräggestellte, kurze Endstacheln in gerade, lange Endstacheln beim Wasserfloh *Daphnia longispina;* erblich erst nach zweijähriger Einwirkung der Wärme *(Woltereck;* vgl. aber auch Tatsachen gegen die Vererbung erworbener Eigenschaften S. 152). Entwicklung einer Brunstschwiele an den Vordergliedmaßen männlicher Geburtshelferkröten *(Alytes)* aus *Kammerers* „Wasserzucht". Entwicklung übermäßig langer Endröhren nach wiederholter Amputation und Regeneration bei der Seescheide *Ciona (Kammerer).* 9 Generationen von Kaninchen mit Augendefekten nach chemisch erzeugter Defektbildung in 1. Generation *(Guyer* nebst Mitarbeitern).

8. **Farbe.**

a) **Bei veränderter Intensität der Beleuchtung (hell oder dunkel):** Erblicher Schwund des Augenfarbstoffes im Finstern gehaltener Wasserflöhe *Daphnia pulex (Kapterew).* Erbliches Beibehalten der wahrscheinlich erworbenen Farblosigkeit oder nur geringfügige Pigmentansammlungen auf der ungefärbten, dem Boden aufliegenden Körperseite des Flachfisches *Pleuronectes* trotz Beleuchtung von unten *(Cunningham).* Erbliches Beibehalten erworbener Pigmentansammlungen bei Haltung des Grottenolmes *Proteus* im Licht *(Kammerer).*

b) **Bei veränderter Qualität der Beleuchtung (Umgebungsfarbe):** Erbliche Farbanpassung bei Salamandern, Molchen, Kröten, Fröschen, Eidechsen, Schnecken *(Kammerer).* Erbliche Farbanpassungen bei Schmetterlingspuppen *(Leonore Brecher, Duerken);* bei der Stabheuschrecke *(Carausius [Dixippus] morosus — Mac Bride* und *A. Jackson; Przibram* und *L. Brecher).* Die Schmetterlinge *Eupithecia innotata* und *oblongata* erzeugen eine Sommer- und eine Herbstgene-

A. Direkte oder experimentelle Beweise.

ration, deren Raupen verschieden gefärbt sind. Die Herbstfärbung nun kann durch sattgrüne Beleuchtung zum Verschwinden, die Sommergeneration nach 6 derart grün bestrahlten Generationen zur erblichen Permanenz gebracht werden *(Chr. Schröder)*.

c) Bei v e r ä n d e r t e r F e u c h t i g k e i t: Vermehrung der gelben Flecken des gefleckten Salamanders *(Salamandra maculosa)* bei gesteigerter Feuchtigkeit; Verdüsterung der gelben Flecken bei verminderter Feuchtigkeit *(Kammerer)*. Ferner Versuche von *Tower* an Kartoffelblattkäfern *(Leptinotarsa);* Versuche von *Pictet* an Schmetterlingen, besonders am Schwammspinner *(Ocneria [Lymantria] dispar)*.

d) *Bei veränderter Temperatur: Erzeugung einer verblichenen Zwergrasse des Colorado-Kartoffelkäfers (Leptinotarsa decemlineata) bei Hitze (Tower)*. Erzeugung erblich geschwärzter Formen beim Nesselfalter *(Vanessa urticae* — Standfuß*)* und beim gemeinen Bärenspinner *(Arctia caja* — *E. Fischer)* durch Kälte; beim Stachelbeerspanner *(Abraxas grossulariata)* durch Hitze *(Chr. Schröder)*. Erblicher Hitzemelanismus bei Eidechsen *(Kammerer);* Aufhebung von Farbunterschieden der Geschlechter bei Eidechsen *(Kammerer)*.

e) Bei v e r ä n d e r t e r N a h r u n g: Schmetterlingsversuche von *Pictet*.

9. G r ö ß e. *Klimatisch erworbene Größenverschiedenheiten am Stamm, an den Blättern und Blüten, auch Farbverschiedenheiten an all diesen Organen bei Gebirgspflanzen werden von Sämlingen, die in geringerer Seehöhe kultiviert werden, erblich beibehalten: Aussaatversuche von Cieslar an Fichten, Lärchen und anderen Nadelhölzern; von Zederbauer am Hirtentäschel (Capselia bursa pastoris)*. Umgekehrt erbliche Steigerung alpiner Merkmale bei Versetzung in Höhenlagen: Aussaatversuche von *Weinzierl* mit Gräsern, mit anderen Pflanzen von *Bonnier* und *Lesage*. Zwergwuchs in den „Landzuchten", Riesenwuchs in den „Wasserzuchten" der Geburtshelferkröte *(Alytes* — *Kammerer)*. Zwergwuchs und verringertes Wachstum der Haare bei „Hitzeratten", Riesenwuchs und verstärktes Haarwachstum bei Kälteratten *(Przibram);* übermäßiges Wachstum peripherer Körperteile, besonders des Schwanzes gerade bei den im ganzen kleiner bleibenden Hitzeratten *(Przibram)* und -mäusen *(Sumner)*.

10. Krankheit. Operativ erzeugte Epilepsie, erblich beim Meerschweinchen; ebenso vorquellende Augen *(Exophthalmus etc. — Brown-Sequard).* Erfolgreiche Nachprüfung der Epilepsie-Versuche durch *Romanes, Dupuy, Westphal* und *Obersteiner;* siehe aber auch Tatsachen zu ungunsten der Vererbung erworbener Eigenschaften.

11. Giftfestigkeit (Immunität). Erbliche Immunität gegen Bazillus *pyocyaneus* bei Kaninchen (*Gley* und *Charrin*), sogar nur bei Verwendung immunisierter Väter und nicht-immunisierter Mütter, was bei den übrigen Versuchen über Vererbung erworbener Immunität nicht gelungen war (siehe sie daher unter Tatsachen gegen die Vererbung erworbener Eigenschaften). Von Generation zu Generation gesteigerte Immunität gegen Brand- und Rostpilze beim Flachs *(H. S. Bolley). Immunität des Weizens gegen Rost folgt in Kreuzung mit nicht-immunen Pflanzen sogar der Mendelschen Vererbungsregel (Biffen und Nilsson-Ehle).* — Die zahlreichen, sich hier anschließenden Versuche mit Bakterien und Trypanosomen (erbliche Steigerung oder Herabsetzung des krankheitserregenden Stoffwechsels durch Gewöhnung und Wirtswechsel) sind hier weggelassen, weil Übertragung durch ungeschlechtliche Fortpflanzung vielfach nicht als echte „Vererbung" anerkannt wird.

Aus demselben Grunde sind überhaupt sämtliche „Vererbungs"-Versuche mit einzelligen Lebewesen oder Protisten (vgl. aber die Werke von Pringsheim, Semon und Jennings) aus vorliegender Zusammenfassung des Tatsachenmaterials fortgelassen. Sie dürfen dann allerdings auch nicht, wie es seitens einiger Autoren geschieht, gegen die Vererbung erworbener Eigenschaften verwertet werden.

Andererseits haben mehrere Beispiele, die in der ausführlicheren Darstellung der vorausgehenden Kapitel nicht vorkommen, in der kurzen Zusammenfassung noch Aufnahme gefunden.

Beim Durchnehmen dieser Zusammenfassung wird man unschwer erkennen, dass eine ganze Anzahl von Beispielen, die hier nur in je einer Rubrik angeführt erscheinen, in einigen Rubriken ihren Platz finden könnten: so die unter „Größe" verzeichneten Veränderungen der Alpenpflanzen in der Ebene auch unter „Form" und „Farbe"; die ebenfalls unter „Größe" registrierten Proportionsveränderungen bei Ratten und Mäusen ebenso unter „Form" usw.

B. Indirekte, nicht-experimentelle Beweise.

1. Aus der Immunitätslehre. Schließen wir gleich an die zuletzt genannte Tatsachengruppe der „direkten Beweise" an: die natürliche Unempfindlichkeit von Igel, Iltis, Ichneumon, Schlangenbussard u. a. gegen Bisse von Giftschlangen dürfte daher rühren, dass alle schlangenfressenden Tiere im Kampf mit ihrer Beute erblich immun wurden. Vom Igel ist bekannt, dass er in Gegenden, wo keine Giftschlangen Vorkommen, gegen deren Biss auch keineswegs immun ist. Schlangenarten, die vorwiegend andere Schlangen vertilgen (nordamerikanische Kettennatter Ophibolus getulus, südindische Riesenhutschlange Naja bungarus), *sind ausgesprochen nur gegenüber jenen giftigen Schlangen immun, die einen regelmäßigen Bestandteil ihrer Nahrung bilden.*

Auf erblicher Immunität beruht wohl auch die Anpassung der Schmarotzer an ihre Wirte, die in ihrem Körper Abwehrfermente (Gegengifte) erzeugen. Diese müssen von den Schmarotzern erst überwunden werden. Deshalb gedeihen bestimmte Arten von Schmarotzern nur auf oder in bestimmten Wirten; und jede Art von Wirtsorganismen beeinflusst nach und nach ihre Schmarotzer. Ein langer Umgewöhnungsprozess gehört stets dazu, soll in dem Verhältnis zwischen Wirt und Schmarotzer ein Wechsel eintreten. Deshalb lassen sich z. B. Leimmisteln, die auf Tannen gefunden wurden, nicht ohne weiteres auf Laubbäume übertragen und umgekehrt (Keimversuche von *E. Heinricher* mit „Gewöhnungsrassen").

Einen reziproken Tatbestand fand *Klebahn* beim Rostpilz *Puccinea smilacearum,* der normalerweise alle möglichen Spargelgewächse *(Smilaceae)* gleichermaßen leicht befällt. *Klebahn* kultivierte ihn 10 Jahre lang nur in der Maiblume *(Polygonatum multiflorum);* nach Ablauf dieser Zeit vermochte der Pilz verwandte Wirtspflanzen, so die wohlriechende Maiblume *(Convallarla majalis),* die Schattenblume *(Majanthemum bifolium)* und die Einbeere *(Paris quadrifolia)* nur schwer zu infizieren und sich namentlich in ihnen nur schwer weiter zu entwickeln. Derselbe Prozess, den *Klebahn* hier künstlich anbahnte, ist offenbar in jenen zuvor berührten Fällen auf natürlichem Wege vor sich gegangen: Anpassung des parasitären Stoffwechsels an eine bestimmte Art. Überall, wo wir einen Parasiten (gleich der Mistel) schon im Freien einseitig angepasst finden, werden wir diesen Schluss ziehen dürfen.

2. **Parasitismus und Symbiose.** Anpassungen eng zusammenlebender Organismen beschränken sich nicht auf die Widerstandsfähigkeit gegen die Giftigkeit des fremden Stoffwechsels und Eiweißes; vielmehr erstrecken sie sich auf das ganze Aussehen und Funktionieren. Anpassungen in Form und Lebensweise der Organismen aneinander entwickeln sich: einerlei, ob deren Zusammenleben mit Vorteilen nur des einen Teilhabers („Parasitismus") oder beider Teilhaber („Symbiose") verknüpft ist.

Bekannt ist z. B. die eigenartige, so gar nicht typisch seerosenähnliche Gestalt der Mantelaktinien Adamsia, die mit Einsiedlerkrebsen *(Paguridae)* auf Grund wechselseitiger Vorteile vergesellschaftet sind. Der flache Körper von Adamsia ist wachsen. Wir bezogen uns ferner schon S. 86 auf das Schneckengehäuse, worin der Krebs wohnt, ringförmig zu umwachsen. Wir bezogen uns ferner schon S. 86) auf das charakteristische Verhalten von Polyp und Alge, welch letztere im Polypenkörper wuchert; und S. 114 auf Genossenschaften von Ameisen mit unterschiedlichen Pflanzen, die ebenfalls aus ihrem mehr oder minder innigem Zusammenfassen höchst auffällige Anpassungsmerkmale davontrugen. Derartige, zweifellos erblich gewordene Anpassungen müssen aber erworben sein: denn einmal mussten doch die Partner jedweder parasitären oder symbiotischen Gemeinschaft einander zum e r s t e n M a l im Leben ihrer Gattung begegnet sein; sie können nicht von allem Anfang an zusammengelebt haben, daher auch die ihnen wechselseitig „auf den Leib geschriebenen" Merkmale nicht von Urbeginn besessen haben.

Durch sein „P r i n z i p d e r v i r t u e l l e n V e r s c h i e b u n g e n" sucht *Jackmann* im besonderen nachzuweisen, dass auch das Heer der den Menschenkörper ständig bewohnenden Bakterien und anderen Mikroben wesentlich dazu beigetragen habe, die Art Homo sapiens in eine Reihe wohlunterschiedener Rassen zu gliedern.

3. **Lebensweise.** Der australische Nestorpapagei verwandelte sich seit Einführung der Schafherden aus einem Frucht- in einen Fleischfresser. Der afrikanische Madenhacker zog den Weidetieren ursprünglich nur Fliegenmaden aus der mit Hilfe seines scharfen Schnabels gespaltenen Haut; seit Einführung europäischer Haustiere verwandelte sich dieses symbiotische Verhältnis vielerorten in ein parasitisches: der Madenhacker frisst jetzt das Fleisch und trinkt das Blut aus den Wunden, die sein Schnabel schlägt. Der gemeine Haussperling wohnt und nistet in Europa nur auf der Außenseite der Gebäude, verirrt sich höchstens wider Willen ins Innere; nach Amerika importiert, nahm er die Gewohnheit an, innerhalb gewisser Bauten (Gewächshäuser im Lin-

B. Indirekte, nicht-experimentelle Beweise.

coln-Park, Chicago; Dickhäuterhaus im Zoologischen Garten, Bronxpark, New-York) zu überwintern und sich dort auch fortzupflanzen, ohne je das Freie aufzusuchen. Ohne Mithilfe der Vererbung sind derartige ökologische Veränderungen schwer denkbar.

Hunde, ja sogar Katzen, denen das „Aufwarten", „Bitten", „Pfötchen geben" nie gelehrt wurde, erlernen es von selbst, wenn sie von dressierten Eltern stammen, und selbst dann, wenn sie es nicht von ihnen abgucken können. Das spontane „Vorstehen" und „Apportieren" der Jagdhunde und Jagdhundmischlinge unter Verzicht auf eigenes Ergreifen des Wildes, sowie das spontane „Stellen" des Gegners seitens der verschiedenen Polizeihunderassen gehört ebenfalls weit eher hierher als in das Gebiet der Zuchtwahl oder der zufälligen Keimesveränderung.

4. Anatomie. Die negative Erkenntnis, dass Zuchtwahl nicht schöpferisch ist, nähert uns der Annahme, dass ausgesprochen angepasste Formen durch eigene Kraft zustande kamen. Hierher z. B. alle schützenden Ähnlichkeiten mit der Umgebung mögen sie sich in Farbe oder Form, Bewegung oder Stellung ausdrücken. Hierher ferner die zweckmäßige Umbildung aller Bewegungsorgane mit einheitlichem Bauplan (z. B. Extremitäten der Wirbeltiere) für ihren besonderen Gebrauch: Lauf-, Sprung-, Kletter-, Flug-, Schwimmwerkzeuge.

Hierher weiter die Rückbildung aller Organe und Gewebe, die mit Licht und Farbe zu tun haben, bei den in völliger Finsternis lebenden Tieren: Höhlen-, Tiefseebewohner; solche, die unter der Erde, in Pflanzenstämmen oder (Entoparasiten) im Innern tierischer Körper wohnen. Ist bei ihnen Ausbleichen und Augenverkümmerung die Regel, so sind andere, die nur an halbdunklen Orten Vorkommen (Höhleneingang; Wassertiefen, in die noch Licht eindringt; Meerestiefen, die vom Licht selbstleuchtender Organismen schwach erhellt sind) oder nur in der Dämmerung zum Vorschein kommen, mit stark vergrößerten, erhöht lichtempfindlichen Sehwerkzeugen und oft mit düsteren Farben ausgestattet.

Nicht bloß die in Dunkelheit verkümmernden Augen und Pigmente, sondern alle durch Nichtgebrauch rudimentär gewordenen Organe sind indirekte Beweise für die Vererbung erworbener Eigenschaften *(Plate)*. — Stellen der Oberhaut, die während des Lebens häufigen Druckwirkungen und Reibungen ausgesetzt sind, entwickeln Hornschwielen und bleiben haarlos: Ansätze hierzu finden sich lange vor dem Gebrauch bereits am Embryo vor (menschliche Fußsohle — *Albinus, Semon;* Brust und Knie der Kamele, Fersengelenk der Giraffen, Gesäßschwielen der Affen — *Shattock,* Befunde von diesem Autor im verneinenden Sinne gedeutet; Handschwiele des Warzenschweines *Phacochoerus africanus* — *Leche).*

Im späteren Leben erworbene Funktionsfolgen sind ferner schon beim Embryo vorbereitet in folgenden beiden Fällen: Kauflächen auf den Backenzähnen des Dugong *(Kükenthal);* eigentümlich invertierte Gestalt des Magens bei Fledermäusen, weil sie in Ruhelage mit dem Kopfe nach abwärts hängen. *Brüel* ist durch anatomische Studien am Nervensystem von *Firoloida kowalevskyi* zu dem Schlüsse gelangt, dass die Verlegung des Begattungsorganes an die rechte Seite des Eingeweidesackes und die entsprechend geänderte Nervenversorgung (Vermehrung der Nervenfasern gerade an der rechten Seite) nur durch den geänderten Gebrauch geschehen konnte.

5. Entwicklungsgeschichte. Wenn jeder Keimling während seiner Entwicklung vom Ei zum fertigen Zustand all die Stufen noch einmal rasch durchlaufen muss, die bei seinen Vorfahren bereits Endzustände bildeten, so ist diese „biogenetische Wiederholung" ohne Vererbung erworbener Eigenschaften einfach unerklärlich *(Mac Bride).* Wenn z. B. jeder menschliche Embryo durch ein Stadium geht, wo er Kiemen und flossenförmige Gliedmaßen entwickelt, so ist diese Reminiszenz an das Wasserleben seiner Urahnen nur möglich, weil selbst Anpassungen an ein ganz anderes als das gegenwärtige Milieu nicht leicht verloren gehen, sondern durch Vererbung festgehalten werden.

Die erblichen Monstrositäten der japanischen Goldfischzucht entstehen durch „Plasmaschwäche" *(Tornier, Milewski)* infolge schlechter Lebensbedingungen, angeblich auch durch absichtliches Schütteln des Laiches (Robert T. Hance, Journal of Heredity 1924); ebenso sind die viel bestaunten übrigen Produkte der ostasiatischen Tier- und Pflanzenzucht nicht das Ergebnis wohlüberlegter Auslese, sondern direkter individueller Bewirkung.

6. Urgeschichte. Die Beispiele von Anpassungen, die wir unter „Anatomie" aufzählten, und die nicht durch Zuchtwahl entstanden sein können, werden durch die Dokumente der Versteinerungskunde vielfältig ergänzt. Die Paläontologen (nur beispielsweise: *Cope, Osborn, Abel)* haben sich daher der Lehre von der Vererbung erworbener Eigenschaften niemals so weit entfremdet wie die Biologen; ja manche gehen in der Bejahung jener Lehre weiter als die darin positivsten Biologen: so O. *Abel,* der in seiner „Paläobiologie" ohne Weiteres sogar die Vererbung von Verletzungen als unentbehrlich für die Stammesentwicklung annimmt.

B. Indirekte, nicht-experimentelle Beweise.

Besonders lehrreich sind die Umbildungen der Bewegungsorgane in aufeinanderfolgenden Perioden der Erdgeschichte: so das Fortschreiten vom Sohlengang zum Zehengang unter gleichzeitiger Einschränkung der Finger- und Zehenzahl zum Zwecke rascherer Fortbewegung auf festem, ebenem Boden. Diese Umwandlung hat gleichsinnig und unabhängig in den verschiedensten Gruppen stattgefunden: bei den Pferden, Wiederkäuern, springenden Nagetieren, springenden Kerfjägern *(Macroscelites)*, springenden Beuteltieren (Känguru) u. a., bei den Dinosauriern und Straußen.

7. Geographische Verbreitung. Gegenden mit charakteristischer Boden- und Klimabeschaffenheit beherbergen, falls überhaupt von Lebewesen besiedelt, stets eine korrespondierend charakterisierte Flora und Fauna: Polarländer, Wüstengebiete, Hochgebirge und Tiefländer, Ströme und Seen, Küsten, Hoch- und Tiefsee etc. Die Säugetiere und Vögel Nordamerikas werden von Norden und Osten nach Süden und Westen zunehmend heller und kleiner *(G. M. Allen);* dasselbe gilt vom Koloradokäfer *(Leptinotarsa decemlineata — Tower)*. Die Landschnecken auf Celebes *(Sarasin)* und die Schneckengattung Cerion auf den Bahamas *(Plate)* bilden Formenketten, die in westöstlicher Richtung regelmäßig abgestufte Veränderungen aufweisen.

Wo Tier- und Pflanzenbestände von ihren Nachbarbeständen (durch Wasserarme, Gebirge, Täler, Vegetationsgürtel, die ihren Lebensbedürfnissen nicht Zusagen u. a.) abgeschnitten sind, entstehen L o k a l f o r m e n . Diese weichen von ihren Stammformen umso mehr ab, je weiter die räumliche Trennung zeitlich zurückreicht.

Am schärfsten ausgesprochen sind derartige Lokalformen auf kleinen, landfernen Eilanden. Auf den Galapagosinseln *(Ch.Darwin, Beebe)*, vielen Inselgruppen des Stillen Ozeans, den Seychellen usw. ist die Ausprägung der Lokalformen bis zur Neuschöpfung selbständiger Arten, Gattungen und Familien gediehen; hingegen sind die noch nicht so lange zersplitterten „Scoglien" der dalmatinischen Inselwelt von denselben Arten bewohnt, die auch auf dem Festland Dalmatiens und Italiens Vorkommen, jedoch nicht ohne dass sich auf jeder Felsenklippe bereits eine von ihren Nachbarn abweichende Spielart herausgebildet hätte. Derselbe Prozess erblicher Anpassung an die lokalen Verhältnisse, der auf uralt abgetrennten Inseln bis zur Entstehung eigener Arten vorgeschritten ist, befindet sich auf jung abgetrennten Inseln erst in statu nascendi.

Was spricht zusammenfassend gegen die Vererbung erworbener Eigenschaften?

A. Direkte oder experimentelle Gegenbeweise.

Folgende künstlich erzeugten Veränderungen übertrugen sich n i c h t auf die Nachkommen der unmittelbar veränderten Individuen:

1. B e w e g u n g . *Payne* züchtete die Obstfliege *(Drosophila ampelophora)* 49 Generationen hindurch in vollständiger Finsternis. Körperliche Änderungen wurden nicht bemerkt, wohl aber von der 10. Generation ab eine Veränderung der Bewegungsantriebe: die normalen Fliegen suchen immer die hellsten Stellen a u f ; die im Finsteren gezüchteten aber flogen immer weniger gerne ins Licht. Selbst als ihre Nachkommen wieder bei Tagesbeleuchtung gezogen wurden, schienen sie noch eine Herabminderung ihrer ursprünglichen Vorliebe für Helligkeit zu besitzen. Diesen positiven Befund zog *Payne* in einer zweiten Veröffentlichung zurück, nachdem er 69 Generationen der Obstfliege im Dunkeln gezüchtet, Stärke und Häufigkeit der Bewegungstendenz zum Licht („positiven Phototaxis") quantitativ gemessen hatte.

Die Zwangsbewegungen von *Griffiths* weißen Ratten sind laut *Detlefsen* nicht auf Vererbung der von ihren Vorfahren in rotierenden Käfigen erlernten Gegenbewegung zurückzuführen, sondern auf Infektion des dort zugrunde gerichteten Ohrlabyrinthes: eine bakterielle Infektion, die schließlich auch auf Ratten Übergriff, die selbst und deren Vorfahren stets in unbewegten Käfigen gelebt hatten.

2. L e b e n s z y k l u s (P e r i o d i z i t ä t) . Der Sommerweizen *(Triticurn vulgare aristatum)* braucht in Deutschland etwas über 100 Tage, um reif zu werden. *Schübeler* baute denselben Sommerweizen in Norwegen an, wo er in seiner dritten, nördlich gezogenen Generation nur 75 Tage bis zur Reife nötig hatte, weil die Sonne dort von Mitte Mai bis Ende August viel länger scheint. Nun wurde ein Teil der Ernte nach Deutschland zurückgebracht, der Rest in Norwegen weiter kultiviert: Hier brauchte er wie im Vorjahr 75, dort aber ebenfalls jetzt nur noch 80 Tage zur Reife.

Dieser positive Befund konnte, trotzdem er von *Semon* scharfsinnig verteidigt wurde, namentlich nach einer Kritik von *Wille* nicht mehr aufrechterhalten werden. Der von *Schübeler* zu seinen Anbauversuchen verwendete Weizen stellte ein Gemisch aus etwas früher und etwas spä-

A. Direkte oder experimentelle Gegenbeweise.

ter reif werdenden Sorten dar: jene gelangen in Norwegen, diese in Deutschland eher zur Ernte. Das Ergebnis könnte daher einer Auslese und nicht einer Anpassung zuzuschreiben sein.

3. G r ö ß e . Klimatisch erworbene Dimensionsverschiedenheiten bei Pflanzen, die einerseits im Gebirge, andererseits in der Ebene wachsen, sind nicht immer und unter allen Umständen (siehe Tatsachen zugunsten der Vererbung erworbener Eigenschaften, „9. Größe") erblich. Bei manchen Arten kann jedes Exemplar nach Belieben die Hochlands- oder Tieflandsproportion annehmen, je nachdem, wo es ausgesät wurde. Beim Löwenzahn *(Taraxacum officinale)* lässt sich sogar ein und dasselbe Exemplar spalten: die eine Hälfte, in ansehnlicher Höhe ausgesetzt, entwickelt sich zur Bergform; die andere, in geringer Seehöhe gepflanzt, wird zur Talform, worauf beide so verschieden aussehen, als wären sie grundverschiedene Arten *(Bonnier)*.

Größenunterschiede von Bohnen, die durch deren verschiedene Lage in der Hülse und daher wohl durch verschieden gute Ernährung zustande kamen, werden nicht vererbt: alle aufeinanderfolgenden Ernten (Generationen) zeigen wieder alle Größengrade in gleicher Verteilung, einerlei, ob man nur größte oder nur kleinste Bohnen zur Aussaat verwandte *(Baur)*.

4. F o r m . Verstümmelungen, Verletzungen und mechanische Verkrüppelungen als solche vererben sich nicht: kupierte Ohren und Schwänze bei gewissen Hunderassen und Pferden, für das Tragen von Ohrgehängen gestochene Ohren, Zirkumzision bei den Semiten, Verkrüppelung der Füße bei Chinesinnen und ähnliches hinterlassen keine Spuren bei den Nachkommen. Zwar werden manchmal Hunde und Katzen mit Stummelschwänzen, Menschen mit verkümmertem Präputium geboren; aber das geschieht auch bei Rassen und in Familien, wo niemals operativ eingegriffen wurde.

Hierher gehört auch der berühmte Mäuseschwanz-Versuch von *Weismann* aus dem Jahre 1882, der bis auf den heutigen Tag die oberste Instanz bildet, auf die sich die Gegner der Vererbung erworbener Eigenschaften berufen. Es ist sonst nicht üblich, auf Untersuchungen, die so viele Jahre zurückliegen, den neuesten Stand einer Wissenschaft zu begründen; zumal wenn erweiterte und variierte Nachuntersuchungen nicht ausreichend vorgenommen wurden.

Nur *Ritzema Bos* (1891) hat *Weismanns* Mäuseversuch an R a t t e n , denen ebenfalls der Schwanz, sowie *Bogdanow* an F l i e g e n , denen durch 10 Generationen die Flügel amputiert wurden, wiederholt. Im letztgenannten Versuch zeigte sich auch keine Abnahme der Flugfähigkeit bei den wiederum mit normal großen Flügeln versehenen Nachkommen.

Dieselbe Erhöhung des Kopfhelmes, Verlängerung und Aufrichtung des Schwanzstachels, die *Woltereck* beim Wasserfloh *Daphnia longispina* nach zweijähriger Wärmekultur erblich werden sah, fand *Wolfgang Ostwald* bei der verwandten Gattung *Hyalodaphnia* nicht erblich: wohl nur, weil er die Versuche hierfür nicht lange genug fortgesetzt hatte.

5. Farbe. Für dieselben Verfärbungen, die *Mac Bride* und *Jackson, Przibram* und *L. Brecher* (siehe Tatsachen zugunsten der Vererbung erworbener Eigenschaften, „8. Farbe") bei der Stabheuschrecke *(Carausius [Dixippus] morosus)* hatten erblich werden sehen, konnte *Schleip* keinerlei Erblichkeit nachweisen: vererbt werde nur die Fähigkeit jeder Generation (jedes Exemplars), jene Färbungen nach Bedarf anzunehmen.

Von der chinesischen Schlüsselblume *(Primula sinensis)* gibt es eine weißblühende Rasse; sie ist aber innerlich verschieden von der Form, die man im Warmhaus zieht, wo die gewöhnlichen, lilafarbenen Blüten der chinesischen Primel weiß werden. Sie vererben aber diese Veränderung nicht, sondern treiben im Kalthaus jederzeit wiederum lila Blüten, wogegen die weiße Rasse bei allen Temperaturen weißblütig bleibt *(Baur)*.

Dieselbe Entfärbung des Auges, die *Kapterew* beim Wasserfloh *(Daphnia pulex)* im Finsteren erblich werden sah, beobachtete *Papanicolau* auch im Licht und hält sie deshalb für eine allgemeine, nicht von äußeren Einflüssen abhängige Degenerationserscheinung.

6. Krankheit. Ähnlich ist die Deutung, die *Maciesza* und *Wrosek* ihrer Nachprüfung der Versuche von *Brown-Sequard* geben, obwohl auch sie die Disposition zur Epilepsie bei den Nachkommen der auf operativem Wege epileptisch gemachten Meerschweinchen gesteigert fanden. Ganz negativ waren nur die Ergebnisse der gleichen Nachprüfung durch *Sommer:* Doch sind sie nur an einem kleinen Material gewonnen.

7. Giftfestigkeit (Immunität). Eine gewisse Widerstandsfähigkeit bei den Nachkommen gegen Rizin und Abrin immunisierter Mäuse (Ehrlich), gegen Tetanus immunisierter Mäuse und gegen Tollwut immunisierter Kaninchen *(Tizzoni* und *Cattaneo),* gegen Diphtherie immunisierter Kaninchen *(Behring)* konnte nur beobachtet werden, wenn beide Eltern oder wenigstens die Mütter, nicht aber, wenn nur

A. Direkte oder experimentelle Gegenbeweise.

die Väter immunisiert worden waren. Dasselbe bei Kaninchen, die gegen Leberextrakte des Meerschweinchens immunisiert worden waren, welche als artfremdes Eiweiß normalerweise auf Kaninchen giftig wirken *(Charrin* und *Delamare)*. Dass die Immunität in all diesen Fällen durch den Vater nicht übertragen werden kann, deutet darauf hin, dass die Übertragung nicht durch die Keimzellen, sondern durch Mutterkuchen und Muttermilch stattfindet. Vögel, welche diese Ernährungseinrichtungen nicht besitzen, zeigen daher gar keine Übertragung erworbener Immunität: so die Nachkommen der von *Lustig* gegen Abrin immunisierten Hühner.

8. Mendelismus. Aus Gründen, die hier nicht wiederholt werden sollen, weil sie ja rein theoretischer Natur sind und daher nicht in ein Kapitel passen, das so weit als möglich nur einer Zusammenfassung der Tatsachen gewidmet ist (vgl. aber S. 63), hat man die bei der Rassenkreuzung gefundenen Regelmäßigkeiten — bekannt als „*Mendelsche* Vererbungsgesetze" — insgesamt als Beweismaterial gegen die Vererbung erworbener Eigenschaften verwenden wollen. Hauptsächlich diese Erfahrungen der Bastardforschung sind meist gemeint, wenn die Gegner von erdrückenden Beweisen gegen die Vererbung erworbener Eigenschaften sprechen.

Aber erstens beschäftigen sich die Kreuzungsversuche gar nicht mit erworbenen Eigenschaften: sie sind Versuche über Vererbung angeborener Eigenschaften und können daher über Vererbung erworbener Eigenschaften keinerlei direkte Aufschlüsse gewähren. Um eine Erscheinung als unmöglich nachzuweisen, muss man sich doch mindestens dieser Erscheinung selbst gewidmet haben.

Zweitens kann man eine Unmöglichkeit überhaupt nie erweisen; mindestens wird solch ein Beweis, und sei er auf noch so vielfache, altbewährte Erfahrung gegründet, durch die erste, einzige bejahende Erfahrung sogleich umgestoßen. Der gegenwärtige Fall liegt aber gar nicht so, dass unzähligen verneinenden Erfahrungen nur wenige, bejahende gegenüberstehen, die dann trotzdem jenen vorgezogen werden müssten; die überwältigende Mehrheit der Erfahrungen liegt durchaus positiv bei der Vererbung erworbener Eigenschaften, wenigstens soweit der planmäßige, wissenschaftliche Versuch als Quelle der Erfahrung in Frage kommt: dass aber diese Quelle die wichtigste ist, hat wohl noch kein Mann der Wissenschaft bezweifelt.

Endlich erledigt sich das mendelistische Material angeblicher Gegenbeweise dadurch, dass manche erworbenen Eigenschaften, nachdem sie erblich wurden, in der Kreuzung mit unveränderten Exemplaren selber ein mendelndes Verhalten zeigen (Experimentalformen des Kartoffelblattkäfers *Leptinotarsa* — Tower; der Geburtshelferkröte *Alytes* — Kammerer; durch Kälte erzeugte Neigung zur Bildung überzähliger Gliedmaßen bei der Obstfliege *Drosophila* — Hoge).

9. Xenien. Die Doppelbefruchtung des Pflanzensamens, die dem Nährgewebe z. B. einer Kreuzung aus mütterlicherseits gelb- und väterlicherseits blaukörnigem Mais die Farbe Blau der väterlichen Rasse gibt, wird als experimenteller Beweis gegen die Vererbung erworbener Eigenschaften aufgefasst ln welchem Sinne, wurde auf S. 107f. ausgeführt. Dort wurde auch bereits erklärt, warum diese falschen „Xenien" des Pflanzenreiches in Wahrheit nichts gegen die Vererbung erworbener Eigenschaften aussagen: es gibt daneben echte Xenien (Apfel), namentlich auch im Tierreich! *A. v. Tschermak* entdeckte diese gelegentlich der Kreuzung von Finkenarten und Hühnerrassen: hier zeigt sich ein in der Tat rein mütterliches Produkt (die Eischale) von väterlichen Eigenschaften beeinflusst Dies kann nur durch Fernübertragung (somatische Induktion) jener väterlichen Eigenschaften in mütterliches Gewebe erklärt werden. Mit jedem Falle solcher Fernwirkung wird aber auch die echte Vererbung erworbener Eigenschaften unserer Einsicht zugänglicher.

10. Pfropfung. Die Transplantationsregel, dass Stammstück und Pfropfstück sich in ihren Eigenschaften nicht beeinflussen, lässt keine derartige Übertragung in die Ferne erkennen, welche eine der Voraussetzungen bildet, soll echte Vererbung erworbener Eigenschaften möglich sein.

Insbesondere, wenn Keimdrüsen in fremde Rassen verpflanzt werden und hier Nachkommen liefern, bildet die Unabhängigkeit zwischen Pfropfreis und Stamm ein starkes Bollwerk gegen die Vererbung erworbener Eigenschaften. Denn wo immer Keimdrüsen verschiedener Rassen erfolgreich vertauscht wurden, entsprach die Beschaffenheit der Nachkommen dem wirklichen Ursprung der Keime und nicht der fremden Unterlage, auf der sie nachträglich wuchsen. Spricht dieser besondere Fall von Unabhängigkeit aufeinander gepfropfter Teile zugleich für allgemeine Unabhängigkeit zwischen Körper und Keim? Dann wäre er der stärkste und direkteste Beweis gegen die Vererbung erworbener Eigenschaften.

Indessen wurde der Vertauschungsversuch stets nur unter Verwendung alter, fertiger Rassen ausgeführt; nicht mit Rassen, die insofern unfertig waren, als das Verhalten soeben erworbener Eigenschaften an ihnen beobachtet werden konnte. Von der Pfropfung gilt daher dasselbe wie von der Kreuzung: soll man etwas über Vererbung erworbener Ei-

A. Direkte oder experimentelle Gegenbeweise.

genschaften aussagen dürfen — sei es im bejahenden, sei es im verneinenden Sinne —, so muss der Versuch an erworbenen Eigenschaften gemacht worden sein. Diese selbstverständliche Bedingung ist — den Austausch von Keimdrüsen betreffend — bisher nur bei der experimentell erworbenen Streifenzeichnung des gefleckten Salamanders *(Kammerer)* erfüllt worden; und hier zeigt sich die Nachkommenschaft der transplantierten Keimdrüse von ihrer rassenfremden Unterlage beeinflusst

Auch außerhalb der Keimdrüsenpfropfung erleidet die Unabhängigkeitsregel der Transplantation ihre Ausnahmen, deren Zahl gegenwärtig im Anwachsen begriffen ist (vgl. S. 105). So lässt sich denn das Tatsachengebiet der Pfropfung heute nicht mehr zur Widerlegung der Vererbung erworbener Eigenschaften verwerten.

11. C h i m ä r e n . Die Chimären oder falschen Pfropfbastarde gehören aber jedenfalls nicht zu jenen Ausnahmen von der Unabhängigkeitsregel der Transplantation. Pfropfhybride sind Mischlinge, die durch Aufeinanderpfropfen von Körperteilen statt durch Verschmelzung von Keimzellen entstehen; allein vielfach erwiesen sie sich als Trug, als bloße „Chimären". Die stammelterlichen Gewebe blieben in Wirklichkeit vollkommen artrein und täuschten nur durch ihr Ober- und Nebeneinanderwachsen ein Mischlingsgebilde vor. Diese Entlarvung der vermeintlichen Pfropfbastarde war ein Sieg für die Gegner der Vererbung erworbener Eigenschaften; die glänzendste Bestätigung der Transplantationsregel, wonach Stamm und Pfropfreis unabhängig bleiben, selbst in Fällen, wo sie sich auf das Innigste zu verbinden schienen.

Mit jedem Ausnahmefall jedoch, wo Stamm und Pfropfreis einander beeinflussen, verlieren auch die Chimären — in ihrer Eigenschaft als Beweisstücke gegen die Vererbung erworbener Eigenschaften — an Wert. Dies umso mehr, als eine jener Ausnahmen den Pfropfhybridismus selbst betrifft: *Solanum Darwinianum* ist ein echter Pfropfbastard von Tomate und schwarzem Nachtschatten; seine Zellen sind nicht artrein, sondern verraten ihren Mischlingscharakter, indem ihre Chromosomen aus denen der beiden Stammeltern kombiniert sind.

B. Indirekte, nicht-experimentelle Gegenbeweise.

Ist es schon überhaupt schwer, etwas Negatives zu beweisen, so ist die Schwierigkeit am größten, wenn der Gegenbeweis bloß indirekt, nicht mit Hilfe von Experimenten, sondern mit Hilfe einfacher Beobachtungen und daraus gefolgerter Schlüsse geschehen soll, deren Beweiskraft ja von vornherein schwächer ist.

1. Mutationen. Zuweilen treten deutliche Veränderungen scheinbar ohne Wechsel der äußeren Lebensbedingungen auf: zunächst vielleicht nur an verhältnismäßig wenigen Exemplaren; da sich aber diese deutlichen Veränderungen (Mutationen) sofort in vollem Ausmaße vererben, ist Gelegenheit gegeben, dass sich die neuen Eigenschaften reichlich vermehren und ausbreiten.

Als das Vertrauen in die Vererbung erworbener Eigenschaften durch *Weismanns* fast allgemein angenommene Keimplasmalehre erschüttert wurde; als sich weiterhin herausstellte, dass die zweite Triebkraft des Artenwandels — die Auslese — unvermögend ist, die Entstehung und Steigerung von Eigenschaften zu bewirken, da wurde die Entdeckung der Mutationen durch *De Vries* warm begrüßt: wie in einem späteren Kapitel („Entwicklungsgedanke und Gegenwart") ausführlicher gezeigt werden soll, blieben ja die Mutationen der einzige Stützpunkt der gesamten Entwicklungslehre.

Was sprach denn aber dagegen, die n e u e n   e r b l i c h e n Eigenschaften, welche seit *De Vries* „Mutationen" genannt wurden, einfach den „e r w o r b e n e n Eigenschaften" der älteren Deszendenztheorie gleichzusetzen?

Dagegen sprach der Umstand, dass die Mutationen — wie vorhin erwähnt — in der Lage zu sein schienen, ohne Beziehung zu Änderungen der Außenwelt aufzutreten. Lediglich innere Änderungen des Keimplasmas, Erschütterungen seiner intimsten, molekularen Struktur sollten für die plötzlich in Erscheinung tretenden Mutationen verantwortlich sein. Indem diese bloße Annahme oder Voraussetzung einer rein innerlichen Bedingtheit ohne Weiteres zur Tatsache gestempelt wurde, war die Vererbung äußerlich erworbener Eigenschaften entbehrlich geworden.

Wie ebenfalls jenem späteren Kapitel „Entwicklungsgedanke und Gegenwart" auszuführen überlassen bleiben soll, ist es aber ganz unrichtig, dass die Mutationen unabhängig von der äußeren Lebenslage und daher rein von innen heraus zum Vorschein kommen. Wie namentlich

B. INDIREKTE, NICHT-EXPERIMENTELLE GEGENBEWEISE.

von *Tower* für das Tierreich, von *Mac Dougal* für das Pflanzenreich experimentell erwiesen, entstehen auch die Mutationen durch äußere Bewirkung. Eine lange Reihe nicht experimentell ermittelter, einfacher Beobachtungstatsachen spricht ebenfalls dafür (vgl. S. 175ff.). Die Gleichsetzung der Mutationen und erworbenen Eigenschaften ist vollauf gerechtfertigt.

Übrigens waren die ersten, von De Vries entdeckten Mutationen der Nachtkerze (Genothera lamarckiana) gar keine echten Mutationen. Die Genothera-Pflanzen, mit denen De Vries seine Beobachtungen begann, entpuppten sich nachher als Bastarde: die reinen Rassen, die sich im Verlaufe der Zucht aus jenem Gemisch nach Mendelscher Art abspalteten, wurden als Mutationen verkannt. Genau der Einwand, der gegen die meisten Zuchtversuche über Vererbung erworbener Eigenschaften erhoben wird — der Einwand nämlich, dass ein Mischtypus anstelle eines reinen Typus als Ausgangsmaterial verwendet wurde, und dass daher die scheinbar erworbenen Eigenschaften nichts anderes seien als alte Eigenschaften, die aus dem Gemisch in gereinigtem Zustande zum Durchbruch kamen — gerade dieser Einwand ist auf die ersten Mutationen anwendbar.

Aus späteren Ermittlungen steht jedoch die Existenz der Mutationen zweifelsfrei fest. Es wird in der Geschichte der Wissenschaften immer merkwürdig bleiben, wie man auf dem Umwege über den Irrtum zur Wahrheit gelangt (siehe *Vaihingers* Philosophie des „Als ob"). Und in der Geschichte *dieser* wissenschaftlichen Umwege bildet die Entdeckung der Mutationen eines der merkwürdigsten Kapitel!

2. Geographische Verbreitung. Wie denn aber, wenn wirklich die Mutationen nicht nur durch innere Umgruppierung der Keimanlagen, sondern in Abhängigkeit von der Lebenslage entstehen: Wie kommt es dann, dass grundverschiedene erbliche Variationen (eben Mutationen) in derselben Gegend neben- und durcheinander Vorkommen? Sie sind dort allesamt den gleichen Lebensbedingungen unterworfen: Folglich müssen sie doch von diesen Bedingungen unabhängig sein, unabhängig von äußeren Bedingungen auch entstanden sein?

Ein Beispiel: die gewöhnliche Gartenschnecke *(Helix hortensis)* tritt in einfachen gelben Gehäusen auf oder in Gehäusen, die auf gelbem Grund schwarz gebändert sind. Die Bänderzeichnung kann breiter oder schmäler, reicher oder spärlicher vertreten sein, im ersteren Falle bis zur Verdrängung der gelben Grundfärbung und völligen Schwarzfärbung gehen. Außer den gelben Gehäusen gibt es auch rote und weißliche. Für die meisten dieser Farbrassen hat *A. Lang* durch Zucht volle Erblichkeit erwiesen. Man kann sie aber gelegentlich eines warmen Regens unter Umständen alle an ein und derselben Hecke sammeln. Daraus, dass es sich also hier keineswegs um Lokalrassen handelt, würde geschlossen, dass sie rein innerlichen Ursachen ihre Entstehung verdanken.

Aber nur ein schwacher Denker wird diesen Schluss riskieren. Die Rassen (oder — in einem anderen Falle — Arten) brauchen nicht von jeher dieselbe Örtlichkeit bewohnt zu haben; ihr Beisammenleben kann das Ergebnis späterer Einwanderung sein. Sie können auch zu verschiedenen Zeiten entstanden sein, als die Umstände nicht dieselben waren, wie sie es heute sind. Gerade wenn es eine Vererbung jener an verschiedenen Orten oder zu verschiedenen Zeiten erworbenen Eigenschaften gibt, muss die nachträgliche Ausgleichung der Bedingungen die ursprüngliche Verschiedenheit der erworbenen Merkmale unangetastet lassen. Genau wie *Sumners* Mäuse und *Przibrams* Ratten, die in der Hitze langschwänzig und in der Kälte kurzschwänzig wurden, annähernd so bleiben und daher leicht unterscheidbar sind, wenn sie und ihre Nachkommen später gemeinsam in mittleren Temperaturen aufwachsen.

Die Gegner führen also gegen die Vererbung erworbener Eigenschaften eine Tatsache an, die nur dann und gerade dann eintreffen muss, wenn es Vererbung erworbener Eigenschaften gibt; und die wir wahrscheinlich nirgendwo vorfinden würden, wenn es Vererbung erworbener Eigenschaften nicht gäbe.

3. Theoretische Gegengründe. Als *Semon* im Jahre 1907 „Beweise für die Vererbung erworbener Eigenschaften" sammelte, brauchte er nur folgende vier Haupteinwände zu unterscheiden:

- Einwand, es handle sich um direkte Beeinflussung der Keimzellen.
- Einwand, es handle sich um Zuchtwahl.
- Einwand, es handle sich um Atavismus.
- Einwand des logischen Gegenbeweises.

Die Zahl der rein theoretischen Einwände ist seitdem größer geworden; und wir benötigen eine reichere Gliederung in Gruppen, um die heutigen Einwände zu ordnen:

1. Einwand, es handle sich um direkte (physikalische, nicht physiologische) Beeinflussung der Keimzellen. Das Resultat einer solchen Beeinflussung ist nicht echte Vererbung, sondern Scheinvererbung oder bloße Nachwirkung einer nicht-erblichen „Modifikation". Sogar „kumulative Nachwir-

B. INDIREKTE, NICHT-EXPERIMENTELLE GEGENBEWEISE.

kung" *(Alverdes).* Anhäufung der Modifikationen durch viele Generationen kommt vor und berührt den Einwand nicht.

2. Einwand, es handle sich um p a r a l l e l e (nicht somatische) I n d u k t i o n der Keimzellen. Das Resultat kann echte Vererbung, dauernde Veränderung des Keimplasmas und seiner Erzeugnisse sein; aber es ist keine echte Vererbung erworbener Eigenschaften, sondern die Vererbung einer „M u t a t i o n ".

3. Einwand, es handle sich nicht um erworbene Eigenschaften, sondern um reine Linien („B i o t y p e n"), die aus einem gemischten Bestände („P h ä n o t y p u s") durch die Wirkung äußerer Umstände oder auch unabhängig von ihnen hervortreten.

4. Einwand, es handle sich um natürliche oder künstliche, ab sichtliche oder unabsichtliche, in der Gegenwart oder Vergangenheit wirksam gewesene Z u c h t w a h l, die vermeintlich „erworbene Eigenschaften" herausarbeitet, im Falle sie zweckmäßig sind und daher „S e l e k t i o n s w e r t" besitzen.

5. Einwand, es handle sich um A t a v i s m u s: die „erworbene" Eigenschaft ist nicht erworben, sondern war nur verborgen („l a t e n t", siehe Einwand Nr. 3) und blieb uns deshalb unbekannt. Ihre ursprüngliche Ausprägung wie ihre augenblickliche Wiedererweckung kann das Ergebnis eines Selektionsprozesses sein (siehe Einwand Nr. 4).

6. Einwand, es handle sich um „t r a n s g r e s s i v e V a r i a b i l i t ä t" *(Lang)* oder „o s z i l l i e r e n d e M u t a t i o n" *(Cuenot):* keine Eigenschaft vererbt sich als solche; sondern nur die Fähigkeit wird vererbt, je nach den Lebensbedingungen in dieser oder der entgegengesetzten Richtung zu reagieren *(Baur).* Reagiert daher eine Eigenschaft unter abgeänderten Bedingungen mit einer Änderung, so liegt sie innerhalb der normalen „R e a k t i o n s n o r m" *(Woltereck);* die Änderung braucht wiederum kein Neuerwerb zu sein.

7. Einwand des l o g i s c h e n G e g e n b e w e i s e s *(Weismann):* Die Vererbung erworbener Eigenschaften ist unvorstellbar; folglich existiert sie nicht.

Alle vorausgegangenen Kapitel ließen sich die Widerlegung dieser Einwände und Einwandgruppen angelegen sein; ebenso werden die folgenden Kapitel noch zu ihrer Entkräftung beitragen. Daher erübrigt sich im gegenwärtigen, zusammenfassenden Kapitel, das — soweit es die Sachlage eben zulässt — einer knappen Zusammenstellung vorwiegend nur der Tatsachen dienen sollte, die eingehende Auseinandersetzung mit theoretischen Argumenten. Zum Teile richten sie sich selbst durch ihre bloße Aufzählung: so namentlich der köstliche Einwand des logischen Gegenbeweises.

Man wird sich jetzt — nach Kenntnisnahme aller Tatsachen und Auslegungen, die ich hier gegen die Vererbung erworbener Eigenschaften vorbrachte — des Eindruckes hoffentlich nicht entschlagen können, dass ich mich bemühte, dieses Material an Gegenbeweisen möglichst reichhaltig zu gestalten. Aber selbst dem advocatus diaboli kann es nicht gelingen, dieses negative Material nur halbwegs so schlagkräftig und umfangreich darzustellen wie das positive Beweismaterial.

Namentlich sei auf folgende Tatsache die Aufmerksamkeit des gerechten Beurteilers hingelenkt: Jene U n t e r s u c h u n g e n, d i e s i c h a u s d r ü c k l i c h d e r V e r e r b u n g e r w o r b e n e r E i g e n s c h a f t e n w i d m e t e n, e n d i g t e n n u r s e l t e n n e g a t i v. W a s i n s b e s o n d e r e Z u c h t v e r s u c h e n a c h d e m S c h e m a d e r k l a s s i s c h e n E x p e r i m e n t e v o n *S t a n d f u ß* und *F i s c h e r* anbelangt (die eine Veränderung erstens willkürlich hervorrufen, zweitens ihre Erblichkeit nach Wiederherstellung normaler Bedingungen prüfen), so w a r e n n u r d i e w e n i g s t e n V e r s a g e r.

Ich entsinne mich, was *Baur* zur Antwort gab, als ich ihn im Botanischen Institut der Universität Berlin mit ausgedehnten *Mendel* - Kreuzungen beschäftigt fand. Ich fragte ihn, ob er schon einmal die Vererbung einer e r w o r b e n e n Eigenschaft geprüft habe; da erwiderte er ausweichend: „Ich habe nie etwas Derartiges bemerkt!" Aber eine Erscheinung bloß nicht beobachtet zu haben, ohne sie unmittelbar um ihrer selbst willen untersucht zu haben; und sie dann trotzdem hartnäckig zu leugnen: das ist wissenschaftlich unzulänglich. Es ist dieselbe unzulängliche Haltung, die auch gegenwärtig noch unter den Gegnern der Vererbung erworbener Eigenschaften vorherrscht und die ihnen jüngst von *Redfield* in beißender Satire vorgeworfen wurde.

Spätere Forschergenerationen, die die gegenwärtige Mode und die gegenwärtigen Vorurteile überwunden haben, werden dereinst darüber staunen, auf welch armselige Erkenntnisse verneinende Behauptungen von so großer Reichweite und Tragweite gegründet werden konnten.

Die Entstehung der Arten durch Anpassung

Sollen die vorausgegangenen Kapitel nicht vergeblich geschrieben sein, so müssen sie wenigstens von Einem überzeugen: ist nach all den dort vorgelegten Tatsachen ein Zweifel an der Vererbung erworbener Eigenschaften noch möglich, so kann sich der Streit nur noch um W o r t e drehen.

Der geniale Philosoph *F. Mauthner*, in dichterischer Form auch *Chr. Morgenstern* wiesen nach, wie wir auf Schritt und Tritt durch die Gebräuche unserer Sprache genarrt werden. Wie der Ausdruck „erworbene Eigenschaften" die Geister täuschte, ist uns bei Gelegenheit der Erörterung, warum Verstümmelungen sich nicht vererben (S. 110), klar geworden. Ja wie der bloße Begriff einer organischen Eigenschaft verwirrte, wurde aus Anlass des Klärungsversuchs von *Baur* offenkundig: nicht die E i g e n s c h a f t werde vererbt; sondern nur die F ä h i g k e i t, den Forderungen der Lebensführung mit dieser oder jener Eigenschaft zu antworten.

Sollte dergleichen nicht auch bei dem Worte „Vererbung" selbst zutreffen? Wort und Begriff sind einer Analogie mit Besitztümern entlehnt, die in der menschlichen Gesellschaft von E r b l a s s e r n a u f E r b e n übergehen. Jenem äußeren Eigentum sind die inneren Eigentümlichkeiten verglichen, die im Gesamtbereiche des Lebens von Vorfahren auf Nachfahren übergehen. Vergleiche hinken stets: Schon aus dieser verbreiteten Erfahrung werden wir schließen dürfen, dass mit dem Vererbungsbegriff etwas nicht stimmt.

Vor dem Erscheinen von *Ch. Darwins* Werk „Die Entstehung der Arten durch natürliche Zuchtwahl" (1859), ja eigentlich vor seinem Werke „Das Variieren der Tiere und Pflanzen im Zustande der Domestikation" (1875) sprach man in der Naturwissenschaft kaum von Vererbung. Die ältere Biologie kam ganz ohne diesen Begriff aus und sah im Übergehen der Merkmale von Vorfahren auf Nachfahren kein Problem, das von dem der Fortpflanzung, ja des Wachstums grundsätzlich verschieden gewesen wäre. Die Fortpflanzung als „Erzeugung von seines g l e i c h e n" und das „Wachstum über i n d i v i d u e l l e s Maß hinaus" schließt die Vererbung ein: sind die Rätsel des Wachstums und der Fortpflanzung gelöst, so sind es die Vererbungsfragen ebenfalls.

Sogar Lamarck, auf dessen „Histoire naturelle des animaux sans vertèbres" (1805) und „Zoologie philosophique" (1809) man doch die Lehre von der Vererbung erworbener Eigenschaften zurückführt, spricht nirgends von Vererbung. *Lamarck* sagt nicht: „Alles, was in der Organisation der Individuen im Verlaufe ihres Lebens erworben, angelegt oder verändert wird, v e r e r b t sich"; sondern er sagt, es „e r h ä l t sich durch Fortpflanzung" (se conserve par la génération — Histoire naturelle etc., 2d édition, 1835, p. 152).

Es darf billig bezweifelt werden, ob in der Aufstellung eines eigenen Vererbungsproblems wirklicher Fortschritt gelegen war. Die begriffliche Trennung des Vermehrungsprozesses als solchen von der Merkmalsübertragung war gewiss von Vorteil und gestattete das Herausarbeiten unschätzbarer Erkenntnisse, die ohne solche Analyse vielleicht nicht aufgefunden worden wären. Aber es ging wie so oft in der Wissenschaft: Die Vorteile scharfer Analyse gehen zum Teil wieder verloren, weil Synthese ihnen nicht auf dem Fuße folgt; weil Scheidung der Begriffe mit Scheidung von Wesenheiten verwechselt wird.

Es ist ein anderes Ding, das Wiedererscheinen der Vorfahreneigenschaften gesondert von der Fortpflanzung zu betrachten oder für etwas von der Fortpflanzung Grundverschiedenes zu halten. Missverstehen des Wortinhaltes „Vererbung" nimmt für tiefe Wesensgleichheit, was nur ein oberflächliches Gleichnis aus dem menschlichen Privatbesitz ist. Dieses Missverstehen führt zur Verkennung der großen Ununterbrochenheit, in der der Strom des Lebens dahinfließt; verleitet zur Annahme greifbar konkreter, statt bloß denkbar abstrakter Grenzen zwischen Individuum und Keim, Person und Generation, — Schranken, nur desto schwerer zu überbrücken und zu verstehen, je weniger sie wirklich vorhanden sind.

Wir haben diese Nachteile, die die Trennung zwischen besonderem Vererbungs- und allgemeinem Fortpflanzungsproblem mit sich brachte, hier nur hinsichtlich des engeren Problems der Vererbung erworbener Eigenschaften zu beleuchten.

Überfliegen wir im Geiste noch einmal das Tatsachenmaterial, das vorliegendes Buch uns beschert hat, so wird es über einen Punkt keine Uneinigkeit mehr geben können: die K r ä f t e d e r U m w e l t w i r k e n v e r ä n d e r n d a u f d a s L e b e w e s e n e i n. Welche Dauer und Erscheinungsweise den von der Außenwelt erwirkten Veränderungen bei den Nachkommen zukommt, ist eine andere Frage. Aber den Einfluss der äußeren Lebenslage als solchen wird niemand mehr zu leugnen versuchen; einerlei, ob er eine Vererbung der Veränderungen zugibt oder nicht.

Erinnern wir uns eines Beispieles solcher Veränderung: das Kümmerauge des Grottenolmes Proteus wird unter gewissen Beleuchtungsbedingungen in ein wohlentwickeltes, sehendes Auge verwandelt. Entsinnen wir uns der Erörterung, die ob dieser Entwicklung entbrannte. Weit entfernt, für erwiesen zu halten, dass der Lichtmangel in den Höhlen zur ursprünglichen Verkümmerung der Sehwerkzeuge Anstoß gab, pries man das Experiment als Beweis gegen die Vererbung erworbener Eigenschaften: Weil der kümmerliche Zustand des Höhlenauges k e i n s t a r r e r   Z u s t a n d war; weil man daran etwas ä n d e r n konnte, und zwar sogar schon an einem und demselben Exemplar im Zeitraum von 5 Jahren, ohne Zuhilfenahme weiterer Generationen, — so wurde behauptet: die Augenverkümmerung sei nicht erblich; andernfalls wäre sie unerschüttert geblieben.

Die Eindrücke der Umgebung — in unserem Falle die Finsternis, die den Olm in seinen unterirdischen Wohnorten einhüllt — hatten zwar vielleicht die Macht, seine Augen verkümmern zu lassen. Aber sie hatten keine Macht, diesen Stand der Dinge erblich zu befestigen. Die Fähigkeit zur Entwicklung sehtüchtiger Augen blieb dem blinden Höhlenbewohner durch all die Jahrtausende, durch all die vielen, vielen Generationen des Unterweltlebens beinahe ungeschmälert erhalten; die erworbene Eigenschaft der Augenreduktion sei daher nicht vererbt worden.

Wir verwiesen S. 125f. auf das Verkehrte dieses Gedankenganges, insoweit er die eine mögliche Auffassung des Vererbungsbegriffes berührt: die Auffassung nämlich, dass Vererbung etwas Reales und von der bloßen Fortpflanzung grundsätzlich Verschiedenes sei. Überlassen wir uns aber jetzt jenem Gedankengange und sehen wir zu, wohin er uns führt.

Was wäre geschehen, hätte die Natur — wie sie bisweilen zu tun pflegt — ein ähnliches Experiment selbst ausgeführt wie wir im Laboratorium? Es wären dann also in der Heimat des Proteus — irgendwo in Krain oder Istrien, in irgendeinem Tümpel oder Flusslauf — Olme mit dunkelgefärbter Haut und deutlichen, vorquellenden Augen entdeckt worden! Kein Zweifel, man hätte sie als neue Art beschrieben und benannt! Schon oft sind — wie im Falle des oberirdischen Bachflohkrebses *(Gammarus)* und des Höhlenflohkrebses *(Niphargus),* um gleich ein unserem Falle recht analoges Beispiel zu geben — auf geringfügigere Unterschiede nicht bloß neue Arten, sondern sogar neue Gattungen gegründet worden.

Nehmen wir an, der Sachverhalt hätte sich zuerst so zugetragen: er ist wissenschaftlich durchaus möglich; ja es ist mir sogar im Hinblick auf diese Möglichkeit, es könnte auch im Naturzustand Olme mit großen Augen geben, die Beweiskraft meines Experimentes (durch *J. Loeb*) abgesprochen worden. Erst nach jenem Fund im Freien wäre mir die gleichsinnige Umwandlung des bleichen und blinden Grottenolmes gelungen: dann hätte man die Unterscheidung der beiden Arten — des oberweltlichen und des unterweltlichen Olmes — vermutlich wieder rückgängig gemacht. Man hätte dahin erkannt, sie seien keine guten „Arten", sondern nur „Standortsformen": das bedeutet, sie unterscheiden sich nur durch Merkmale, die ihnen durch die Bedingungen ihrer Fundorte aufgezwungen wurden. Und da diese Merkmale durch äußere Bedingungen sowohl entstehen, als durch entgegengesetzte Bedingungen wieder vergehen, so sind sie nicht erblich. Eine „gute" Art aber denkt man sich im Besitze erblicher Artmerkmale.

Der sehende Grottenolm wäre nicht die erste „Spezies", der solch ein Schicksal widerfährt, nämlich aus der Liste der Arten gestrichen zu werden, weil sich herausstellte, dass die unterscheidenden Merkmale nur von der Umgebung geprägt werden, und dass sie daher — nach der herrschenden Auffassung wenigstens — nicht erblich sind. In der Flagellatengruppe der Zitterkugeln *(Volvocineen)* — um nur ein Beispiel zu nennen — wurde auf Grund von Züchtungsexperimenten *M. Hartmanns* eine Revision vorgenommen: Reduktion ehemaliger „Spezies" auf Standortsformen.

Nun fragt es sich: was bleibt von guten Arten übrig, und wie **viele Arten bleiben übrig**, wenn man jene Auffassung der ganzen systematischen Naturgeschichte zugrundelegt? Sind dann nicht sämtliche Arten — zumal in einem tiefem, historischen Sinne — Standortsformen; oder haben sie nicht samt und sonders als Standortsformen angefangen?

Sind am Ende sämtliche Merkmale, durch die sich die Arten und Gruppen unterscheiden, früher oder später durch Einflüsse der Umgebung, der Lebensweise erworben worden? Und sind wir schon beim Aufräumen alter Begriffe, so stimmen wir gleich auch in die gegenwärtig so allgemein geltende Meinung ein, dass solche Merkmale nicht vererbt werden. Sei es **drum: Es gibt keine Vererbung erworbener Eigenschaften!** Sind dann die „Vererbungs"-Erscheinungen, die wir an den spezifischen Merkmalen der Rassen, Arten und Gruppen höherer Ordnung wahrnehmen, nicht schließlich nur verkappte Nachwirkungen, die zwar eine Zeitlang, eine Anzahl von Generationen Vorhalten mögen, zuletzt jedoch dem abändernden Einfluss abweichender Bedingungen erliegen müssen?

Wenn — wie man es im Angesicht des Proteus-Experimentes verfocht — 100% Variabilität gleichbedeutend ist mit 0% Vererbung, und umgekehrt, dann gibt es keine Vererbung; weder Vererbung erworbener Eigenschaften, noch irgendeine andere. Denn jedes Merkmal lässt sich verändern; jedes verfügt zumindest über etliche Prozente Variabilität.

Man wird entgegenhalten: Das ist ein Spiel logischer Spitzfindigkeiten! Wir kennen doch alt ererbte, sogenannte „Systemmerkmale", die einer Umwälzung durch äußere Kräfte kaum oder doch nur mehr in ganz geringem Maße fähig sind. Ein Merkmal, wie es z. B. der Besitz einer Wirbelsäule darstellt, hat doch einen entropischen, ruhenden Zustand erreicht, der — vergleichbar einem erloschenen Vulkan — durch nichts mehr in neue Tätigkeit und aus dem dynamischen Gleichgewichte gebracht werden kann.

Man würde also auf Grenzen der Veränderlichkeit hinweisen: in der Tat macht auch die Züchtungskunde, bei ihren Versuchen künstlicher Umwandlung, häufig die Erfahrung, dass die Veränderungen eine Weile ganz bereitwillig weiterschreiten; aber mit einem Male gelangt man an ein Ziel, empfindet man Widerstand, und nun scheint die Welt mit Brettern verschlagen. Diese züchterische Erfahrung hat zur Meinung Anlass gegeben, jedes Merkmal sei nur in verhältnismäßig engen Grenzen imstande, zu variieren: es pendelt um einen Mittelwert, von dem es sich nach keiner Seite hin beliebig weit entfernen könne. Somit erreiche die Variabilität nirgends jene 100%, die erforderlich wären, um den Begriff der Vererbung gänzlich zu eliminieren.

Gegenüber der Anschauung, dass die Variabilität begrenzt sei und stets weniger als 100% betrage, lässt sich jedoch zweierlei geltend machen.

Man darf erstens doch die Dimension der Zeit nicht aus dem Spiele lassen. Man kann aus einem Reptil keinen Vogel, ja aus einer Schuppe keine Feder machen; nur wenn man es könnte, wäre die Variabilität 100% und unbegrenzt. Richtig! Aber vielleicht könnten wir es, wenn uns die nötige Zeit zur Verfügung stände. Zwar muss zugegeben werden, dass der Artenwandel weniger Zeit in Anspruch nimmt, als die ältere Deszendenzlehre voraussetzte. Weitgehende Veränderungen man denke nur an extreme Rassenbildungen der Tauben, Hühner, Munde — sind binnen wenigen Jahren vollendet worden, während man ehedem für den gleichen Umwandlungsprozess Jahrhunderte für nötig gehalten hätte. Besonders so lange man glaubte, dass die Stammesentwicklung nichts ist als die Summe kleinster Schritte, die von der langsam siebenden Zuchtwahl getan werden, bedurfte man der ungezählten Jahrmillionen, sollte die Lebensanschauung der Evolution nicht in sich Zusammenstürzen.

Zuchtversuch und Mutationslehre haben uns überzeugt, dass es schneller geht; haben das Vorurteil *Haeckels* wie aller Deszendenztheoretiker älterer Schule besiegt, dass wir durch das planmäßige Experiment keinen Einblick in das Triebwerk des Artenwandels gewinnen können. Immerhin sind zur Umwandlung ganzer Klassen geologische Epochen erforderlich; es ist unbescheiden, zu verlangen, dass sie sich in der engen Lebensspanne eines einzelnen Forschers abspielen sollen, damit die Unbegrenztheit der Variabilität zugegeben werde.

Man darf zweitens nicht aus dem Auge lassen, dass die Variabilität vielleicht zwar begrenzt ist im Hinblick auf einzelne Merkmale, die wir abzuändern streben; nicht aber im Hinblick auf die Gesamtheit der Merkmale, die eine Art überhaupt zusammensetzen. Denken wir an die Farbveränderungen des gefleckten Salamanders: das Tier ist normalerweise schwarz, mit gelben Flecken. Durch äußere Einflüsse, auf deren Art und Wirkungsart ich hier nicht nochmals ein- gehen möchte (vgl. S. 56), gelingt es, einerseits die schwarze Grundfarbe, andererseits die gelbe Zeichnung zuletzt restlos zu verdrängen, also je nachdem einfarbig gelbe oder einfarbig schwarze Salamander zu erhalten. Damit hat diese Veränderung dann allerdings ihre Grenze gefunden: wenn nämlich die gesamte Haut des Tieres nur noch mit dem einen oder mit dem anderen Farbstoff durchsetzt ist; die gründlichst umgefärbten Salamander sind unbeschadet dessen noch immer Salamander geblieben. Aber man lasse nicht bloß die Farbe und die Haut, also nicht bloß ein einziges oder wenige Merkmale in solch „begrenzter" Weise variieren, — bis zur restlosen Eroberung aller erreichbaren Körperflächen; man gebe nach und nach — in aufeinanderfolgenden Zeitabschnitten — vielen oder allen Merkmalen Gelegenheit zu solch „begrenzter" Veränderung: so wird aus dem Salamander eine n e u e Art und mehr als eine neue A r t !

Es gibt schlechterdings kein, sei es noch so festsitzendes Systemmerkmal, das nicht einigermaßen auf äußere Bewirkung reagiert. Man kann eine Feder nicht zur Schuppe machen: Dazu fehlt es an der Zeit, wohl auch am Einblick in die Mittel, die die Natur zu dem umgekehrten Vorgang verwendet hat. Aber man kann die Feder selbst verändern, ihre Form, Größe, Farbe (Feuchtigkeitsversuche von *Beebe* an Tauben, Transplantationsversuche von *Sand* an Hühnern u. a.).

Im Pflanzenreich hat *Klebs* gezeigt, dass endlich auch die im plastischsten Organ dem Zwang äußerer Veränderung gehorchen. Man muss die verändernden Energien nur lange und stark genug einwirken lassen.

Beim japanischen Mauerpfeffer *(Sedum clatior)* sind Blumenblätter und Staubgefäße nach Zahl und Form durch verschiedene Düngung und Beleuchtung verhältnismäßig leicht veränderlich; aber die Stempel bleiben dabei ganz unverändert. Taucht man jedoch den Mauerpfeffer — mit ihren fetten Blättern eine an dürre, trockene Orte angepasste Pflanze — unter Wasser; verkehrt man — nicht zu lange, sie verträgt es sonst nicht — bis zu einem so hohen Grade die Lebensweise der Pflanze in ihr gerades Gegenteil, so können auch die Stempelorgane nicht widerstehen: jetzt variieren sie ebenfalls!

Das Auge der Wirbeltiere ist gewiss ein uraltes Besitztum: wenn von irgendeinem, könnte man von ihm vermuten, dass es sich durch äußere Einflüsse nicht mehr verändern lässt. Und doch ist es, wie wir sehen, möglich, die Merkmale dieses scheinbar unveräußerlichen Attributes zu beeinflussen. Daran nicht genug, war es *J. Loeb* möglich, Embryonen einer mit wohlentwickelten Augen versehenen Fischart *(Fundulus heteroclitus)* bei Zyankalizusatz im Seewasser, niedriger Temperatur (0 - 2 Grad C.) oder Befruchtung mit dem Samen einer fremden Gattung *(Menidia)* sogar ganz ohne Augen aufzuziehen. Und daran immer noch nicht genug, war es *Stockard* und *Mc Clendon* möglich, bei Magnesiumzusatz im Seewasser die beiden Augen derselben Fischart zum Verschmelzen zu bringen. Die zweiseitige Symmetrie, die sich unter anderem im Besitze zweier gleich weit von der Symmetrie-Ebene entfernter Augen verrät, konnte gewiss als ein unveränderliches Merkmal des Wirbeltieres imponieren; trotzdem ist es möglich, ein großes, mittelständiges Zyklopenauge an die Stelle der beiden seitenständigen Augen zu setzen. Die Phantasie eines *Homer* wird hier verwirklicht.

Erst die T e r a t o l o g i e oder Lehre von den „Missbildungen" enthüllt uns das Höchstmaß dessen, was für abenteuerliche Gestalten das Leben zutage fördern kann. Wer sich in ihrem Angesicht darauf ausreden wollte, dass solche Ungeheuer dem weitab gelegenen Gebiete der pathologischen Variation angehören, nicht lebensfähig seien und daher keine Rolle in der Stammesgeschichte spielen, der sei auf die Luxusrassen unserer Haustiere verwiesen, etwa auf Bullterrier, King Charles-Hündchen, Trommel- und Purzeltauben oder auf die mehrfach erwähnten Monstre-Rassen der japanischen Goldfische.

Und stellt nicht die Tierwelt der größten Meerestiefen buchstäblich alles in den Schatten, was selbst die ausschweifendste Einbildungskraft eines Sensationen nachjagenden Künstlers zu ersinnen vermöchte? Auch alles, was die unerschöpfliche Einbildungskraft der Natur an Missgeburten allein schon aus dem menschlichen Körper herauszuholen vermochte? Woher rührt, allgemein besprochen, die skurrile Fremdartigkeit der Tiefseefauna? Sie wird doch von denselben Tierklassen gebildet, deren Vertreter aus geringeren Tiefen uns gar nicht so sonderbar anmuten: von Fischen, Krebsen, Stachelhäutern, Weichtieren, Medusen usf.

Berufen wir uns nochmals auf den Laienverstand und auf das schöpferische Gehirn eines Dichters: je ferner ein Reich, desto verschiedener stellen wir uns seine Geschöpfe vor. Was hat nicht die geschäftige Phantasie eines *Lasswitz*, eines *H. G. Wells* aus den Marsbewohnern gemacht! Und weshalb müssen diese von den Erdbewohnern so sehr verschieden sein? Nur wegen der großen Entfernung? Kaum: sondern weil alles, was auf dem fernen Himmelskörper lebt, dort unter Bedingungen lebt, die von denen unseres heimischen Planeten recht sehr verschieden sein dürften.

Wer, in einem Unterseeboot übernachtend, inmitten der Tiefseebewohner unserer irdischen Ozeane erwachte, könnte sich recht wohl auf den Mars oder sonst auf eine der mutmaßlich belebten Welten versetzt fühlen. Hier hat eine schöpferisch anpassende Umwelt ihr fantastischstes Meisterstück vollbracht.

Auf den Boden der exakten Naturwissenschaft zurückgekehrt, dürfen uns Luxusbildungen und Missbildungen, dürfen uns Faunen und Floren, die unter so eigenartigen Umständen leben wie die Tiefseewelt, folgende Grundwahrheit lehren: **theoretisch wie faktisch ist die Veränderlichkeit der Lebensformen unbegrenzt.** Diese grenzenlose Vielgestaltigkeit ist in letzter Linie exogenen Ursprungs: Die Merkmale, wodurch sich Rassen, Arten, Gattungen, Familien, Klassen unterscheiden, sind irgendwo und irgendwann durch außenweltliche Kräfte geschaffen worden; sie sind Anpassungen an die Außenwelt.

Nur soweit sie schädlich, nicht zweckentsprechend und daher nicht dauerfähig waren, sind sie durch Auslese wieder beseitigt worden. Denn die Umwelt schafft ohne Rücksicht auf Zweck: Der „Zweck" kommt gewissermaßen erst im Nebenamt, mit der Einstellung des Lebewesens in seine Umwelt und Mitwelt. Was sich dann nicht bewährt, wird vom Kampfe um das Dasein hinweggefegt. Die Rassen, Arten, Gattungen, Familien, Ordnungen, Klassen usw. sind in diesem Lichte und in letzter Hinsicht samt und sonders „Standortsvarietäten"; und es gibt nur erworbene Eigenschaften, weil die angeborenen, ererbten Eigenschaften auch einmal erworben werden mussten.

Die Entstehung der Arten durch Anpassung

Wer jetzt noch an der Mode-Ansicht festhalten will: Erworbene Eigenschaften vererben sich nicht, — dem bleibt dies unbenommen. Er eliminiert hierdurch — wahrscheinlich gar nicht zu Unrecht — den Vererbungsbegriff aus der Biologie. Vielleicht ist die Vererbung tatsächlich nur ein falsches, ein S c h e i n p r o b l e m , das die Forschung zu jahrzehntelangen Umwegen zwang; ein linguistisches Truggebilde, das uns nötigte, alle Fehlerquellen eines hinkenden Vergleiches auszuschöpfen.

N i c h t s ist absolut (zu 100%) erblich: kein einziges Merkmal, keine einzige Veränderung eines solchen; denn keines hat oder hatte je O% Variabilität. Die Merkmale und ihre Veränderungen zeigen B e h a r r u n g s v e r m ö g e n : bei einer Anzahl von Nachkommengenerationen wirken sie nach, bleiben sie erkennbar, selbst wenn die Bedingungen dem nicht günstig sind. Selbst wenn die Bedingungen, die das Merkmal so ausbildeten, wie wir es zuletzt antrafen, gar nicht mehr Vorhalten; ja selbst, wenn dieselben Bedingungen in ihr Gegenteil umschlugen, ist ein gewisses Beharrungsvermögen der organischen Eigenschaften unverkennbar. Im letzteren Falle ist ihnen allerdings die relativ kürzeste Dauer beschieden.

Hingegen erhalten sich die Eigenschaften in beliebiger Dauer unverändert, wenn die Lebensbedingungen für sie neutral sind. Gleichwie eine Kugel auf ebener, reibungsloser Fläche nach einmaligem Anstoß dahinrollt, solange kein Gegenstoß sie aufhält und umkehren macht; oder solange kein anderer Stoß ihr einen Wechsel in Richtung und Geschwindigkeit vorschreibt, — genau ebenso fließt der Strom des Lebendigen „ewig" in gleicher Richtung träge dahin, solange nicht äußere Kräfte ihn zum Ausweichen zwingen, oder dazu, sich in Arme und Zweige zu spalten.

Der Gewinn, den diese Betrachtungsweise uns gewährt, ist ein mehrfacher. Sie liefert uns zunächst eine e i n h e i t l i c h e   E r k l ä r u n g   f ü r   d i e   o r g a n i s c h e   V a r i a t i o n ; und da die Variation der Lebensformen die Grundlage ist für deren Umwandlung, so gewinnen wir eine einheitliche Erklärung auch für die gesamte Stammesentwicklung des Lebens.

Der Hauptgedanke ist keineswegs neu: Er ist namentlich schon wiederholt (z. B. durch *Ewald Hering* und *Richard Semon*) in die Form eines „universellen Plasmagedächtnisses" (Mneme) gekleidet worden. Was im Leben des Einzelwesens Gedächtnis, Gewohnheit, Übung, Anpassung heißt; das heißt im Leben der Gattung: Vererbung. Aber es ist immer dasselbe Ding, immer dieselbe allgemeine Fähigkeit der lebenden Substanz, ihre Eindrücke zu bewahren, so lange es die Umwelt gestattet. Neu an meinem Ausdruck dieses Grundgedankens ist höchstens der Versuch, die Vererbung als Scheinproblem aufzuzeigen und ganz ohne diesen (erst durch *Ch. Darwin* in die Wissenschaft vom Leben eingeführten) Begriff auszukommen.

Ferner ist an meinem Versuch neu, den Vererbungsbegriff und den etwas fremdartig anmutenden „Gedächtnis"-Begriff durch den des organischen Beharrungsvermögens zu ersetzen. Damit ist insofern vielleicht ein zweiter Vorzug verbunden, weil unser biologisches Denken dadurch dem physikalischen Denken genähert wird.

Der Begriff des Plasma-„Gedächtnisses" hat mehrere Missverständnisse gezeitigt: er spielt gleichsam mit der Vorstellung, als seien Erinnerungsbilder gleich denen des bewussten Gedächtnisses unserer grauen Gehirnrinde in jeder lebenden Substanz gegeben; und als würden diese Gedächtnisbilder als solche aktuell, statt nur dispositionell in die Generation übertragen. Dem Plasma jeder Zelle wird damit eine Art selbständige Intelligenz zugesprochen: zwar haben sich *Hering* und *Semon* von dieser vitalistischen Ausdeutung durchaus ferne gehalten; aber die Gefahr liegt nahe, und die Schule der „Psycho-Lamarckisten" (z. B. *A. Pauly*) ist ihr erlegen.

Das Arbeiten mit dem Wort „Gedächtnis" nähert uns der p s y c h o - l o g i s c h e n Betrachtungsweise und entfernt uns insofern von der Naturwissenschaft; die Annahme eines „Beharrungsvermögens" hingegen nähert uns der p h y s i k a l i s c h e n Betrachtungsweise und trägt so zur Vereinfachung und Vereinheitlichung unseres Naturbildes bei. Ich will damit durchaus nicht die Behauptung gewagt haben, dass nunmehr die organische Veränderung und Vererbung bereits physikalisch erklärt oder erklärbar sei: sind wir doch noch weit entfernt davon, sie auch nur physiologisch erklären zu können! Doch ist das organische Geschehen durch Einführung einheitlicher Begriffe der Erklärung überhaupt zugänglicher geworden: es zeigt sich denselben Gesetzen untertan wie das unorganische Geschehen; dieselben großen Fragen sind es, die hier wie dort der Antwort harren.

Und letzteres gilt nicht bloß für die Fragen der Anpassung und Vererbung: für mich bildet die Aufzeigung eines organischen Beharrungsvermögens die Brücke, die in ein ganz anderes, weites Gebiet naturwissenschaftlicher Forschung und naturphilosophischer Spekulation hinüberführt: in die neu erschlossene Wunderwelt der Perioden und Serien, der allgegenwärtigen Wiederholungen in Bios und Kosmos.

DIE ENTSTEHUNG DER ARTEN DURCH ANPASSUNG

Die Entwicklungs- und Abstammungslehre behauptet, dass die A r ten der Pflanzen und Tiere (diese einschließlich des Menschen) n i c h t u n v e r ä n d e r l i c h seien; nicht in ihrer heutigen Gestalt von allem Anfang erschaffen worden seien: sondern dass sich die einfacheren Formen zu zusammengesetzteren entwickelten, somit letzten Endes alle Lebewesen unseres Planeten Blutsverwandte seien. Noch zu Beginn des 19. Jahrhunderts wurde die Entwicklungslehre — damals mit *Lamarck* und *St. Hilaire* an der Spitze — nicht nur von kirchlicher, sondern auch von wissenschaftlicher Seite *(Cuvier)* unterdrückt; erst das Auftreten *Ch. Darwins* entschied in der zweiten Hälfte des vorigen Jahrhunderts ihren Sieg. War der Sieg endgültig?

Wie geschieht die Abstammung, der Artenwandel? Laut Darwin durch A n p a s s u n g und A u s l e s e . Die Lebewesen werden durch ihre Lebensbedingungen gemodelt: ändert sich die Lebenslage, so ändern sich auch die Arteigenschaften. Neue Eigenschaften werden erworben, diese Erwerbungen unter Umständen auf die Nachkommen übertragen. Hiermit ist die Anpassung vollzogen. Die erworbenen und erblichen Eigenschaften können zweckmäßig oder unzweckmäßig sein: die Träger zweckmäßiger Eigenschaften bleiben erhalten; die Besitzer unzweckmäßiger Eigenschaften unterliegen im Daseinskampf und werden aus der Liste der Lebenden o d e r z u n ä c h s t d e r E b e n b ü r t i g e n , D a u e r f ä h i g e n gestrichen. Die Anpassung ist also das eigentlich schöpferische, fortschrittliche Prinzip; die Auslese ist seine negative Ergänzung: nichts als ein Sieb, worin die untauglichen Erzeugnisse verschwinden.

Ab und zu treten inmitten eines Tier- oder Pflanzenbestandes Veränderungen auf, die das Artbild anscheinend u n v o r b e r e i t e t u n d p l ö t z l i c h mehr minder tiefgreifend umgestalten. Da die äußere Lebenslage zur selben Zeit entsprechende Umwälzungen vermissen ließ, nahm man wiederum an, die Veränderungen der Lebewesen seien unabhängig von der Außenwelt: Umlagerungen in den kleinsten Teilchen des Keimstoffes, die wir nicht sehen, nicht verfolgen können, seien allein dafür verantwortlich. Die letzten Antriebe der Wandlung bleiben also auch hier unerklärt und unerklärlich; sie erfolgen aus unbekannten, unerforschlichen inneren Ursachen: es bleibt immer noch Raum für h ö h e r e F ü g u n g , f ü r ein übersinnliches, überirdisches Schöpferprinzip. Die Beliebtheit der Mutationslehre, ihrem fortschrittlichen Inhalte zu Trotz, findet so ihre psychologische Begründung.

Nun gehören gerade die berühmtesten Mutationen regelmäßig einer der folgenden Gruppen an: entweder treten sie nach klimatisch ungewöhnlichen Jahren auf; oder an Lebewesen, die in Kultur genommen wurden, in den Zustand der Zähmung und damit in gründlich veränderte Lebenslage gerieten; oder an Lebewesen, die, aus ihrer Heimat verschleppt, in einer neuen Heimat verwildert sind; oder endlich an solchen, die versuchshalber absichtlich veränderten Bedingungen ausgesetzt wurden. Eine der markantesten Mutationen der Blattform und -farbe sah *Van der Wolk* beim Ahorn *(Acer)* entstehen. Genauere Untersuchung ergab, dass sie durch Bakterien hervorgerufen, aber vollkommen erblich war, obwohl die aus Samen der befallenen Zweige gezogenen jungen Ahornbäume bakterienfrei waren.

Diese und andere Beobachtungen brachten mich auf die Vermutung, dass die sprunghaften Veränderungen keineswegs unabhängig sind von der Umwelt: dass sie vielmehr von Umweltveränderungen allmählich vorbereitet wurden, um später, wenn die äußere Lage vielleicht schon längst wieder ins Gleichgewicht kam, scheinbar unvermittelt durchzubrechen. Eigene experimentierende Züchtungen bestärkten mich in dieser Vermutung, die gegenwärtig etwa folgende Gestalt gewinnt:

Die „Mutationen" sind nichts anderes, als was man früher (von außen her) „erworbene Eigenschaften" nannte; sie sind Neuerwerb aus der Umgebung, vielleicht nur besonders ausgeprägter, überfälliger, dadurch besonders auffallender Neuerwerb. Der Darwinismus besteht daher vollkommen zu Recht, oder — um es mit den Schlussworten meiner „Allgemeinen Biologie" zu sagen:

„Die Höherentwicklung ist mehr als der schönste Traum des vorigen Jahrhunderts, des Jahrhunderts eines *Lamarck, Goethe* und *Darwin;* die Höherentwicklung ist Wahrheit, nüchterne, herrliche Wirklichkeit. Zwar nicht durch grausame Zuchtwahl werden die Lebenswerkzeuge geschaffen und vervollkommnet, und nicht der trostlose Kampf ums Dasein allein regiert die Welt; aber aus eigener Kraft ringt sich die Kreatur zu Licht und Lebensfreude empor und überlässt nur, was sie nicht brauchen kann, den Gräbern der Auslese."

Anhang

Epigenetik

Die Epigenetik ist das Fachgebiet der Biologie, welches sich mit der Frage befasst, welche Faktoren die Aktivität eines Gens und damit die Entwicklung der Zelle zeitweilig festlegen. Sie untersucht die Änderungen der Genfunktion, die nicht auf Mutation oder Rekombination beruhen und dennoch an Tochterzellen weitergegeben werden.[2]

Grundlage sind Veränderungen an den Chromosomen, wodurch Abschnitte oder ganze Chromosomen in ihrer Aktivität beeinflusst werden. Man spricht auch von epigenetischer Veränderung bzw. epigenetischer Prägung. Die DNA-Sequenz wird dabei jedoch nicht verändert. Die Veränderungen können in einer DNA-Methylierung, in einer Modifikation der Histone oder im beschleunigten Abbau von Telomeren bestehen. Diese Veränderungen lassen sich im Phänotyp, aber nicht im Genotyp (DNA-Sequenz) beobachten.

Nach der Befruchtung teilt sich die Eizelle. Bis zum 8-Zell-Stadium sind alle Tochterzellen gleichwertig. Man bezeichnet sie als totipotent, weil jede von ihnen noch alleine in der Lage ist, einen kompletten Organismus hervorzubringen. Danach finden sich Zellen mit einem unterschiedlichen inneren Programm, deren Entwicklungspotenzial von nun an eingeschränkt – d. h. mehr und mehr spezialisiert – wird. Wenn der Körper fertig ausgebildet ist, sind die meisten Körperzellen für ihre Funktion fest programmiert (lediglich die sogenannten adulten Stammzellen bewahren sich eine gewisse Flexibilität). Dabei bleibt die Sequenz des Erbgutes unverändert (abgesehen von wenigen zufälligen, genetischen Veränderungen = Mutationen). Die funktionelle Festlegung erfolgt durch verschiedene Mechanismen, einer davon beruht auf biochemischen Modifikationen an einzelnen Basen der Sequenz oder der die DNA verpackenden Histone oder beiden. Solche Veränderungen führen dazu, dass bestimmte Bereiche des Erbgutes „stillgelegt", andere dafür leichter transkribiert (in RNA für Proteine umgeschrieben) werden können. Diese Modifizierungen sehen in Körperzellen ganz anders aus als in Stammzellen oder in Keimzellen (Eizellen und Spermien; auch Krebszellen haben meist abweichende [und dabei spezifische] Modifika-

---

2   Siehe Seite „Epigenetik". In: Wikipedia, Die freie Enzyklopädie. Bearbeitungsstand: 2. Juli 2018, 22:34 UTC. URL: https://de.wikipedia.org/w/index.php?title=Epigenetik&oldid=178819092 (Abgerufen: 13. Juli 2018, 16:50 UTC)

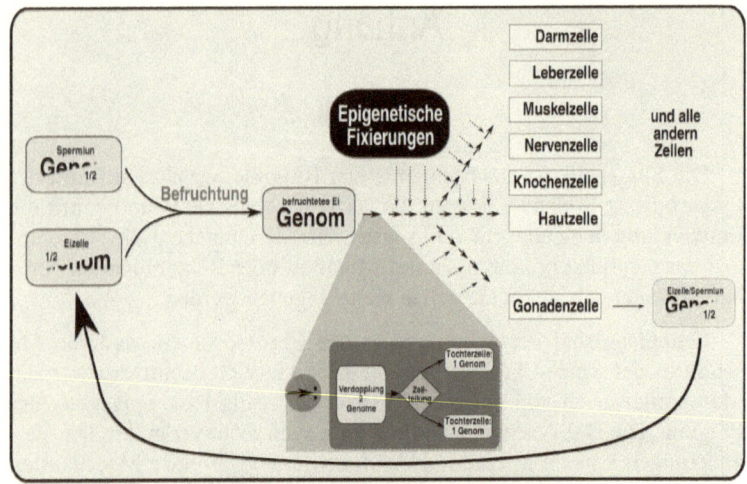

Abb. 44: Funktion epigenetischer Veränderungen
Bei der Vererbung wird Erbgut weitergegeben. Epigenetische Fixierung bewirkt, dass die totipotenten Zellen reifen und sich spezialisieren. Der Reifungsprozess ist normalerweise nicht umkehrbar. (Jeder Pfeil deutet eine Zellteilung an. Dabei wird die Zelle verändert. Diese Veränderungen werden mit dem Erbgut an die Tochterzellen weitergegeben.
Es handelt sich dabei nicht um Sequenzveränderungen der DNA.)
By B.Kleine - Own work using: Inkscape, CC BY-SA 3.0 de, https://commons.wikimedia.org/w/index.php?curid=37677289

tionsmuster). Die wichtigsten Modifikationen sind die Methylierung von Cytidin-Basen sowie die Seitenketten-Methylierung und -Acetylierung von Histonen.

Neben Methylierung haben Telomere eine wichtige epigenetische Bedeutung. Telomere schützen die Enden der Chromosomen bei der Zellteilung vor dem Abbau. Das Enzym Telomerase stellt dabei sicher, dass die Chromosomen intakt bleiben. Psychische Belastung kann die Aktivität dieses Enzyms verringern, was zu einer beschleunigten Verkürzung der Telomere im Alterungsprozess führen kann (Nobelpreis für Medizin 2009 an Elizabeth Blackburn).

Begriff

Epigenetisch sind alle Prozesse in einer Zelle, die als „zusätzlich" zu den Inhalten und Vorgängen der Genetik gelten. Conrad Hal Waddington hat den Begriff Epigenetik erstmals benutzt. Im Jahr 1942 (als die Struktur der DNA noch unbekannt war) definierte er Epigenetik als the branch of biology which studies the causal interactions between genes and their products which bring the phenotype into being („der Zweig der Biologie, der die kausalen Wechselwirkungen zwischen Genen und ihren Produkten, die den Phänotyp hervorbringen, untersucht"). Zur Abgrenzung vom allgemeineren Konzept der Genregulation sind heutige Definitionen meist spezieller, zum Beispiel: „Der Begriff Epigenetik definiert alle meiotisch und mitotisch vererbbaren Veränderungen in der Genexpression, die nicht in der DNA-Sequenz selbst codiert sind." Andere Definitionen, wie die von Adrian Peter Bird, einem der Pioniere der Epigenetik, vermeiden die Einschränkung auf generationsübergreifende Weitergabe. Epigenetik beschreibe „die strukturelle Anpassung chromosomaler Regionen, um veränderte Zustände der Aktivierung zu kodieren, zu signalisieren, oder zu konservieren." In einer Überblicksarbeit zum Thema Epigenetik bei Bakterien wurde von Casadesús und Low vorgeschlagen, eine vorläufige Definition zu benutzen, solange es keine allgemein akzeptierte Definition der Epigenetik gibt: „Eine vorläufige Definition könnte jedoch sein, dass die Epigenetik die Untersuchung der Zelllinienbildung durch nicht-mutationale Mechanismen anspricht."

Epigenetik im Vergleich zur Genetik

Man kann den Begriff Epigenetik verstehen, wenn man sich den Vorgang der Vererbung vor Augen führt:

- Vor einer Zellteilung wird die Erbsubstanz verdoppelt. Jeweils die Hälfte des verdoppelten Genoms wird dann auf eine der beiden Tochterzellen übertragen. Bei der sexuellen Vermehrung des Menschen, der Fortpflanzung, werden von der Eizelle die Hälfte des mütterlichen Erbguts und vom Spermium die Hälfte des väterlichen Erbguts miteinander vereint.

- Die Molekulargenetik beschreibt die Erbsubstanz als Doppelhelix aus zwei Desoxyribonukleinsäure-Strängen, deren Rückgrat aus je einem Phosphat-Desoxyribosezucker-Polymer besteht. Die genetische Information ist durch die Reihenfolge der vier Basen Adenin (A), Cytosin (C), Guanin (G) und Thymin (T) bestimmt, die jeweils an einen der Desoxyribose-Zucker angehängt sind.

- Die Basen des einen Stranges paaren sich fast immer mit einer passenden Base des zweiten Stranges. Adenin paart sich mit Thymin, und Cytosin paart sich mit Guanin.

- In der Reihenfolge der Bausteine A, C, G, T (der Basensequenz) ist die genetische Information verankert.

Einige Phänomene der Vererbung lassen sich nicht mit dem gerade beschriebenen DNA-Modell erklären:

- Bei der Zelldifferenzierung entstehen im Verlauf von Zellteilungen Tochterzellen mit anderer Funktion, obwohl das Erbgut in allen Zellen gleich ist. Die Festlegung der funktionellen Identität einer Zelle ist ein Thema der Epigenetik.

- Es gibt Eigenschaften, die nur vom Vater her (paternal) „vererbt" werden, so wie es Eigenschaften gibt, die nur von der Mutter (maternal) stammen und die nicht mit der Basensequenz in Zusammenhang stehen. Störungen dieses Zustandes führen zu schweren Krankheiten.

- Bei der Rückumwandlung von funktionell festgelegten Zellen (terminal differenzierte Zellen) in undifferenzierte Zellen, die sich wieder in verschiedene Zellen entwickeln können und die bei der Klonierung von Individuen (z. B. von Dolly) eingesetzt werden, müssen epigenetische Fixierungen aufgehoben werden, damit eine Zelle nicht auf eine einzige Funktion festgelegt bleibt, sondern wieder alle oder viele Funktionen erwerben und vererben kann.

Histone und ihre Rolle in der epigenetischen Fixierung

DNA liegt im Zellkern nicht nackt vor, sondern ist an Histone gebunden. Acht verschiedene Histonproteine, jeweils zwei Moleküle von Histon 2A, Histon 2B, Histon 3 und Histon 4 bilden den Kern eines Nukleosoms, auf das 146 Basenpaare eines DNA-Stranges aufgespult sind. Die Enden der Histonstränge ragen aus dem Nukleosom heraus und sind Ziel von Histon-modifizierenden Enzymen. Vor allem Methylierungen und Acetylierungen an Lysin, Histidin oder Arginin, außerdem Phosphorylierungen an Serinen sind die bekannten Modifizierungen. Außerdem spielt es eine Rolle, ob die Lysin-Seitenkette mit ein, zwei oder drei Methyl-Gruppen belegt ist. Durch vergleichende Analyse postuliert man eine Art von „Histon-Code", der in direktem Zusammenhang mit der Aktivität des von den Histonen jeweils gebundenen Gens stehen soll.

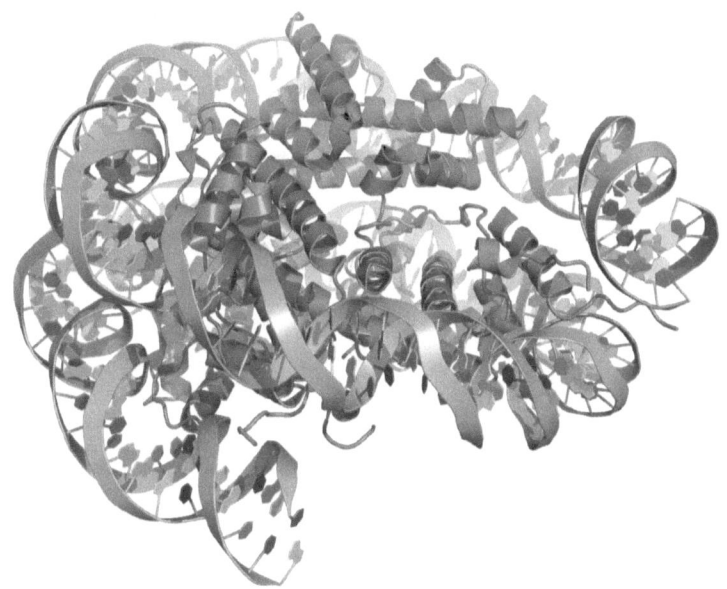

Abb. 45: Struktur eines Nukleosoms mit Histonen der Taufliege
Die DNA ist um den Kern aus acht Histon-Untereinheiten (je zwei H2a, H2b, H3 und H4) gewickelt und macht etwa 1,7 Umdrehungen. An das Stück DNA zwischen zwei Nukleosomen bindet Histon 1 (H1). Die Enden der Histone sind für epigenetische Modifizierung verfügbar: Methylierung, Acetylierung oder Phosphorylierung. Dadurch wird die Verdichtung oder Ausdehnung des Chromatins beeinflusst.

Generell kann man sagen, dass die Anheftung von Acetyl-Gruppen an die Lysin-Seitenketten der Histone zur Öffnung der Nukleosomen-Konformation führt, wodurch das Gen für die Transkription durch die RNA-Polymerase verfügbar wird. Durch eine verstärkte Anheftung von Methyl-Gruppen an Lysin-Seitenketten werden Proteine angeheftet wie z. B. das Methyl-bindende Protein MeCB, die die Genexpression unterdrücken, reprimieren, daher auch Repressorproteine genannt, wodurch die Histon-Konformation geschlossen wird und keine Transkription möglich ist.

Epigenetische Veränderungen im Lebenslauf

Epigenetik beschränkt sich nicht auf Vererbungsfälle. Zunehmende Beachtung finden epigenetische Forschungsergebnisse im Zusammenhang mit anhaltenden Veränderungen im Lebenslauf sowie im Zusammenhang mit der Ausbildung von Krankheiten. So konnte an 80 eineiigen Zwillingen nachgewiesen werden, dass sie im Alter von drei Jahren

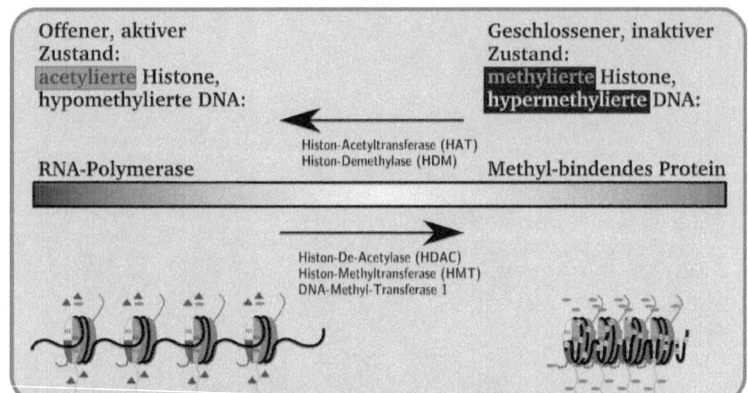

Abb. 46: Einfluss von Methylierung und Acetylierung auf die Konformation des Chromatins
Die Histonseitenketten in den Nukleosomen können enzymatisch verändert werden. Dadurch ändert sich das Volumen eines Gensegments. Kleinere Volumina, geschlossene Konformation und Inaktivität eines Gens stehen auf der einen Seite, größere Volumina, offene Konformation und Gen-Aktivität auf der anderen. Zwischen beiden Seiten ist ein Übergang möglich, der durch Anheftung und Abspaltung von Methylgruppen an Cytidin-Basen, durch Methylierung, Demethylierung, Acetylierung oder Deacetylierung mit Hilfe von Enzymen bewirkt wird.
_{By Bernhard Kleine - Own work, CC BY-SA 3.0 de, https://commons.wikimedia.org/w/index.php?curid=37709895}

epigenetisch noch in hohem Maß übereinstimmen, nicht mehr aber im Alter von 50 Jahren, wenn sie wenig Lebenszeit miteinander verbrachten und/oder eine unterschiedliche medizinisch-gesundheitliche Geschichte hinter sich haben. So war der Methylierungsgrad bis zu zweieinhalb mal höher bei einem Zwilling, sowohl in absoluten Zahlen als auch was die Verteilung der epigenetischen Marker angeht. Ältere Zwillinge sind demnach trotz ihrer genetischen Identität epigenetisch umso verschiedener, je unterschiedlicher das Leben der Zwillinge verläuft. Der Grund liegt neben der erlebten Umwelt auch in der Ungenauigkeit bei der Übertragung von Methylgruppenmustern bei jeder Zellteilung. Schleichende Veränderungen summieren sich damit im Lauf eines Lebens immer stärker auf.

Die Umstellung der Ernährung bei Arbeiterbienen nach Ablauf der ersten Wochen des Larvenstadiums auf eine einfache Pollen- und Honigkost im Vergleich zur Königin verursacht eine hochgradige epigenetische Umprogrammierung des Larvengenoms. Mehr als 500 Gene wurden identifiziert, die von den umweltspezifisch verursachten Methylierungsveränderungen betroffen sind. Nicht nur Aktivierung bzw. Nichtaktivierung von Genen ist die Folge des Ernährungswandels, sondern sogar alternatives Splicing und veränderte Genprodukte.

Epigenetik

Epigenetische Veränderungen als Erklärung von Krankheiten

Die Erklärung von Stressfaktoren bildet einen Schwerpunkt der epigenetischen Forschung. Individuen mit frühen traumatischen Lebenserfahrungen, zum Beispiel ausgelöst durch mangelnde Mutterschaftsfürsorge von Rattenmüttern, wurden dafür herangezogen. Stress setzt eine Kaskade von Hormonausschüttungen zu seiner Kontrollierung in Gang, deren Kette im Hypothalamus, einem Teil des Zwischenhirns beginnt. Nachgewiesen werden konnte, dass ein Glucocorticoid-Gen bei den betreffenden Individuen auffallend unterschiedliche Methylierungen aufweist. Entsprechend ist das Gen bei Vorliegen von Stressvergangenheit gehemmt. Das Genprodukt in der Nebennierenrinde als Endstation der Hormonkette ist in der Folge unterschiedlich. Mehr als 900 Gene werden im Gehirn als Folge mütterlicher Verhaltensweisen herauf- oder herunterreguliert.

Die Ergebnisse konnten bei Menschen ebenfalls bestätigt werden. Das Rezeptorgen im Hippocampus stimmt beim Mensch mit dem anderer Säugetiere weitgehend überein. Epigenetische Veränderungen sind daher ähnlich wie bei den Ratten. Eine Studie mit Suizidkandidaten teilte Betroffene in zwei Gruppen auf, solche mit Missbrauchserfahrungen in der Kindheit und solche ohne. Nur bei den Kandidaten mit Missbrauchsvergangenheit war das Rezeptorgen mit Methylierung blockiert. Ein Trauma, das die Mutter in der Schwangerschaft erlebt, kann nach demselben epigenetischen Muster sogar anhaltende Folgen für das werdende Kind nach sich ziehen, die für das Kind jahrzehntelang bestehen bleiben. In einer Studie aus den Niederlanden wurde gezeigt, dass Kinder von Müttern, die sehr früh während der Schwangerschaft unter einer Hungersnot litten, im Verlaufe ihres Lebens ein deutlich erhöhtes Risiko für Schizophrenie und Herz-Kreislauf-Erkrankungen zeigten und gleichzeitig Änderungen im Methylierungsmuster des Igf2 Genes trugen.

Bei Mäusen führt regelmäßige Kokaingabe zu einem veränderten Muster epigenetischer Marker von einigen hundert Genen im Belohnungszentrum des Gehirns. Dies erhöht die Empfindlichkeit für die Drogenwirkung und steigert die Suchtgefahr.

Die Größenordnung epigenetischer Veränderungen ist im Lebensverlauf um ein Vielfaches höher als die genetischer Mutationen. Die Wissenschaft erwartet daher künftige weitere neue Antworten auf eine Vielzahl von Krankheiten im alternden Organismus, die genetisch heute nicht erklärbar sind, darunter Schizophrenie, Alzheimer-Krankheit, Krebs, Altersdiabetes, Nervenkrankheiten und andere.

„Vererbung" epigenetischer Prägungen

Von den Befunden zu epigenetischen Veränderungen werden vor allem in der Populärwissenschaft immer wieder Parallelen zum Lamarckismus gezogen und ein Widerspruch zur klassischen Genetik gesehen. Bisher existieren allerdings nur sehr wenige Hinweise, dass erlernte und erworbene Fähigkeiten von einer Generation zur anderen über die Keimzellen weitergegeben werden können. Auch ist eine Weitergabe an die nachfolgende Generation noch kein Beweis für eine genetische Manifestation, auch wird häufig der Begriff „Generation" als Beginn eines Individualzyklus falsch interpretiert.

Eine Vererbung epigenetischer Prägungen wurde 2003 von Randy Jirtle und Robert Waterland mittels Mäuseexperimenten vorgeschlagen. Weiblichen Agoutimäusen wurde vor der Paarung und während der Schwangerschaft eine bestimmte Zusammensetzung an Nährstoffen verabreicht. Es zeigte sich, dass ein Großteil der Nachkommen nicht den typischen Phänotyp aufweist.

In einer Humanstudie untersuchten die beiden Genetiker Marcus Pembrey und Lars Olov Bygren sowie Mitarbeiter verschiedene Faktoren, die Aufschluss über die Lebensmittelverfügbarkeit und Sterbefälle der kleinen schwedischen Stadt Överkalix gaben. Es zeigte sich, dass die meisten Personen, deren Großeltern in ihrer Kindheit genug zu essen hatten, mit zunehmendem Alter an Diabetes erkrankten. Die Erkrankung trat allerdings nach einem bestimmten Muster auf, was auf epigenetische Veränderungen auf den Geschlechtschromosomen schließen lässt. Zum Beispiel waren bei Familien, in denen sich der Großvater gut bzw. übermässig ernährt hatte, von allen Enkelkindern nur die männlichen Enkel betroffen.

Nach einer Hypothese von William R. Rice, Urban Friberg und Sergey Gavrilets aus dem Jahr 2012 könnte die Entstehung der menschlichen Homosexualität durch epigenetische „Vererbung" verursacht sein. So würde bei einigen Individuen die sexuelle Präferenz der Mutter an den Sohn und die Präferenz des Vaters auf die Tochter übertragen. Das passiere dann, wenn die epigenetischen DNA-Markierungen (engl. "Epi-Marks") bei Genen, die für die sexuelle Ausrichtung verantwortlich sind, in den Keimzellen erhalten blieben. Wenn beispielsweise diese epigenetischen DNA-Markierungen in der unbefruchteten Eizelle (also der mütterlichen Keimzelle) nicht vollständig zurück gesetzt wird, könnte dann ein Embryo zwar männliche Geschlechtsorgane ausbilden (wenn er den XY-Genotyp geerbt hat), die sexuelle Ausrichtung auf das männliche

Geschlecht wäre aber ähnlich wie bei der Mutter. Die Homosexualität des Menschen ist nach dieser Hypothese angeboren. Die Hypothese erklärt, weshalb das Vorkommen von Homosexualität beim Menschen über die Zeit statistisch stabil bleibt. Allerdings schreiben die Autoren um Rice auch, dass es sich lediglich um eine Hypothese handele, es hingegen bislang keine empirischen Hinweise für einen Zusammenhang zwischen Homosexualität und Epigenetik gebe. Eine kritische Analyse der Hypothese von Rice et al. hat Heinz J. Voss vorgenommen.

Übergewicht – vom Vater auf den Sohn vererbt

Fruchtfliegen vererben Änderungen ihres Stoffwechsels vom Vater auf den Sohn[3]

Ein zuckerreiches Festmahl vor dem Sex kann für eine Fruchtfliege und ihren Nachwuchs Folgen haben: Die Fliegenkinder werden dann nämlich anfälliger für Übergewicht. Wissenschaftler vom Max-Planck-Institut für Immunbiologie und Epigenetik in Freiburg haben zusammen mit Forschern aus Spanien und Schweden entdeckt, dass schon eine kurze Umstellung der Ernährung männlicher Fruchtfliegen beim Nachwuchs Übergewicht hervorruft. Demnach führt zuckerreiches Futter ein bis zwei Tage vor der Paarung dazu, dass der männliche Nachwuchs mehr Körperfett ansetzt – allerdings nur dann, wenn sich die Jungtiere besonders zuckerreich ernähren. Das internationale Forscherteam hat zudem das erste Gen-Netzwerk für eine generationsübergreifende Veränderung des Stoffwechsels identifiziert. Die Ernährung der Väter aktiviert Gene, die das Erbgut epigenetisch verändern können. Diese Veränderungen werden vererbt und steuern in der nächsten Generation die Aktivität von Genen für den Fettstoffwechsel. Die Forscher haben darüber hinaus ein ähnliches Gen-Netzwerk auch bei Menschen und Mäusen gefunden, das die Anfälligkeit für Übergewicht erhöht.

Das Erbgut bestimmt maßgeblich unser Gewicht. Deshalb steckt auch Übergewicht zu einem großen Teil in unseren Genen. Gleichzeitig wirken aber auch Einflüsse aus der Umwelt über sogenannte epigenetische Veränderungen auf das Körpergewicht. Diese Modifikationen sind vererbbar, obwohl sie den genetischen Code nicht verändern.

Die Wissenschaftler aus Freiburg haben nun entdeckt, dass die Ernährung von Fruchtfliegen-Männchen auf diese Weise das Körpergewicht ihrer Nachkommen beeinflussen kann. Die Forscher fütterten die ausgewachsenen Fliegenmännchen zwei Tage vor der Paarung mit Futter mit verschiedenem Zuckergehalt. Die aus den Eiern geschlüpften Fliegen erhielten dann entweder normale oder zuckerhaltige Nahrung. Die Forscher untersuchten aus technischen Gründen ausschließlich männliche Fliegen, die Ergebnisse sind aber wahrscheinlich bei den weiblichen Tieren vergleichbar.

---

3   Siehe: http://idwf.de/-CWdmAA

Auf Söhne, die selbst nur ausgewogene Nahrung zu sich genommen hatten, hatte die Ernährung ihrer Väter keinen Einfluss. Ganz anders verhielt sich das Körpergewicht, wenn der Fliegennachwuchs besonders zuckerreiche Nahrung gegessen hatte: Die Jungtiere, deren Väter Nahrung mit sehr wenig Zucker oder viel Zucker zu sich genommen hatten, neigten dann zu Übergewicht. Sie wiesen einen höheren Anteil an Körperfett auf und aßen auch mehr als die Söhne von Vätern mit ausgewogenem Futter. „Es ergibt sich also ein U-förmiger Effekt: Extreme Zuckerwerte in der Nahrung der Väter – seien sie hoch oder niedrig – haben die stärksten Konsequenzen für die nächste Generation", erklärt Anita Öst vom Max-Planck-Institut für Immunbiologie und Epigenetik, die inzwischen an der Linkoeping Universität in Schweden forscht. Noch weiter vererbt sich die Wirkung auf das Körpergewicht aber nicht, denn in der Enkelgeneration haben die Wissenschaftler den Effekt nicht mehr beobachtet.

Abb. 47: An den roten Augen können die Forscher die übergewichtigen Fliegen erkennen.
(c) MPI f. Immunbiologie und Epigenetik/ A. Pospisilik

Offenbar ist die Vererbung des Ernährungsstatus der Väter vom Methylierungsmuster der Verpackung ihres Erbguts abhängig. Diese Anhängsel, kleine chemische Gruppen, kontrollieren, wie kompakt die DNA verpackt ist. Davon hängt es ab, wie stark ein Gen abgelesen wird. Gentechnisch veränderte Fliegen, bei denen verschiedene Methylierungsenzyme teilweise blockiert sind, vererben ihren Ernährungsstatus nicht an ihre Söhne. „Wir haben unterschiedliche Fliegenmutanten getestet und dabei sieben Gene identifiziert, die die Verpackung der DNA kontrollieren", sagt Adelheid Lempradl vom Freiburger Max-Planck-Institut. Bei zuckerreicher Ernährung der Väter lockert sich die Verpackung der DNA in den Söhnen, so dass Fettstoffwechselgene vermehrt abgelesen werden können. Ein Effekt, der das ganze Fliegenleben lang anhält.

Einen Hinweis auf einen ähnlichen Mechanismus gibt es auch bei Menschen. Die Forscher haben die Daten von Untersuchungen an Pima-Indianern – einem Stamm nordamerikanischer Ureinwohner, die häufig unter Übergewicht leiden – sowie eineiigen Zwillingen ausgewertet. Die beiden Studien aus den Jahren 2005 und 2008 vergleichen jeweils übergewichtige mit normalgewichtigen Personen und ihre Genausstattung. „Die Daten zeigen, dass übergewichtige Menschen dieselbe Gen-Signatur besitzen wie die Fruchtfliegen. Die Anfälligkeit für ein hohes Körpergewicht steigt also auch beim Menschen, wenn bestimmte Methyltransferasen inaktiv sind", erklärt J. Andrew Pospisilik, Gruppenleiter am Max-Planck-Institut für Immunbiologie und Epigenetik. Dieselben Gene regulieren den Forschern zufolge auch bei Mäusen das Gewicht.

Wie Pflanzen ihr Gedächtnis vererben

Wiener Forscher: Kurz vor Zellteilung wird epigenetisches Gedächtnis wiederhergestellt.[4]

Manche Pflanzen müssen eine Kälteperiode überstanden haben damit sie im Frühling blühen können. In diesem Zusammenhang stellt sich die Frage, wie Pflanzen es bemerken, dass sie den Winter hinter sich haben. Bei Kälte wird eine Variante des DNA-Verpackungsmaterials gebildet: H3K27me3. Diese schaltet über den Winter hinweg ein Gen aus, dass normalerweise die Blütenbildung hemmt. Dadurch sind die Pflanzen in der Lage sofort zu blühen, sobald es im Frühling wärmer wird.

Durch Zellteilung wird das Niveau von H3K27me3 in den entstehenden Zellen reduziert. Deshalb vermuten Wissenschaftler schon länger, dass es einen Mechanismus geben muss, der dieses Niveau wieder auf das Ausgangsniveau anhebt und somit die Blütenbildung zulässt. Teile dieses Mechanismus wurden jetzt vom Labor von Dr. Frederic Berger am Wiener Gregor Mendel Institut der Österreichischen Akademie der Wissenschaften im renommierten Journal Science publiziert. Die Experimente von Dr. Danhua Jiang aus Bergers Labor erklären, wie H3K27me3 nach einer DNA-Kopie, die während der Zellteilung entsteht, erhalten bleibt: „Unsere Arbeit trägt dazu bei, zu verstehen, wie die epigenetische Information über die Zell-Zyklen hinweg erhalten bleibt. Diese Information legt ebenfalls fest, welche Funktion die einzelne Zelle in ihrer Zukunft übernehmen soll – die einer Wurzelzelle, einer Blattzelle oder eine andere Funktion. Im Gegensatz zur Vererbung der genetischen Information durch Kopieren der DNA wissen wir momentan nicht genau, wie die Vererbung der epigenetischen Information von der Mutterzelle auf die Tochterzelle funktioniert."

Jiang hat festgestellt, dass das Niveau von H3K27me3 während einer Kopie sinkt, aber kurz bevor sich die Zelle teilt wiederhergestellt wird. Die Ergebnisse von Dr. Jiang zeigen, dass die Proteine, die für die Wiederherstellung des H3K27me3-Niveaus verantwortlich sind, direkt mit den Proteinen assoziiert sind, die für das DNA-Kopieren zuständig sind. Auf diese Weise wird das Gedächtnis originalgetreu und gleichzeitig auf die Tochterzellen übertragen.

---

4 Siehe: http://idwf.de/-Cl8XAA bzw.
DOI: http://science.sciencemag.org/lookup/doi/10.1126/science.aan4965

Berger: „Dieser Mechanismus ist wahrscheinlich wichtig, um Pflanzenzellen zu helfen sich zu erinnern, was sie sind. Die Regulierung von H3K27me3 dürfte auch einer der Gründe dafür sein, dass Pflanzenzellen sich leichter in andere Zellentypen verwandeln können als Tierzellen. Die publizierten Ergebnisse könnten erklären warum Pflanzen sich so leicht regenerieren. Nutzpflanzen wie Getreide können durch dieses Gedächtnis besser mit Umwelt-Stress wie Kälte und Dürre umgehen."

Schriften für weiteres Studium

Abel, Brauer, Dacqué, Dojlein, Giesenhagen, Goldschmidt, R. Hertwig, Kammerer, Klaatch, Semon, „Die Abstammungslehre". 12 gemeinverständliche Vorträge, Jena, G. Fischer, 1911.

Bernhard Kegel: Epigenetik. Wie Erfahrungen vererbt werden. Dumont, Köln 2009, ISBN 978-3-8321-9528-1.

Büchner Ludwig, „Die Macht der Vererbung und ihr Einfluss auf den moralischen und geistigen Fortschritt der Menschheit". Darwinistische Schriften Nr. 12, Leipzig, Ernst Günther, 1882.

Chun Carl und *W. Johannsen,* „Allgemeine Biologie". Leipzig und Berlin, B. C. Teubner, 1915. (In diesem wie in dem weiter unten zitierten, von *R. Hertwig* und *R. v. Wettstein* herausgegebenen Band der Sammlung „Die Kultur der Gegenwart" kann man die Vererbung erworbener Eigenschaften in dem einen Kapitel bald bejaht, bald wieder, in einem anderen Kapitel desselben Buches, ebenso entschieden verneint finden, je nachdem, welcher Autor das betreffende Kapitel des Sammelwerkes bearbeitet hat.)

Darwin Ch., „Die Fundamente zur Entstehung der Arten". Herausgegeben von *Francis Darwin,* deutsch von *Maria Semon.* Leipzig und Berlin, B. C. Teubner, 1911.

Dembowski Jan, „Das Kontinuitätsprinzip und seine Bedeutung in der Biologie". Vorträge und Aufsätze über Entwicklungsmechanik, Heft 21, Berlin, Julius Springer, 1919.

Detto Karl, „Die Theorie der direkten Anpassung und ihre Bedeutung für das Anpassungs- und Deszendenzproblem". Jena, G. Fischer, 1904.

Fürth Georg, „Entropie der Keimsysteme und erbliche Entlastung". München, G. Hirths Verlag, 1900.

Godlewski Emil, „Das Vererbungsproblem im Lichte der Entwicklungsmechanik". Leipzig, W. Engelmann, 1909.
– „Physiologie der Zeugung" in *Wintersteins* Handbuch der vergleichenden Physiologie. Jena, G. Fischer, 1914.

Goldscheid Rudolf, „Höherentwicklung und Menschenökonomie". Leipzig, Alfred Kröner, 1911.

Hatschek Berthold, „Hypothese der organischen Vererbung". Leipzig, W. Engelmann, 1905.

Hertwig Richard und *Richard v. Wettstein,* „Abstammungslehre, Systematik, Paläontologie und Biogeographie". Leipzig-Berlin, B. G. Teubner, 1914.

Jennings H. S., „Life and death, Heredity and Evolution in Unicellular Organismus". Boston, R. G. Badger, 1920. *Kammerer Paul,* „Erwerbung und Vererbung des musikalischen Talentes", Leipzig, Theod. Thomas, 1913.

— „Sind wir Sklaven der Vergangenheit oder Werkmeister der Zukunft?" Wien, Anzengruber Verlag Brüder Suschitzky, 2. Auflage, 1920.

— „Allgemeine Biologie". Stuttgart-Berlin, Deutsche Verlagsanstalt, 3. Aufl. 1924.

— 3 Reihen von Abhandlungen im Archiv für Entwicklungsmechanik seit 1904: „Vererbung erzwungener Fortpflanzungsanpassungen"; „Vererbung erzwungener Farbveränderungen"; „Vererbung erzwungener Formveränderungen".

— „Inheritance of Acquired Characteristics". New-York, Boni & Liveright, 1924. (Ist englische Ausgabe vorliegenden Buches, bereichert durch einen engenetischen Teil.)

— „Das Rätsel der Vererbung. Grundlagen der allgemeinen Vererbungslehre". Ullstein-Verlag, Berlin 1924. *Krizenecky Jaroslav,* „Die heutige Vererbungswissenschaft und ihre neuen Aufgaben". Rivista di Biologia VI, fasc. 1, 1924.

Joachim Bauer: Das Gedächtnis des Körpers: wie Beziehungen und Lebensstile unsere Gene steuern. Eichborn, Frankfurt am Main 2002; Erweiterte Taschenbuchausgabe: Piper, München 2004 (10. Aufl. 2007), ISBN 978-3-492-24179-3.

Kronacher Carl, „Grundzüge der Züchtungsbiologie". Berlin, Paul Parey, 1912.

Kühner F., „Lamarck, die Lehre vom Leben". Jena, Eugen Diederichs, 1913.

Lang Arnold, „Die experimentelle Vererbungslehre in der Zoologie seit 1900". Jena, G. Fischer, 1914.

Mac Bride, E. W., „Introduction into the Study of Heredity". London 1924.

Orschansky J., „Die Vererbung im gesunden und krankhaften Zustande". Stuttgart, Ferd. Enke, 1903.

Oscar Hertwig: Biological problem of today: preformation or epigenesis? The basis of a theory of organic development. Heinemann, London 1896.

Pauly A., „Darwinismus und Lamarckismus", München, E. Reinhardt, 1905.

Peter Spork: Der zweite Code. Epigenetik – oder wie wir unser Erbgut steuern können. Rowohlt, Reinbek 2009, ISBN 978-3-498-06407-5.

Peters W., „Über Vererbung psychischer Fähigkeiten". Fortschritte der Psychologie, III. Band, 4.—6. Heft, B. O. Teubner, Leipzig-Berlin, ohne Jahreszahl.

Plate Ludwig, „Selektionsprinzip und Probleme der Artbildung". Leipzig und Berlin, W. Engelmann, 4. Auflage, 1913.

Pringsheim, H., „Die Variabilität niederer Organismen". Berlin, J. Springer, 1910.

Przibram Hans, „Experimentalzoologie. III. Phylogenese, inkl. Heredität". Leipzig-Wien, F. Denticke, 1910.
— „Temperatur und Temperatoren im Tierreiche". Leipzig-Wien, F. Denticke, 1923.

Redfield, Caspar L , „Control of Heredity". Chicago-Philadelphia, Monarch Book Company, 1903.
— „Dynamic Evolution". New York-London, Q. P. Putnam's Sons, 1914.
— „Human Heredity". Chicago, Heredity Publishing Co., 1921.

Rignano E., „Über die Vererbung erworbener Eigenschaften". Leipzig, W. Engelmann, 1907.

Roux Wilhelm, „Über die bei der Vererbung von Variationen anzunehmenden Vorgänge". Leipzig, W. Engelmann, 2. Auflage 1913.

Ruttmann W. J., „Erblichkeitslehre und Pädagogik". Leipzig, A. Haase, 1907.

Ruzicka Vladislav, „Restitution und Vererbung". Berlin, J., Springer, 1919; ferner eine in tschechischer Sprache geschriebene Vererbungslehre, Prag, Alois Hynek, 1914. *Schneider K. C.,* „Einführung in die Deszendenztheorie". Jena, G. Fischer, 2. Auflage, 1911.

Semon Richard, „Die Mneme als erhaltendes Prinzip im Wechsel des organischen Geschehens". 4. u. 5. Auflage, Leipzig, W. Engelmann,

1922.

— — „Das Problem der Vererbung erworbener Eigenschaften". Leipzig, W. Engelmann, 1912.

Tower W. L., „An investigation of evolution in Chrysomelid beetles of the genus Leptinotarsa". Carnegie-Institution, Washington, Publication Nr. 48, 1906.

Weismann August, „Das Keimplasma. Eine Theorie der Vererbung". Jena, G. Fischer, 1892.

    „Aufsätze über Vererbung". Jena, G. Fischer, 1892.

    „Vorträge über Deszendenztheorie". Jena, G. Fischer, 3. Auflage, 1913.

Wolfgang Wieser: Gehirn und Genom: ein neues Drehbuch für die Evolution. Beck, München 2007, ISBN 3-406-55634-5.

Sachregister

Abraxas grossulariata 147
Acer 176
Alkohol ....137ff.
Alpenpflanzen 148
Amblystoma mexicanum 93, 145
Anpassung 27, 32, 39, 87, 114f., 126, 128, 130, 141ff., 149f., 152f., 155, 165, 172ff., 179, 191
Arctia caja 19, 147
Artemia salina 146
Artenwandel 9, 97, 130, 160, 169f., 175
Atavismus ....27f., 38f., 42, 135, 162f.
Auslese .. 8, 41, 45, 49, 75, 152, 155, 160, 172, 175f.
Axolotl ....93ff.
Bakterien 118, 120, 148, 150, 176, 179
Bärenspinner 19, 147
Bastardierungsversuche 8
Bazillus pyocyaneus 137, 148
Begabung 136
Begattungsschwiele 36, 38
Beharrungsvermögen ....173f.
Beweisführung 120
Biotypen 49, 163
Chimären 103f., 159
Chlorohydra viridissima 86
Chromatin 15, 85
Chromatophoren 77
Chromosomen ....15, 45, 90f., 105, 159, 177f.
Ciona intestinalis 81, 100, 111
Daphniden ....72f.
Degeneration 48, 101, 124, 139, 141, 156
Domestikation 165
Dominanzregel 62
Dominanzwechsel 64
Dressurversuche 132
Drosophila 64, 154, 158
Drüsen 90ff., 97f., 108f., 130
Edelreis 98
Eierlegen 50
Eierstocks-Vertauschung 7
Einheit der lebenden Natur 18
Einjährigkeit 145
Einschachtelung 69
Einzeller ....122f.
Farbveränderungen 26, 71, 75, 77, 79, 128, 144, 170, 192
Feuersalamander 51, 53, 56, 68, 71, 76
Fichte 117, 147
Firoloida kowalevskyi 152
Flachfische 146
forma typica 53
Frosch 28, 38, 92, 94f., 99, 112

Fruchtbarkeit 138
Fuchs 18
Geburtshelferkröte 27ff., 32, 34ff., 42, 51, 64, 76, 96, 124, 130f., 144ff., 158
Gedächtnis 173f., 189f., 192
Generationenzahl 71
Genothera 85, 161
Gewöhnungsrassen 149
Goldfisch 47f., 152, 171
Gracilaria stigmatella 131, 144
Grottenolm 44, 76, 93, 126, 146, 166, 168
Hirtentäschel 147
Höherentwicklung 9, 17, 124, 126ff., 176, 191
Hormone 91
Hyla arborea 144
Immunität ....100, 137f., 148f., 156f.
Induktion 22, 26, 62, 70, 85, 99, 107, 158, 163
Infektion 49, 87, 137, 154
Inkretion 91
Intensität 146
Kartoffelblattkäfer 21, 24, 37, 64, 147, 157
Keimesanlage 138, 161
Keimesanlagen 138, 161
Keimgift 139
Keimplasma 22, 45, 69f., 83, 85, 91f., 99, 101f., 105, 160, 163, 194
Klima 23, 98, 117, 130, 147, 153, 155
Kontrollversuche 35f., 70
Kopftausch 70
Krankheiten 137, 180f., 183
Kreuzung .. 36, 48, 62ff., 68ff., 76f., 101ff., 109, 148, 157f., 164
Lacerta 128, 130, 144
Laubfrosch 36, 144
Laufgeschwindigkeit 50
Leimmistel 149
Leptinotarsa 21, 24, 147, 153, 158, 194
Lokalformen 153
Mais 107, 115, 145, 158
Mehrjährigkeit 145
Mendel 7f., 10, 15, 18, 27, 62ff., 68, 70, 101, 107, 148, 157, 161, 164, 189
Mneme 173, 193
Motte 43, 86, 131f., 144
Mutation ...7, 10, 23, 43, 160f., 163, 170, 175ff., 183
Mutationstheorie 10
Nachtkerze 161
Nachtschatten 103ff., 159
Nachwirkung 10, 23, 27, 42, 74, 162, 168
Neotenie ....93f.
Nestbau-Instinkt 131

195

Neuvererbung 3, 13, 123
Nikotin 103, 139
Notonecta glauca 70
Oriolus galbula 76
Pangene .... 22, 85f.
Pantoffeltierchen .... 122f.
Paramaecium 122
Parasitismus 150
Pediculus capitis 133
Pfropfbastarde 98, 103ff., 159
Pfropfhybrid 103, 159
Pfropfstück 98f., 158
Phänotypus 163
Phratora vitellinae 144
Plasmagedächtnis 173
Proteus .... 93, 126, 146, 166ff.
Rana 95, 99
Regeneration 68, 82ff., 111, 146
Rostpilze 148
Rückenschwimmer 70
Rückversetzung 28, 35
Salamandra atra 53, 144
Salamandra maculosa 51, 144, 147
Salinenkrebschen 146
Schafe 98
Scheinproblem .... 173f.
Scheinvererbung 23, 84, 162
Schmetterlingsversuche 18, 35, 39, 51, 147
Schwammspinner 144, 147
Schwielen 38
Selektion 7, 44, 163, 193
Sohlengang 153
Solanum 103, 105, 159
Soma 21f., 62, 99
somatische Induktion 22, 26, 85, 107, 158
Spaltungsregel 62
Stabheuschrecke 146, 156

Stachelbeerspanner 19, 147
Stillfähigkeit 98
Symbiose 150
Tanzmäuse 48, 112
Telegonie 109
Temperatur ..19ff., 24, 38, 40ff., 64, 96f., 128, 130f., 146f., 156, 162, 171, 193
Teratologie 171
Tiefseefauna 172
Trabrennpferd 50
Transplantationsversuche 62, 64f., 68, 76, 170
Tritonen 85
Trockenheit 24, 26, 28, 34, 37
Umwelt .. 22, 25, 72, 136, 166, 172f., 176, 182, 186, 190
Van der Wolk 176
Vanessa urticae 18, 147
Variation 28f., 35ff., 39, 49, 76, 92, 97, 161, 171, 173, 193
Vererbungsproblem 37, 101, 138, 166, 191
Vererbungsregeln 15, 18, 62
Verstümmelungen 43, 47, 110, 115, 155, 165
Verstümmelungsfolgen .... 115f.
Vielzeller .... 122f.
Wasserflöhe .... 72, 124, 145f.
Wassermolche 85
Weidenblattkäfer 144
Weizen 103, 148, 154
Wildling 98
Xenien 107ff., 158
Zähmung 176
Zehengang 153
Zellgesellschaften 123
Zuchtwahl ... 39, 41f., 44f., 47, 49f., 75ff., 130, 151f., 162f., 165, 169, 176
Zwergbäumchen 47
Zwergwuchs 147

In diesem Buch behandeln die Autoren Fragen zum Thema Intelligenz und Bewusstsein bei Pflanzen und geben Antworten. Der Biologe Prof. Dr. phil. Adolf Wagner hat neben weiteren Biologen seiner Wirkungszeit schon früher grundlegende Erkenntnisse über die Intelligenz der Pflanzen veröffentlicht, und das in gemeinverständlicher Form. Seine Erkenntnisse sind hier in den Kontext der aktuellen Forschung eingebunden. Die zahlreichen Abbildungen gestatten dem Leser, tief gehende Einblicke in die geheimnisvolle Wesensseite der Pflanzen zu nehmen. Ein eigenes Kapitel mit den aktuellen Ergebnissen der Bewusstseinsforschung beantwortet die Frage, ob Pflanzen eine Art Bewusstsein haben. Insgesamt ist ein aktuelles Werk entstanden, das eine der spannendsten Fragen unserer Zeit nicht nur berührt, sondern auch Antworten gibt.

Bibliographische Angaben:
Buchtitel: Wie intelligent sind Pflanzen?: Sensationelle Einblicke in die geheime Seite des pflanzlichen Wesens
Autor(en): Adolf Wagner; Klaus-Dieter Sedlacek
Taschenbuch: 224 Seiten
ISBN 978-3-7412-7941-6
Ebook: ISBN 978-3-7431-8430-5
Bezug über alle relevanten Buchhandlungen, Online-Shops und Großhändler – z. B. Amazon, Apple iBooks, Tolino, Google Play, Thalia, Hugendubel uvm.

NATURWISSENSCHAFT, PHYSIK UND ASTRONOMIE

– **Äquivalenz von Information und Energie.** Von: K.-D. Sedlacek
– **Das Gesetz im Zufall:** Wie sich verborgene Gesetzlichkeit manifestiert. Von: Moritz Cantor u. K.-D. Sedlacek (Hrsg.)
– **Der Widerhall des Urknalls:** Spuren einer allumfassenden transzendenten Realität jenseits von Raum und Zeit. Von: K.-D. Sedlacek
– **Einsteins Relativitätstheorie ganz ohne Mathematik.** Spezielle und allgemeine Relativitätstheorie. Von: Prof. Dr. Paul Kirchberger u. K.-D. Sedlacek (Hrsg.)
– **Freizeitvergnügen Sternenhimmel mit bloßem Auge:** Wie man Sternbilder auffindet ohne Instrumente. Von: Prof. Dr. Paul Kirchberger u. K.-D. Sedlacek (Hrsg.)
– **Phänomen Naturgesetze:** Das Geheimnis hinter den Erscheinungen der Welt. Von: K.-D. Sedlacek
– **Supervereinigung:** Wie aus nichts alles entsteht. Von: K.-D. Sedlacek
– **Die Natur psycho-physikalischer Phänomene.** Erforschung telekinetischer Vorgänge. Von: Schrenck-Notzing, A. u. Klaus D Sedlacek (Hrsg.)
– **Giganten der Physik.** Die Top10-Physiker der Menschheitsgeschichte. Von: Klaus-Dieter Sedlacek (Hrsg.)
– **Der allmächtige Informatiker:** Das Mysterium des Universums. Von Sir James Jeans u. K.-D. Sedlacek (Hrsg.)
– **Der verborgene Mechanismus des Weltgeschehens:** Neue Erkenntnisse über die Gestalten biotechnischer Systeme der Welt. Von: Dr. h. c. Raoul Francé u. K.-D. Sedlacek
– **Der erdgeschichtliche Klimawandel:** Den wahren Ursachen von Klimaschwankungen auf der Spur. Von Wilhelm Bölsche u. K.-D. Sedlacek (Hrsg.)
– **Wege zur physikalischen Erkenntnis.** Meine wissenschaftlichen Selbstbiographie, Reden und Vorträge. Von **Max Planck** u. K.-D. Sedlacek (Hrsg.)

CHEMIE

– **Der Stein der Weisen:** Wie die Alchemie zur Chemie wurde. Von: Wilhelm Ostwald et. al. u. K.-D. Sedlacek (Hrsg.)
– **Durchblick Chemie:** Praktische Grundlagen und Einführung in die anorganische, organische und Biochemie. Von: Prof. Dr. Lassar-Cohn, Prof. Dr. W. Löb, K.-D. Sedlacek

NATUR- UND PHILOSOPHIE

– **Die letzten Ursachen.** Das Buch der Naturerkenntnis. Von: K.-D. Sedlacek
– **Gebundener Wille:** Wie frei ist menschlicher Wille tatsächlich? Von: K.-D. Sedlacek, G.F. Lipps et. al.
– **Jenseits der Erscheinungen:** Erkennbarkeit und Realität der Quantennatur. Von: Prof. Dr. M. Schlick u. K.-D. Sedlacek (Hrsg.)
– **Kleines Wörterbuch der Natur-Philosophie:** 1200 Begriffe, die man kennen sollte, kurz und prägnant. Von: K.-D. Sedlacek
– **Naturphilosophie:** Das Wesen von Naturgesetzen und die Erklärung des Lebens. Von: Prof. Dr. M. Schlick u. K.-D. Sedlacek (Hrsg.)
– **Vereinbarkeit von Religion und Naturwissenschaft.** Von: Kurd Laßwitz u. K.-D. Sedlacek (Hrsg.)
– **Das Konzept des Guten.** Sinnliches Empfinden – Der Ursprung unserer Wertvorstellungen. Von: Klaus-Dieter Sedlacek (Hrsg.)
– **Ist echte Erkenntnis möglich?** Einführung in die Erkenntnistheorie. Von: Prof. Dr. Erich Becher u. K.-D. Sedlacek (Hrsg.)
– **Das individuelle Ich:** Was ist der Kern des Selbstbewusstseins? Von: Th. Lipps u. K.-D. Sedlacek (Hrsg.).
– **Persönlichkeit und Unsterblichkeit:** In welcher Form existiert ein Weiterleben nach dem zeitlichen Ende? Von: Wilhelm Ostwald u. K.-D. Sedlacek (Hrsg.)

– **Die idealistischen Grundwerte unserer Kultur.** Von Johannes M. Verweyen u. K.-D. Sedlacek (Hrsg.)

BEWUSSTSEIN

– **Leben nach dem Leben:** Befreiung des Bewusstseins von den Fesseln der Zeit. Von: K.-D. Sedlacek
– **Quantenbewusstsein.** Von: N. Wrobel u. K.-D. Sedlacek
– **Synthetisches Bewusstsein.** Von: K.-D. Sedlacek
– **Unsterbliches Bewusstsein:** Raumzeit-Phänomene, Beweise und Visionen. Von: K.-D. Sedlacek

LEBEN UND MEDIZIN

– **Leben aus Quantenstaub.** Von: N. Wrobel u. K.-D. Sedlacek,
– **Was ist Krankheit?** Von: N. Wrobel u. K.-D. Sedlacek
– **Bewusstsein und Unsterblichkeit.** Von: C. L. Schleich u. K.-D. Sedlacek (Hrsg.)
– **Die Lebenskraft:** Wie Enzyme, Bewusstsein und quantenbiologische Effekte das Leben regulieren. Von: K.-D. Sedlacek u. N. Wrobel,
– **Die verborgene Ordnung des Weltsystems.** Neue Erkenntnisse über die schöpferischen Kräfte der Natur. Von: Dr. h. c. Raoul Francé u. K.-D. Sedlacek (Hrsg.)
– **Homöopathie und Praxis:** Naturheilkundliche alternative Medizin für den mündigen Patienten. Von: Dr. med. J. Voorhoeve u. K.-D. Sedlacek (Hrsg.)
– **Eine andere Sicht auf die Entstehung der sporadischen Form der Alzheimerkrankheit.** Von Norbert Wrobel u. K.-D. Sedlacek (Hrsg.)

PSYCHOLOGIE

– **Gestalt-Psychologie:** Einführung in die neue Psychologie vom Begründer der Gestaltpsychologie. Von: Prof. Dr. Kurt Koffka u. K.-D. Sedlacek (Hrsg.)
– **Die ersten Spuren psychischer Erscheinungen:** Das psychische Leben von Mikroorganismen – Eine Studie in experimenteller Psychologie. Von Alfred Binet u. K.-D. Sedlacek (Übers.)
– **Allgemeine moderne Psychologie:** Systematische Einführung in die Wissenschaft psychischer Prozesse. Von August Messer u. K.-D. Sedlacek (Hrsg.).
– **Strahlende Kräfte durch positives Denken:** Die Wurzeln des Erfolgs und Wege zum Glück. Von Emil Peters u. K.-D. Sedlacek (Hrsg.)

BIOLOGIE

– **Wie intelligent sind Pflanzen?** Sensationelle Einblicke in die geheime Seite des pflanzlichen Wesens. Von Prof. Dr. phil. Adolf Wagner u. K.-D. Sedlacek

– **Über Menschenaffen, Tierseele und Menschenseele:** Intelligenzprüfungen an Hominiden. Von Wilhelm Bölsche et. al. und K.-D. Sedlacek (Hrsg.)

GESCHICHTE, VOR- U. FRÜHGESCHICHTE

– **Die geheimnisvolle Kultur der alten Kelten.** Von Druiden, Fürstensitzen und der Lebensart unserer frühgeschichtlichen Vorfahren. Von Georg Grupp u. K.-D. Sedlacek (Hrsg.)
– **Der Alchemist Leonhard Thurneysser:** Die Lebensgeschichte des Goldmachers von Berlin. Von Klaus-Dieter Sedlacek (Hrsg.)
– **Es begann mit Feuerskraft.** Das Werden des Menschen und seiner Kultur. Von Carl W. Neumann u. K.-D. Sedlacek (Hrsg.)
– **Gefangen zwischen Eisschollen:** Die dramatische Entdeckungsgeschichte der Antarktis. Von Klaus-Dieter Sedlacek (Hrsg.)

Ratgeber Freizeit u. Reise

– **Kultur erleben mit den Wohnmobil in Frankreich:** Vierzig kulturelle Highlights, Park- und Übernachtungspätze sowie Navigationskoordinaten. Von Klaus-Dieter Sedlacek

– **Kochbuch für ganze Kerle:** Kräftige und Feinschmeckergerichte für Freizeit und Camping. Von K.-D. Sedlacek (Hrsg.)

Forschungsreisen u. Abenteuer

– **Meine erste Weltumseglung:** Tagebuch einer epochalen Expedition. Von James Cook u. K.-D. Sedlacek (Hrsg.)

– **Exotische Reise durch Persien:** Abenteuerlicher Bericht aus einer fremdartigen Welt des 19ten Jahrhunderts. Von Pierre Loti u. K.-D. Sedlacek (Hrsg.)

– **Mit der Beagle um die Welt:** Bericht meiner Forschungsreise zum Galapagos-Archipel. Von Charles Darwin u. K.-D. Sedlacek (Hrsg.)

– **Peking-Paris im Automobil:** Die legendäre 16.000 km – Rallye 1907. Von Luigi Barzini u. K.-D. Sedlacek (Hrsg.)

– **Mein Leben im Tropenparadies:** Fünfundzwanzig Jahre in Ceylon – Erlebnisse und Abenteuer. Von John Hagenbeck u. K.-D. Sedlacek (Hrsg:)

Fantastische Welt
Romane und Erzählungen

Bd. 1: **Parallelwelt-Universum und die Suche nach der Weltformel.** Von: K.-D. Sedlacek
Bd. 2: **Marskolonie Eos: und die verschwindende Realität.** Von: K.-D. Sedlacek
Bd. 3: **Korakar: Geheimnisvolles Leben unter ewigem Eis.** Von: K.-D. Sedlacek
Bd. 4: **Die Spur des Dschingis-Khan.** Von: Hans Dominik, K.-D. Sedlacek (Hrsg.)
Bd. 5: **Atlantis: Die Rückkehr der Götter.** Von: Moriz Hoernes, K.-D. Sedlacek (Hrsg.)

Sonstige Romane

– **Prinz Otto oder Der Phönix und die Freiheit:** Roman über Intrigen und Macht, Verrat, Hinterlist und wahre Liebe - vom Autor der 'Schatzinsel' und von 'Dr. Jekyll und Mr. Hyde'. Von: Robert Louis Stevenson, K.-D. Sedlacek (Hrsg.), Vito von Eichborn (Hrsg.)
– **Herr der Welt.** Von: Jules Verne u. K.-D. Sedlacek (Hrsg.)

www.ingramcontent.com/pod-product-compliance
Lightning Source LLC
Chambersburg PA
CBHW020649220526
45464CB00001B/366